高等职业教育系列教材

单片机技术与项目实践

主　编　王恩亮　陈　洁

副主编　张建蓉

参　编　戴红霞

机 械 工 业 出 版 社

本书以MCS-51单片机为控制核心的应用案例和项目为载体，讲解MCS-51单片机的内部结构、接口功能、常用的外部接口应用设计。本书内容从较为简单的LED闪烁控制案例开始讲解使用伟福编译器创建、编译一个单片机项目的过程，内容的讲解结合了理论知识、案例、设计项目的形式，主要项目有单灯闪烁设计、倒计时系统设计、交通灯系统设计、电子钟设计、简易频率计设计、串口通信功能设计、数字电压表设计、数字温度计设计、简易波形信号发生器设计、矩阵键盘设计以及LCD1602显示设计。Proteus仿真与实际电路设计相结合。单片机设计项目的功能程序采用模块化设计，便于功能的项目移植及功能升级。读者通过本书的学习，能够快速掌握单片机设计编程方法及常用的单片机接口功能。以书中所讲授内容为基础，能够设计其他相关单片机功能项目。本书所使用的编程设计方法同样适用于其他类型单片机的编程设计。

本书可作为高职高专院校相关专业学生的教材，也适合单片机的初学者学习。

本书配有授课电子课件，需要的教师可登录www.cmpedu.com免费注册，审核通过后下载，或联系编辑索取（微信：13261377872，电话：010-88379739）。

图书在版编目（CIP）数据

单片机技术与项目实践/王恩亮，陈洁主编．—北京：机械工业出版社，2018.3（2023.1重印）
高等职业教育系列教材
ISBN 978-7-111-59346-1

Ⅰ.①单… Ⅱ.①王… ②陈… Ⅲ.①单片微型计算机-高等职业教育-教材 Ⅳ.①TP368.1

中国版本图书馆CIP数据核字（2018）第044884号

机械工业出版社（北京市百万庄大街22号 邮政编码100037）
策划编辑：王 颖 责任编辑：王 颖 责任校对：肖 琳
责任印制：郜 敏
中煤（北京）印务有限公司印刷
2023年1月第1版第3次印刷
184mm×260mm·13印张·312千字
标准书号：ISBN 978-7-111-59346-1
定价：49.00元

电话服务
客服电话：010-88361066
010-88379833
010-68326294

网络服务
机 工 官 网：www.cmpbook.com
机 工 官 博：weibo.com/cmp1952
金 书 网：www.golden-book.com
机工教育服务网：www.cmpedu.com

高等职业教育系列教材
电子类专业编委会成员名单

出版说明

《国家职业教育改革实施方案》（又称“职教20条”）指出：到2022年，职业院校教学条件基本达标，一大批普通本科高等学校向应用型转变，建设50所高水平高等职业学校和150个骨干专业（群）；建成覆盖大部分行业领域、具有国际先进水平的中国职业教育标准体系；从2019年开始，在职业院校、应用型本科高校启动“学历证书+若干职业技能等级证书”制度试点（即1+X证书制度试点）工作。在此背景下，机械工业出版社组织国内80余所职业院校（其中大部分院校入选“双高”计划）的院校领导和骨干教师展开专业和课程建设研讨，以适应新时代职业教育发展要求和教学需求为目标，规划并出版了“高等职业教育系列教材”丛书。

该系列教材以岗位需求为导向，涵盖计算机、电子、自动化和机电等专业，由院校和企业合作开发，多由具有丰富教学经验和实践经验的“双师型”教师编写，并邀请专家审定大纲和审读书稿，致力于打造充分适应新时代职业教育教学模式、满足职业院校教学改革和专业建设需求、体现工学结合特点的精品化教材。

归纳起来，本系列教材具有以下特点：

1）充分体现规划性和系统性。系列教材由机械工业出版社发起，定期组织相关领域专家、院校领导、骨干教师和企业代表召开编委会年会和专业研讨会，在研究专业和课程建设的基础上，规划教材选题，审定教材大纲，组织人员编写，并经专家审核后出版。整个教材开发过程以质量为先，严谨高效，为建立高质量、高水平的专业教材体系奠定了基础。

2）工学结合，围绕学生职业技能设计教材内容和编写形式。基础课程教材在保持扎实理论基础的同时，增加实训、习题、知识拓展以及立体化配套资源；专业课程教材突出理论和实践相统一，注重以企业真实生产项目、典型工作任务、案例等为载体组织教学单元，采用项目导向、任务驱动等编写模式，强调实践性。

3）教材内容科学先进，教材编排展现力强。系列教材紧随技术和经济的发展而更新，及时将新知识、新技术、新工艺和新案例等引入教材；同时注重吸收最新的教学理念，并积极支持新专业的教材建设。教材编排注重图、文、表并茂，生动活泼，形式新颖；名称、名词、术语等均符合国家有关技术质量标准和规范。

4）注重立体化资源建设。系列教材针对部分课程特点，力求通过随书二维码等形式，将教学视频、仿真动画、案例拓展、习题试卷及解答等教学资源融入到教材中，使学生学习课上课下相结合，为高素质技能型人才的培养提供更多的教学手段。

由于我国高等职业教育改革和发展的速度很快，加之我们的水平和经验有限，因此在教材的编写和出版过程中难免出现疏漏。恳请使用本系列教材的师生及时向我们反馈相关信息，以利于我们今后不断提高教材的出版质量，为广大师生提供更多、更适用的教材。

机械工业出版社

前　言

本书主要介绍了以 MCS-51 单片机为控制核心的应用案例和项目的设计原理及设计过程，详细介绍了 MCS-51 单片机的功能与结构，以及 MCS-51 单片机编程的常用方法和设计功能应用。

目前单片机的种类繁多，功能多样。但 MCS-51 单片机的设计结构与功能具有代表性。读者学会了 MCS-51 单片机的设计与编程，学习其他类型的单片机也会比较容易。学好 MCS-51 单片机可以为深入学习嵌入式产品设计开发打好坚实的基础。

本书具有以下特点。

1）以单片机设计项目为载体，"教、学、做"过程为一体，理实一体。

2）每个案例项目的讲解包括了硬件结构介绍、设计功能分析、设计功能实现三个环节，符合学习的认知过程。

3）硬件电路的设计结合了 Proteus 仿真与实物电路设计，能够方便地实现程序在仿真设计与实物设计的程序移植。

4）单片机案例项目的功能程序采用模块化设计方法编写，能够方便实现程序移植和设计功能的升级。

5）本书的教学案例项目内容由浅入深，案例难度逐渐提高，逐步提高读者的设计能力。

本书共分为 10 章，主要内容包括发光二极管的单灯闪烁设计、跑马灯的设计、交通灯系统设计、电子钟的设计、基于单片机的频率计设计、串口通信功能设计、数字电压表设计、数字温度计设计、正弦波信号发生器设计、单片机常用人机接口设计。包含了单片机的内部基本结构、存储器结构、I/O 端口功能、复位及时钟功能、定时器及中断功能、串口通信结构与功能、并行 AD0809 与串行 AD0831 接口功能、并行 DAC0832 接口功能，数字温度传感器 DS18B20 的功能与应用、I/O 键盘与矩阵键盘的功能与应用、LCD1602 的功能与应用。

课程安排上建议安排在"C 程序设计""电工基础""模拟电路""数字电路"之后讲授。

本书由王恩亮、陈洁任主编，张建蓉任副主编，戴红霞参编。第 1 章由戴红霞编写，第 2 章、第 3 章、第 4 章由张建蓉编写，第 5 章、第 10 章由陈洁编写，第 6 章、第 7 章、第 8 章、第 9 章由王恩亮编写。

由于编者的经验和水平有限，书中难免有不足和缺漏之处，恳请专家、读者批评指正。

编　者

目　录

第1章　发光二极管的单灯闪烁设计

教学导航

教	知识重点	1.单片机结构与功能 2.伟福编译环境的设置及单片机程序编译
	知识难点	1.单片机内部的基本结构 2.C51单片机的头文件功能
	推荐教学方式	提出设计任务,分析设计方案,边讲解、边操作,现场编程调试,实现设计功能,分步实现单灯闪烁的功能
	建议学时	6学时
学	推荐学习方法	根据设计任务,先完成单个发光二极管的闪烁设计功能,再了解单片机硬件电路结构,理解51单片机的头文件中特殊功能寄存器的定义
	必须掌握的理论知识	经典51单片机内部结构,内部的特殊功能寄存器
	必须掌握的技术能力	应用伟福编译环境编辑下载调试单片机程序

1.1　单片机概述

单片微型计算机简称为单片机，是一种集成电路芯片，是采用超大规模集成电路技术把计算机系统集成到一块硅片上构成的一个小而完善的微型计算机系统，包括具有数据处理能力的中央处理器CPU、随机存储器RAM、只读存储器ROM、多种I/O口和中断系统、定时器/计时器等功能（可能还包括显示驱动电路、脉宽调制电路、模拟多路转换器、A-D转换器等电路），并且通过内部的地址总线、数据总线和控制总线将各部分功能电路组合为一个整体，是典型的嵌入式微控制器（Microcontroller Unit, MCU）。单片机内部结构如图1-1所示。

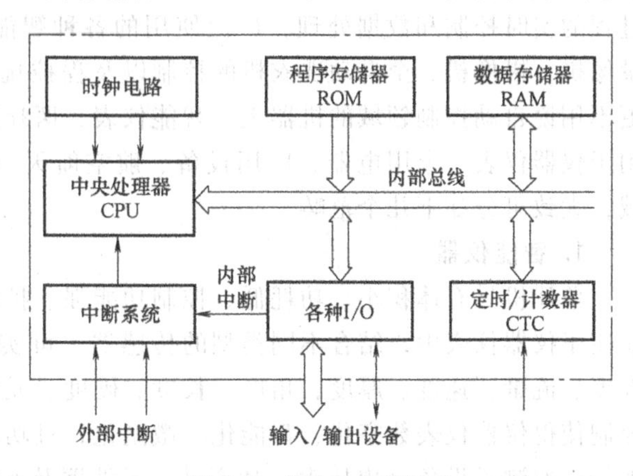

图1-1　单片机内部结构

单片机和计算机相比，只缺少了I/O设备。一块芯片就成了一台计算机。它的体积小、质量轻、价格便宜，为学习、应用和开发提供了便利条件。同时，学习使用单片机是了解计算机原理与结构的最佳选择。它最早是被用在工业控制领域。

由于单片机在工业控制领域的广泛应用，单片机由芯片内仅有 CPU 的专用处理器发展而来。最早的设计理念是通过将大量外围设备和 CPU 集成在一个芯片中，使计算机系统更小，更容易集成到复杂的而对体积要求严格的控制设备当中。

现代人类生活中所用的每件电子和机械产品中几乎都会集成有单片机。手机、电话、计算器、家用电器、电子玩具、掌上电脑以及鼠标等计算机配件中都配有 1~2 片单片机。汽车上一般配备 40 多片单片机，复杂的工业控制系统上甚至可能有数百台单片机在同时工作。单片机的数量不仅远超过 PC 和其他计算机的总和，甚至比人类的数量还要多。

1.1.1 单片机的发展

单片机诞生于 1971 年，经历了 SCM、MCU、SOC 三大阶段，由当时的 4 位、8 位单片机，发展到现在的 32 位 300M 的高速单片机。

早期的 SCM 单片机都是 8 位或 4 位的。其中最成功的是 INTEL 的 8031，此后在 8031 上发展出了 MCS51 系列 MCU 系统。基于这一系统的单片机系统直到现在还在广泛使用。随着工业控制领域要求的提高，开始出现了 16 位单片机，但因为性价比不理想并未得到很广泛的应用。20 世纪 90 年代后随着消费电子产品大发展，单片机技术得到了巨大提高。随着 INTEL i960 系列特别是后来的 ARM 系列的广泛应用，32 位单片机迅速取代 16 位单片机的高端地位，并且进入主流市场。

而传统的 8 位单片机的性能也得到了飞速提高，处理能力比起 20 世纪 80 年代提高了数百倍。目前，高端的 32 位 SOC 单片机主频已经超过 300MHz，性能直追 20 世纪 90 年代中期的专用处理器，而普通的型号出厂价格跌落至 1 美元，最高端的型号也只有 10 美元。

当代单片机系统已经不再只在裸机环境下开发和使用，大量专用的嵌入式操作系统被广泛应用在全系列的单片机上。作为掌上计算机和手机核心处理的高端单片机甚至可以直接使用 Windows 和 Linux 操作系统。

1.1.2 单片机的应用

目前单片机渗透到我们生活的各个领域，几乎很难找到哪个领域没有单片机的踪迹。导弹的导航装置电路板，飞机上各种仪表的控制，计算机的网络通信与数据传输，工业自动化过程的实时控制和数据处理，广泛使用的各种智能 IC 卡，民用豪华轿车的安全保障系统，录像机、摄像机、全自动洗衣机的控制以及程控玩具、电子宠物等，这些都离不开单片机。更不用说自动控制领域的机器人、智能仪表、医疗器械以及各种智能机械了。单片机广泛应用于仪器仪表、家用电器、医用设备、航空航天、专用设备的智能化管理及过程控制等领域，大致可分如下几个范畴。

1. 智能仪器

单片机具有体积小、功耗低、控制功能强、扩展灵活、微型化和使用方便等优点，广泛应用于仪器仪表中，结合不同类型的传感器，可实现诸如电压、电流、功率、频率、湿度、温度、流量、速度、厚度、角度、长度、硬度、元素以及压力等物理量的测量。采用单片机控制使得仪器仪表数字化、智能化、微型化，且功能比起采用电子或数字电路更加强大。例如精密的测量设备（电压表、功率计、示波器及各种分析仪等）。

2. 工业控制

单片机具有体积小、控制功能强、功耗低、环境适应能力强、扩展灵活和使用方便等优点，用单片机可以构成形式多样的控制系统、数据采集系统、通信系统、信号检测系统、无线感知系统、测控系统以及机器人等应用控制系统。例如工厂流水线的智能化管理，电梯智能化控制、各种报警系统，与计算机联网构成二级控制系统等。

3. 家用电器

现在的家用电器广泛采用了单片机控制，从电饭煲、洗衣机、电冰箱、空调机、彩色电视机、其他音响视频器材，再到电子称量设备和白色家用电器等。

4. 网络和通信

现代的单片机普遍具备通信接口，可以很方便地与计算机进行数据通信，为在计算机网络和通信设备间的应用提供了极好的物质条件，现在的通信设备基本上都实现了单片机智能控制，从手机、电话机、小型程控交换机、楼宇自动通信呼叫系统、列车无线通信、再到日常工作中随处可见的移动电话、集群移动通信、无线电对讲机等。

5. 医用设备领域

单片机在医用设备中的用途也相当广泛，例如医用呼吸机、各种分析仪、监护仪、超声诊断设备及病床呼叫系统等。

6. 模块化系统

某些专用单片机设计用于实现特定功能，从而在各种电路中进行模块化应用，而不要求使用人员了解其内部结构。如音乐集成单片机，看似简单的功能，微缩在纯电子芯片中（有别于磁带机的原理），就需要复杂的类似于计算机的原理。如：音乐信号以数字的形式存于存储器中（类似于 ROM），由微控制器读出，转化为模拟音乐电信号（类似于声卡）。

在大型电路中，这种模块化应用极大地缩小了体积，简化了电路，降低了损坏、错误率，也方便于更换。

7. 汽车电子

单片机在汽车电子中的应用非常广泛，例如汽车中的发动机控制器，基于 CAN 总线的汽车发动机智能电子控制器、GPS 导航系统、ABS 防抱死系统、制动系统以及胎压检测等。

此外，单片机在工商、金融、科研、教育、电力、通信、物流和航空航天等领域都有着十分广泛的用途。

1.1.3 单片机的分类

单片机作为计算机发展的一个重要分支领域，根据目前发展情况，从不同角度单片机大致可以分为通用型/专用型、总线型/非总线型及工控型/家用电器型。

1. 通用型/专用型

这是按单片机适用范围来区分的。例如，80C51 是通用型单片机，它不是为某种专门用途设计的；专用型单片机是针对一类产品甚至某一个产品设计生产的，例如为了满足电子体温计的要求，在片内集成 ADC 接口等功能的温度测量控制电路。

2. 总线型/非总线型

这是按单片机是否提供并行总线来区分的。总线型单片机普遍设置有并行地址总线、数据总线、控制总线，这些引脚用以扩展，并行外围器件都可通过串行口与单片机连接，另外，许多单片机已把所需要的外围器件及外设接口集成在片内，因此在许多情况下可以不要并行扩展总线，大大节省封装成本和芯片体积，这类单片机称为非总线型单片机。

3. 控制型/家用电器型

这是按单片机大致应用的领域进行区分的。一般而言，工控型寻址范围大，运算能力强；用于家用电器的单片机多为专用型，通常是小封装、低价格，外围器件和外设接口集成度高。

1.2 MCS-51 单片机的基本结构与功能

1.2.1 MCS-51 单片机的基本组成结构

MCS-51系列单片机内部由 CPU、RAM、ROM、定时/计数器、并行接口、串行接口、中断系统和时钟电路组成，MCS-51 系列单片机的内部结构示意图如图 1-2 所示。

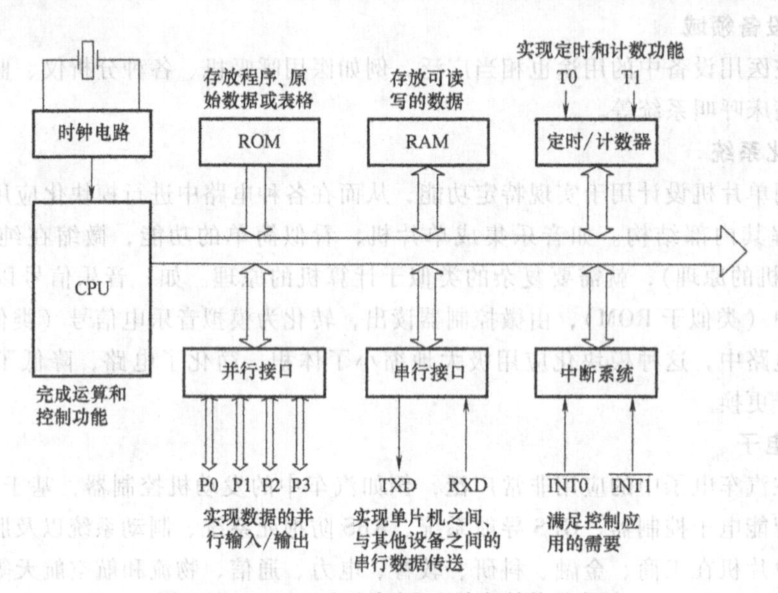

图 1-2　MCS-51 系列单片机的内部结构示意图

1. CPU

中央处理器是单片机的核心，完成运算和控制功能。MCS-51 的 CPU 能处理 8 位二进制数或代码。

2. RAM

RAM 用于存放计算和控制过程中的数据，单元内的数据可读写，掉电后信息会丢失。MCS-51 芯片中共有 256 个 RAM 单元，但其中高 128 单元被专用寄存器占用，能作为寄存器供用户使用的只是低 128 单元，用于存放可读写的数据。因此通常所说的内部数据存储器就是指低 128 单元，简称为内部 RAM。

3. ROM

MCS-51 共有 4 KB 内部 ROM，用于存放控制单片机工作的程序、原始数据或表格，掉电后不会丢失，称为程序存储器，简称为内部 ROM。单片机工作之前必须先将编制好的应用程序下载至芯片的 ROM 中。

4. 定时/计数器

8051 共有两个 16 位的定时/计数器，实现对内部时钟或外部信号的计数功能。当设定的定时/计数数值满足一定的条件后，定时/计数器会做出标记通知 CPU，CPU 响应后完成相应操作。

5. 并行接口

MCS-51 共有 4 个 8 位的 I/O 口（P0、P1、P2、P3），以实现数据的并行输入/输出。并行接口可以按 8 位并行方式使用，也可一位一位使用。

6. 串行接口

MCS-51 单片机有一个全双工的串行口，提供与外部串行输入/输出设备的连接或通信，只能一位一位地使用。

7. 中断系统

中断系统提高了单片机对外部意外事件的感知能力。当外部某一事件发生时，CPU 能及时知道、响应并进行相应的处理。8051 共有 5 个中断源，即外中断两个，定时/计数中断两个，串行口中断一个。所有中断可设置为高级和低级共两个优先级别。

8. 时钟电路

时钟电路为单片机各部件的工作提供统一的时钟，使各部件能在统一的节拍下进行协调一致的工作。MCS-51 芯片的内部有时钟电路，但石英晶体和微调电容需外接。系统允许的晶振频率一般为 6MHz 和 12MHz。

1.2.2 单片机引脚排列及功能

MCS-51 系列单片机 40 引脚双列直插式封装（DIP-40）的外形及引脚排列如图 1-3 所示。

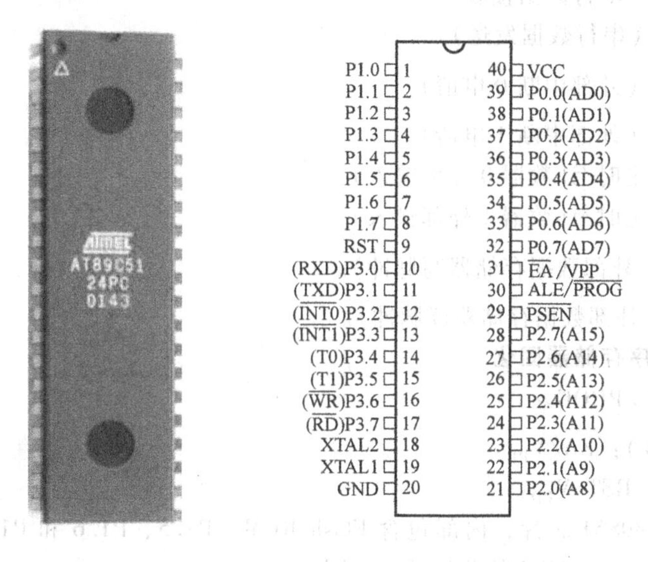

图 1-3　MCS-51 单片机引脚及功能

1. 输入/输出接口信号引脚

P0 口：P0.0~P0.7，8 位双向 I/O 端口。

P1 口：P1.0~P1.7，8 位双向 I/O 端口。

P2 口：P2.0~P2.7，8 位双向 I/O 端口。

P3 口：P3.0~P3.7，8 位双向 I/O 端口。

2. 控制信号引脚

ALE：地址锁存控制信号。ALE 以晶振固定频率的 1/6 输出正脉冲。在系统扩展时，ALE 用于控制 P0 口输出的低 8 位地址锁存，以实现低 8 位地址和数据的隔离。

$\overline{PSEN}$：外部程序存储器的读选通信号。在读外部 ROM 时，$\overline{PSEN}$有效（低电平），以实现外部 ROM 单元的读取操作。

$\overline{EA}$：访问程序存储器控制信号。当$\overline{EA}$信号为低电平时，对 ROM 的读操作限定在外部程序存储器；当$\overline{EA}$信号为高电平时，对 ROM 的操作从内部程序存储器开始，延至外部程序存储器。

RST：复位信号。当该引脚的信号为高电平，并延续两个机器周期以上时，完成单片机的复位，内部相应单元完成初始化，单片机进入工作状态。当单片机正常工作时，RST 为低电平。

3. 其他信号引脚

XTAL1 和 XTAL2：外接晶体引线端。当使用芯片内部时钟时，用于外接石英晶体和微调电容。当使用外部时钟时，则 XTAL2 用于输入外部振荡脉冲，该信号直接送至内部时钟电路，而 XTAL1 必须接地。

V_{SS}：地线。

V_{CC}：+5V 电源。

4. P3 口接第二功能信号引脚

P3.0（RXD）：（串行数据接收）。

P3.1（TXD）：（串行数据发送）。

P3.2（$\overline{INT0}$）：（外部中断 0 申请）。

P3.3（$\overline{INT1}$）：（外部中断 1 申请）。

P3.4（T0）：（定时/计数器 0 外部输入）。

P3.5（T1）：（定时/计数器 1 外部输入）。

P3.6（$\overline{WR}$）：（外部数据存储器写脉冲）。

P3.7（$\overline{RD}$）：（外部数据存储器读脉冲）。

5. EPROM 程序存储器固化

编程脉冲：ALE/PROG。

编程电压（25V）：$\overline{EA}/V_{PP}$。

备用电源引入：RST/V_{PD}。

另外，对于 AT89S51 芯片，内部包含 Flash ROM，P1.5、P1.6 和 P1.7 用于程序固化（下载）使用，与内部 EPROM 的芯片下载不同。

1.2.3 单片机存储器、寄存器结构

计算机的存储空间一般分为存放程序和存放数据两类，存储配置有两种典型结构：哈佛

结构和普林斯顿结构。哈佛结构的程序空间（ROM）和数据空间（RAM）分为两个队列寻址。普林斯顿结构的程序空间（ROM）和数据空间（RAM）同在一个空间队列寻址。

本书介绍的 MCS-51 系列单片机采用的是哈佛结构的存储结构，单片机存储结构如图1-4所示。MCS-51 系列单片机的存储器分为 ROM 和 RAM 两类。MCS-51 系列单片机内部有 4KB 的 ROM，最大可扩展到 64KB，所以可使用的最大程序空间为 64KB；内部有 128B 的 RAM，还可以扩展外部 RAM 共 64KB。访问外部设备与访问 RAM 一样，外部设备是与 RAM 统一编址的。MCS-51 系列单片机可访问的片外 RAM 和外设单元共 64KB。MCS-51 系列单片机对 ROM 的访问和片内 RAM 的访问是用不同指令实现的。

从物理空间看，单片机的存储器结构较为复杂，分为 4 个部分，即片内 ROM、片外 ROM、片内 RAM 和片外 RAM。但从逻辑空间上看，实际上存在 3 个独立的空间。片内、片外的程序存储器在同一个逻辑空间，它们的地址为 0x0000~0xffff（64KB），是连续的；片内的数据存储器占一个逻辑空间，地址为 0x00 ~0xff（256B）；片外的数据存储器占一个逻辑空间，地址为 0x0000 ~0xffff（64KB）。MCS-51 系列单片机会用不同的指令去访问不同的存储器空间。

1. 低 128 个单元内部数据存储区

MCS-51 系列单片机的内部数据存储器（RAM）共有 256 个单元，通常把 256 个单元分成两部分：低 128 个单元（0x00 ~ 0x7f）和高 128 个单元（0x80~0xff）。

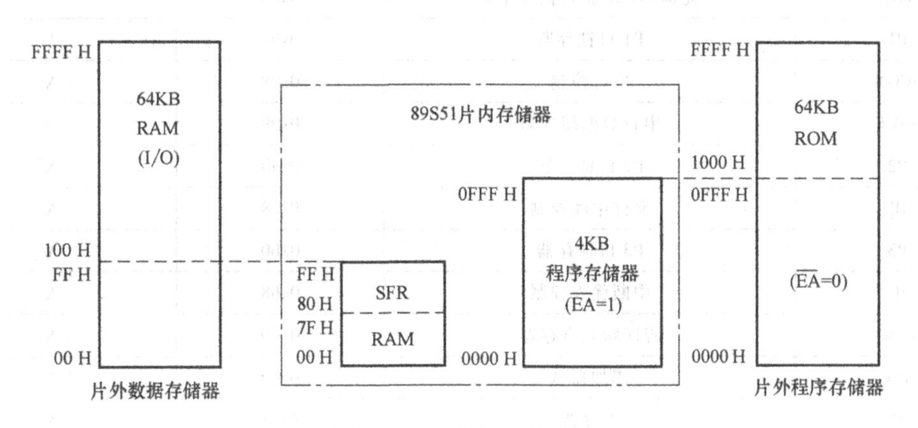

图 1-4 单片机存储器结构

低 128 个单元内部数据存储器按用途分为寄存器区、位寻址区和用户数据区 3 个区域：

寄存器区 MCS-51 系列单片机共有 4 组工作寄存器，每组 8 个单元，用 R0~R7 编号。它们用来暂存数据及中间结果，使用灵活。4 组工作寄存器占用内部 RAM 的 0x00~0x1f 单元。在某一时刻，CPU 只能使用其中的一组工作寄存器（称为当前寄存器）。它由程序状态寄存器（PSW）中的 RS1、RS0 位的状态决定。单片机复位后，RS1 和 RS0 默认为工作寄存器 0 组。

位寻址区内部 RAM 的 0x20~0x2f 单元既可以字节寻址，作为一般的 RAM 单元使用，又可以位寻址，进行布尔操作。在使用 C51 编程时，程序所定义的位变量会被分配在此处空间，最多可以定义 128 个位变量。

用户数据区内部 RAM 的 0x30~0x7f 单元是提供用户使用的数据区。用户的数据存放在此区域，在实际使用时，常把堆栈开辟在此。在使用 C51 编程时定义 data 存储数据类型变量将分配在此段 RAM 空间，同时系统设定的堆栈空间也在此段 RAM 空间。

2. 高 128 个单元特殊功能寄存器（SFR）区

对于 MCS-51 系列单片机，在内部数据存储器 0x80～0xff 的高 128 个单元中，特殊功能寄存器只占用其中的 21 个单元，其余单元无定义，用户不能对这些单元进行读写操作。MCS-51 系列单片机可寻址的特殊功能寄存器见表 1-1。

表 1-1 特殊功能寄存器

标识符	名　称	地址	可否位寻址
P0	P0 口锁存器	0x80	√
SP	堆栈指针	0x81	×
DPTR	数据指针(DPH、DPL)	0x83、0x82	×
PCON	电源控制	0x87	×
TCON	定时/计数器控制	0x88	×
TMOD	定时/计数器方式控制	0x89	×
TL0	定时/计数器 0(低字节)	0x8a	×
TL1	定时/计数器 1(低字节)	0x8b	×
TH0	定时/计数器 0(高字节)	0x8c	×
TH1	定时/计数器 1(高字节)	0x8d	×
P1	P1 口锁存器	0x90	√
SCON	串行控制	0x98	√
SBUF	串行数据缓冲器	0x99	×
P2	P2 口锁存器	0xa0	√
IE	允许中断控制	0xa8	√
P3	P3 口锁存器	0xb0	√
IP	中断优先控制	0xb8	√
PSW	程序状态寄存器	0xd0	√
ACC	累加器 A	0xe0	√
B	寄存器	0xf0	√

程序计数器（PC）用于控制程序的执行，不是特殊功能寄存器（SFR）。PC 存放将要执行程序的地址，它有自动加 1 的功能。单片机根据 PC 的内容取指令执行，PC 没有地址，不能赋值，只能通过转移指令改变其内容。

下面介绍一些 SFR 的用途，其他 SFR 在后面的章节中介绍。如果能熟练地掌握这些 SFR 的使用，也就掌握了 MCS-51 系列单片机的基本技术。

1）累加器 A。

累加器 A 为 8 位寄存器，它是使用最频繁的寄存器，功能较多，地位重要，直接与运算器打交道。CPU 中的算术和逻辑运算都要通过累加器 A。MCS-51 系列单片机大部分指令的操作都取自累加器 A。

2）寄存器 B。

寄存器 B 为 8 位寄存器，主要用于乘法和除法运算，也可以作为暂存器使用。在乘法运算中，乘数存于寄存器B中，被乘数存于累加器A中。乘法运算后，乘积的高8位存于寄存器B中，低8位存于累加器A中。在除法运算中，除数存于寄存器B中，被除数存于累加器A中。除法运算后，余数存于寄存器B中，商存于累加器A中。

3）程序状态寄存器。

程序状态寄存器（PSW）为8位寄存器，存放程序执行过程中的各种状态信息。有些位是根据程序的执行结果由硬件自动设置的，有些位由软件设置。程序状态寄存器在程序的运行过程中占有重要的地位，各位的具体含义见表1-2。

表1-2 程序状态寄存器的位表

功能	标志	位	位地址
进位标志(C)	CY	PSW.7	0xd7
辅助进位标志	AC	PSW.6	0xd6
用户标志	F0	PSW.5	0xd5
寄存器区选择 MSB	RS1	PSW.4	0xd4
寄存器区选择 LSB	RS0	PSW.3	0xd3
溢出标志	OV	PSW.2	0xd2
用户标志	F1	PSW.1	0xd1
奇偶标志	P	PSW.0	0xd0

进位标志位（CY）：进位标志位（CY）是最常用的标志位，常用于表示最高位向前的进位和借位及位运算。在加、减法运算中，如果操作结果在最高位有进位（加法运算时）或有借位（减法运算时），则该位由硬件置“1”，否则清“0”。在布尔运算中，位传送、位与、位或等操作都是通过进位标志位实现的。

辅助进位标志位（AC）：它也称为半进位标志。在进行算术加、减法运算中，当低4位向高4位有进位（加法运算时）或有借位（减法运算时），则该位由硬件置“1”，否则清“0”。

用户标志位F0、F1：其功能与内部RAM中可位寻址区的各位相似。

RS1、RS0：它为工作寄存器组选择位，用于选择CPU当前使用的寄存器组。具体定义见表1-3。单片机复位后，RS1、RS0为00，即当前工作寄存器组为第0组。

表1-3 工作寄存器的地址表

RS1 RS0	组别	R0~R7所占用单元的地址	RS1 RS0	组别	R0~R7所占用单元的地址
0 0	第0组	0x00~0x07	1 0	第2组	0x10~0x17
0 1	第1组	0x08~0x0f	1 1	第3组	0x18~0x1f

溢出标志位（OV）：它反映运算结果是否溢出，一般用于带符号数运算结果的判别，由硬件根据运算结果自动设置。

奇偶标志位（P）：它反映累加器A的奇偶性。如果累加器A中有奇数个“1”，则该位由硬件置“1”，否则清“0”。它完全由累加器A中的内容来决定。MCS-51单片机的校验为偶校验。

4）堆栈指针。

堆栈用来暂存数据，按照“先进后出”的原则存取数据，一端固定（栈底）、一端浮动（栈顶）。MCS-51 在片内 RAM 中专门开辟出一个区域（一组连续的存储单元）作为堆栈区，用堆栈指针（SP）来表示堆栈的位置。

系统复位后，SP 的内容为 0x07，堆栈设在 0x07 处，程序初始化时 SP 可设置不同的值，因此堆栈位置是浮动的，SP 的内容一经确定，堆栈的位置也就确定下来。堆栈必须设在片内的 RAM 区，采用 C51 编译系统会自动设置 SP 的内容。

5）数据指针寄存器。

数据指针寄存器（DPTR）是 16 位寄存器，用于存放 16 位的数据或地址。数据指针寄存器一般用于访问片外 RAM 或程序存储器，也可以分成两个 8 位寄存器使用，即存放高 8 位的寄存器 DPH 和存放低 8 位的寄存器 DPL。

3. 内部程序存储器

MCS-51 系列单片机的内部程序存储器（ROM）用于存放编制好的程序和表格常数。有些单元具有特殊的功能，使用时应加以注意。ROM 的低地址空间 0x0000~0x002a 单元被保留，留给上电复位后的引导程序的地址及 5 个中断服务程序的入口地址。在实际应用系统中，主程序的存放是从 0x002b 单元后开始的。

1）0x0000~0x0002 系统复位后，PC=0x0000，程序从 0x0000 单元开始取指令执行。

2）0x0003~0x002a 共 40 个单元，被分成 5 段，作为 5 个中断源的中断入口地址。中断响应后，按中断种类，自动转到各中断区的首地址去执行程序，因此在中断地址区中理应存放中断服务程序。但通常情况下，8 个单元难以存下一个完整的中断服务程序，在 C51 编译器中，不同的中断入口对应相应的中断向量函数。

0x0003：外部中断 0 中断入口地址，C51 对应的中断向量为 interrupt 0。

0x000b：定时/计数器 0 中断入口地址，C51 对应的中断向量为 interrupt 1。

0x0013：外中断 1 中断入口地址，C51 对应的中断向量为 interrupt 2。

0x001b：定时/计数器 1 中断入口地址，C51 对应的中断向量为 interrupt 3。

0x0023：串行中断入口地址，C51 对应的中断向量为 interrupt 4。

相关资料查询单片机数据手册。

1.2.4 单片机 I/O 端口

MCS-51 单片机有 4 个 8 位并行双向 I/O 端口 P0~P3，共 32 根 I/O 线。每一根 I/O 线能独立用作输入或输出。

1）P0 端口。

P0 由一个输出锁存器、两个三态输出缓冲器，输出驱动电路及控制电路组成。P0 口作为 I/O 口使用时，应接上拉电阻，CPU 内部发出控制信号低电平封锁与门，使输出驱动电路上方的场效应晶体管截止，同时又使多路开关 MUX 把锁存器 $\overline{Q}$ 与输出驱动电路下方的场效应晶体管的栅极连通，$\overline{Q}$ 为 1 时场效应晶体管导通，为 0 时截止。通道选择器的控制信号为 1 时，开关接通上侧，为 0 时接通下侧。P0 口是双向口。P0 口有两个三态输入缓冲器用于读操作。下方的三态缓冲器用于读引脚信号，上方的三态缓冲器用于读端口锁存器的内容。由两类指令分别产生读引脚和读锁存器的脉冲，用于选通三态缓冲器。当执行一条读引脚指令时，读引脚脉冲把下方三态缓冲器打开，这时端口引脚上的数据经过该缓冲器读入到内部总线。有时，端口已处于输出状态，CPU 的某些操作是先将端口原数据读入，经过运算修改后，再写到端口输出，这类指令读入的数据是锁存器的内容，可能改变其值，然后重新写入端口锁存器，称为“读—改—写”指令。

在扩展系统中，P0 口作为地址/数据总线使用时可分为两种情况：一种是以 P0 口引脚输出地址/数据信息。这时 CPU 内部发出的控制信号高电平打开与门，同时又使多路开关 MUX 把 CPU 内部地址/数据线经反相与输出驱动场效应晶体管 V2 的栅极接通，输出驱动场效应晶体管 V1、V2 构成推拉式输出电路，其负载能力大大加强；另一种情况由 P0 输入数据，这时输入信号是从引脚通过输入缓冲器进入内部总线。当 P0 口被用作地址/数据线时，就无法再作 I/O 口使用了。

某些系列单片机兼容 MCS-51 单片机，但在某些功能方面做了修改，如 STC 厂家生产的 51 系列单片机的 P0 口内部连接了上拉电阻。P0 口内部结构如图 1-5 所示。

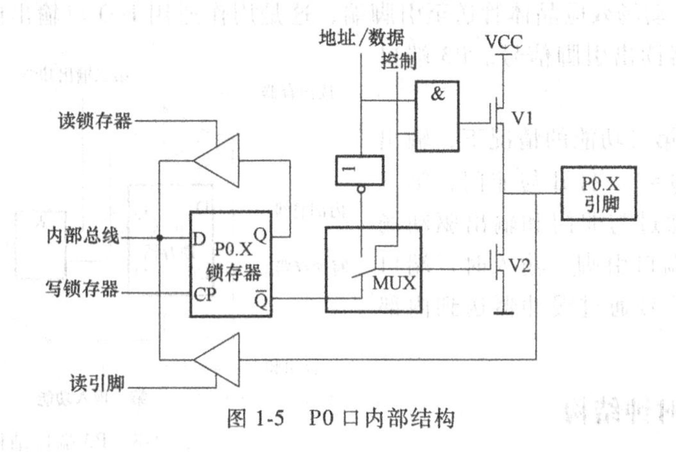

图 1-5　P0 口内部结构

2）P1 口。

P1 口在电路结构上与 P0 口有所不同，其输出驱动电路场效应晶体管接有上拉电阻。P1 口作为通用 I/O 使用。当 P1 口作用输入时，也必须先写入锁存器，再读引脚状态。P1 口是准双向口。当 P1 口用作输出时，不必外接上拉电阻。P1 端口结构如图 1-6 所示。

8051 的 P1、P2、P3 端口输出驱动器接有上拉电阻作负载，用作输入时，端口引脚拉成高电平，它们都是准双向口。

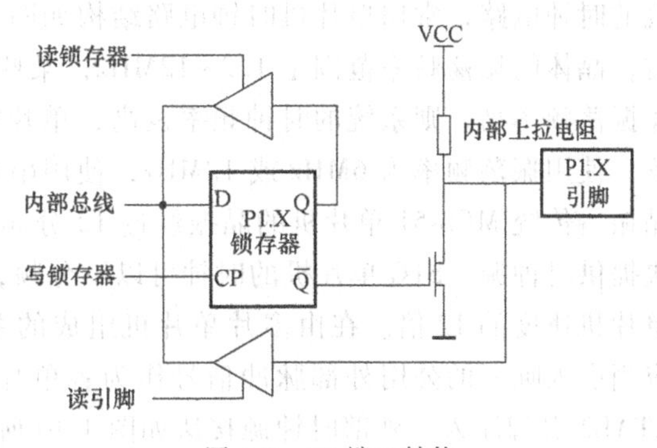

图 1-6　P1 端口结构

3）P2 口。

P2 口的位结构比 P1 口多了一个控制转换部分。当 P2 口作通用 I/O 时，多路开关 MUX 使锁存器输出端 Q 与输出驱动输入端接通，构成一个准双向口。在扩展系统中，P2 口输出高 8 位地址。此时 MUX 在 CPU 控制下转向内部地址线，使高 8 位地址码通过输出驱动器送到 P2 端口引脚上。P2 端口结构如图 1-7 所示。

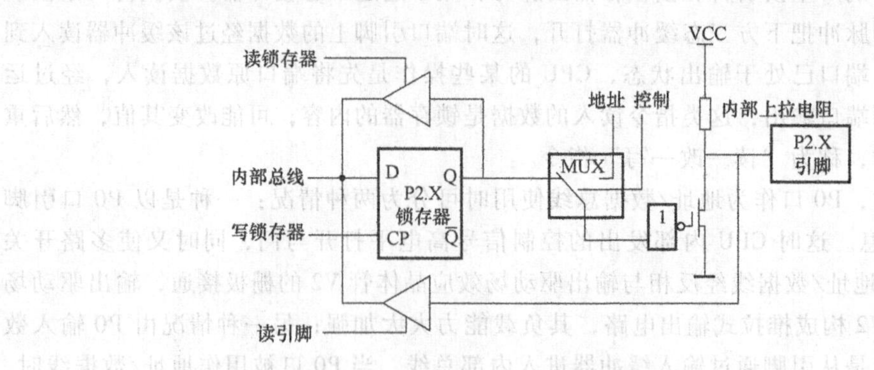

图 1-7　P2 端口结构

4）P3 口。

P3 口也是多功能口。当第二输出功能端保持高电平时，打开与非门，锁存器输出可通过与非门和输出驱动场效应晶体管送至引脚端，这是用作通用 I/O 口输出的情况。输入时，仍通过三态缓冲器读出引脚信号。P3 端口结构如图 1-8 所示。

在 P3 口用于第二功能的情况下，输出时，锁存器输出 Q=1。打开与非门，第二功能输出端内容通过与非门和输出驱动场效应晶体管送至端口引脚，输入时，端口引脚的第二功能信号通过缓冲器送到内部第二输入功能端。

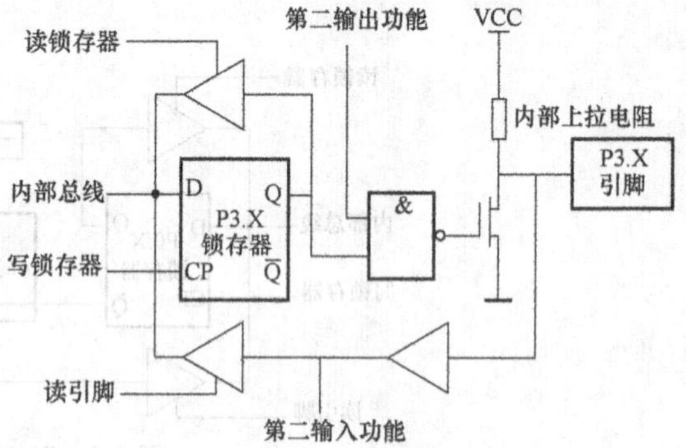

图 1-8　P3 端口结构

1.2.5　单片机时钟结构

在 MCS-51 芯片内部有一个高增益反相放大器，其输入端为芯片引脚 XTAL1，其输出端为引脚 XTAL2 。而在芯片的外部，XTAL1 和 XTAL2 之间跨接晶体振荡器和微调电容，从而构成一个稳定的自激振荡器，这就是单片机的时钟电路，常用单片机时钟电路结构如图 1-9 所示。一般地，电容 C1 和 C2 取 30pF 左右，晶体的振荡频率范围是 1.2~12MHz，某些高速单片机芯片的时钟频率已达 40MHz。晶体振荡频率高，则系统的时钟频率也高，单片机运行速度也就快。MCS-51 在通常应用情况下，使用振荡频率为 6MHz 或 12MHz，使用串口通信的单片机电路通常使用 11.0592MHz 的晶振。传统 MCS-51 单片机的晶振经过 12 分频后作为内部时钟，为 CPU、定时器等功能模块提供时钟源。STC 单片机的时钟可以不分频，为 CPU 提供时钟源，理论上是传统 MCS-51 单片机速度的 12 倍。在由多片单片机组成的系统中，为了各单片机之间时钟信号的同步，应当引入唯一的公用外部脉冲信号作为各单片机的振荡脉冲。这时，外部的脉冲信号是经 XTAL2 引脚注入，外部时钟源接法如图 1-10 所示。

单片机执行指令的最小时间单位为时钟周期，传统的 MCS-51 单片机的时钟周期的频率为晶振频率的 1/12，STC 系列单片机的时钟速度是传统单片机的 12 倍，指令执行速度更快。

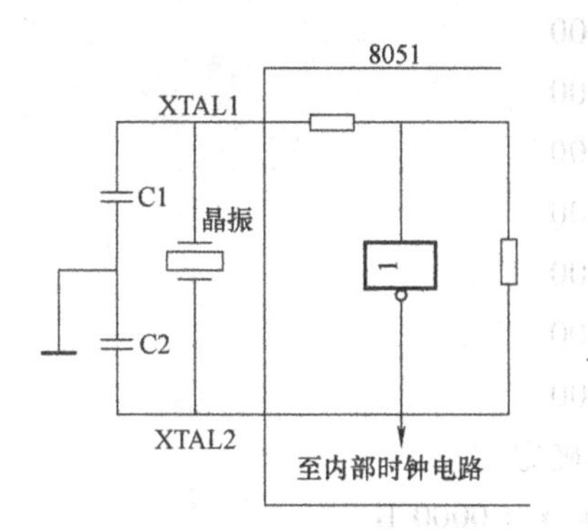

图 1-9　常用单片机时钟电路结构

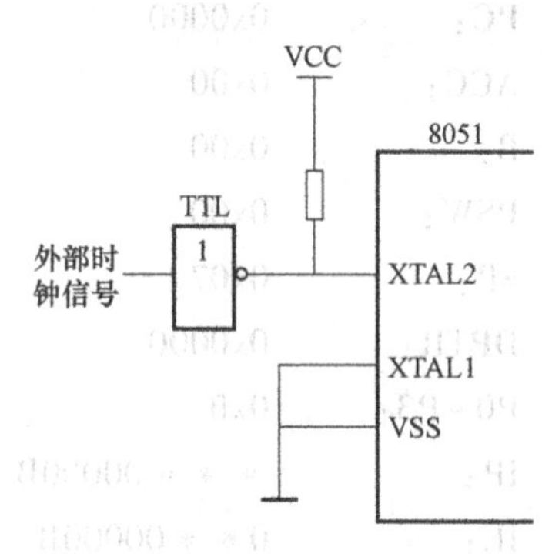

图 1-10　外部时钟源接法

1.2.6　单片机复位结构

单片机复位是使 CPU 和系统中的其他功能部件都处在一个确定的初始状态，并从这个状态开始工作。例如复位后 PC = 0000H，使单片机从首地址 0000H 开始重新执行程序。无论是在单片机刚开始接上电源时，还是断电后或者发生故障后都要复位。

1. 复位条件

必须使 RST 引脚（9）加上持续两个机器周期（即 24 个振荡周期）的高电平。例如，若时钟频率为 12 MHz，每机器周期为 1μs，则需 2μs 以上的高电平。

2. 复位电路

单片机常见的复位电路如图 1-11 所示。图 1-11a 为上电复位电路，它是利用电容充电来实现的。在接电瞬间，RESET 端的电位与 VCC 相同，随着充电电流的减少，RESET 的电位逐渐下降。只要保证 RESET 为高电平的时间大于两个机器周期，便能正常复位。图 1-11b 为按键复位电路。该电路除具有上电复位功能外，在按下 RESET 复位键时，电源经电阻 R1、R2 分压，在 REAET 端产生一个复位高电平，也能够是单片机系统复位。

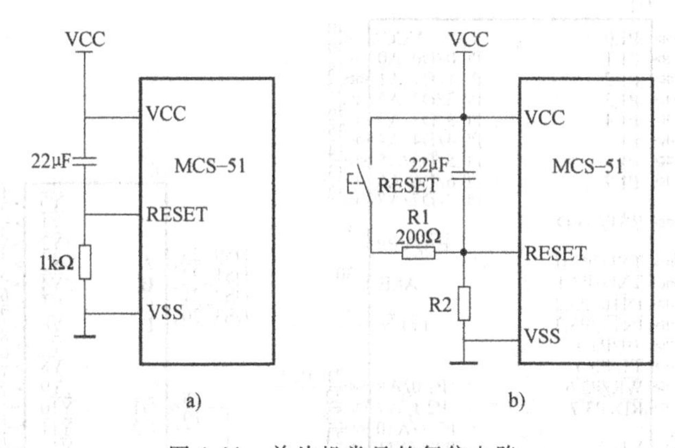

图 1-11　单片机常见的复位电路

a）上电复位电路　b）按键复位及上电复位电路

3. 复位状态

复位后，片内各专用寄存器状态如下：

PC:	0x0000	TMOD:	0x00
ACC:	0x00	TCON:	0x00
B:	0x00	TH0:	0x00
PSW:	0x00	TL0:	0x00
SP:	0x07	TH1:	0x00
DPTR:	0x0000	TL1:	0x00
P0~P3:	0xff	SCON:	0x00
IP:	* * *00000B	SBUF:	不确定
IE:	0 * *00000B	PCON:	0 * * *0000 B

1.3 发光二极管闪烁设计

1.3.1 单片机控制的发光二极管闪烁电路结构

单片机控制的发光二极管电路如图 1-12 所示。图中发光二极管 VD1 的阳极由晶体管 9012 驱动，当单片机的 P3 口的高 4 位 P3.7 ~P3.4 输出“1000”时，74LS154 的输出端“Y8”输出低电平，晶体管 VT9 导通，在此种情况下当单片机的 P2.0 端口输出“0”时则发光二极管点亮，当 P2.0 输出“1”则发光二极管熄灭。当 P2.0 周期性的输出“0”和“1”则可以看到发光二极管进行“亮”与“灭”的闪烁。根据发光二极管电路的结构，在 PC 上编写单片机控制程序，编译后生成单片机的 CPU 可执行的机器码，并将生成的机器码写入单片机的 FLASH ROM 中，单片机启动后执行 FLASH ROM 中的程序。CPU 所执行的每条指令都是编写的用户程序。由于 MCS-51 单片机的软硬件资源有限，因此单片机系统不像 PC 系统通过操纵系统来管理软硬件资源，所有的软硬件资源都由用户程序直接管理，由 CPU 根据用户所编写的单片机程序来执行任务。

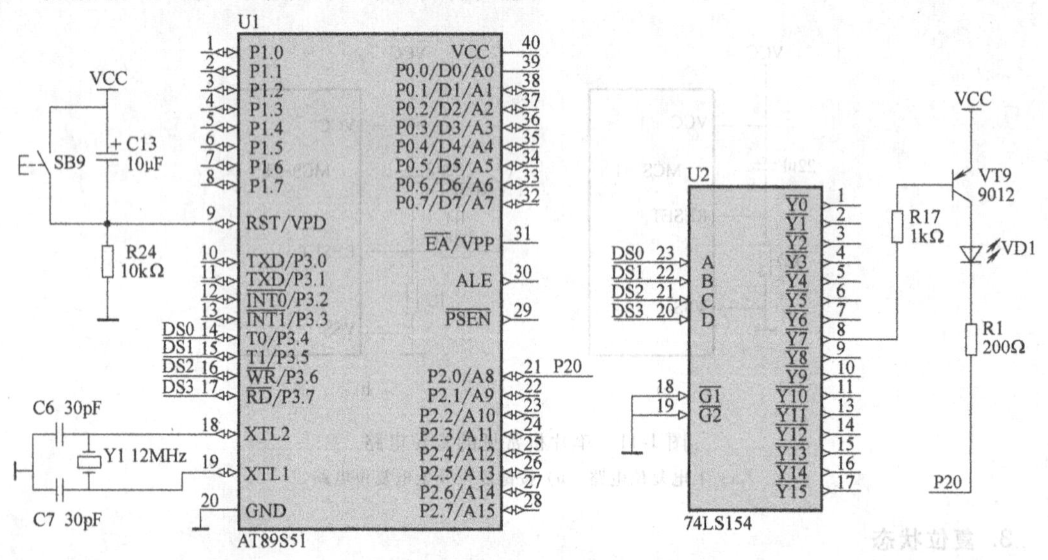

图 1-12 单片机控制的发光二极管电路

1.3.2 伟福编译系统编译单片机程序

1. 设置仿真器参数

单片机程序编译调试程序种类有很多，中文编译界面的集成系统有伟福编译环境。使用该编译系统可以通过仿真器进行程序的单步、跟踪、设置断点等方式直接调试设计程序。通过官方网站下载安装后，直接双击快捷方式图标启动。伟福编译器启动界面如图 1-13 所示。单击界面上的仿真器设置按钮，在图 1-14 所示的界面中设置各项参数，仿真器选项设置如图 1-14 所示，选择硬件仿真类型为“V5/S”，仿真头为“POD-H8X5X”，具体单片机型号选择为 ATMEL 公司的“AT89S51”单片机。仿真头的晶振频率默认为 12MHz。如果使用伟福公司的仿真器进行程序调试，则将仿真器选择选项的“√”去掉，如果没有仿真器实物，要设置该选项有效，可以通过编译环境进行虚拟调试，但对于一些器件的交互式操作则不能实现仿真功能。仿真器的编译语言设置如图 1-15 所示。

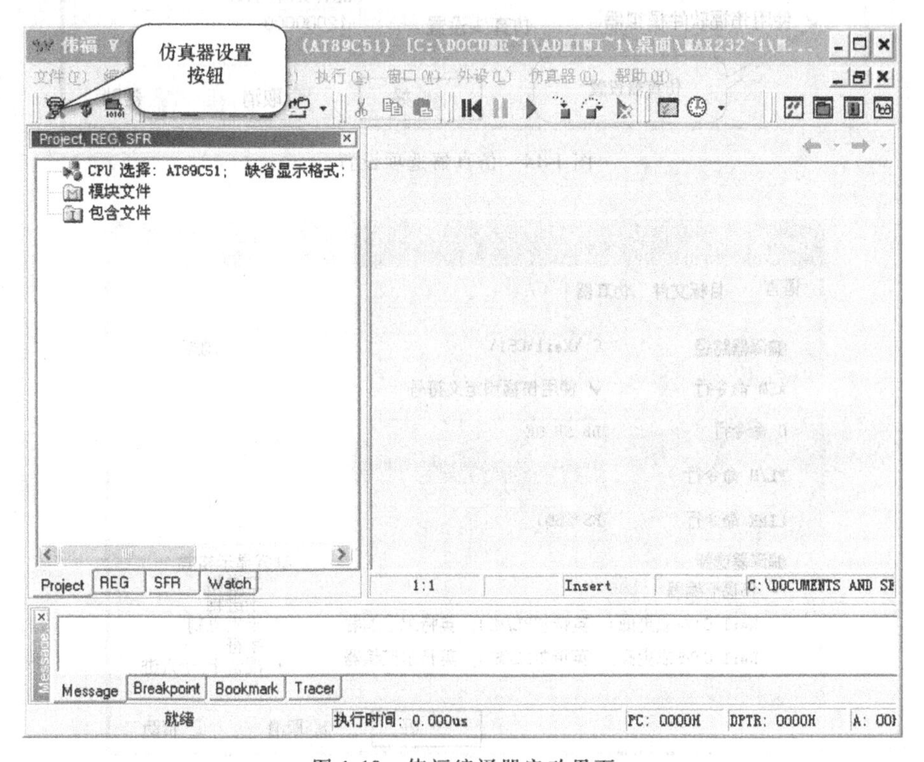

图 1-13 伟福编译器启动界面

在图 1-15 所示的语言界面下设置编译器使用编程语言选项，使用 C51 编写单片机程序方便快捷。可以使用 Keil 的 C51 编译器，在编译器路径中指定 C51 所在的路径。如果使用汇编语言编写单片机程序则可以不设置该选项。

2. 编写单片机程序

设置仿真器后可以进行程序设计，本书采用 C51 编写单片机设计程序。新建源文件“main. c”过程如下：执行菜单命令“文件”→“新建文件”，然后保存文件，将文件名设置为“main. c”，文件名的扩展名需要设置为“. C”。在执行 C 程序过程中，首先从“main ()”函数开始执行。新建源文件界面如图 1-16 所示。在源文件中输入程序代码，代码如下：

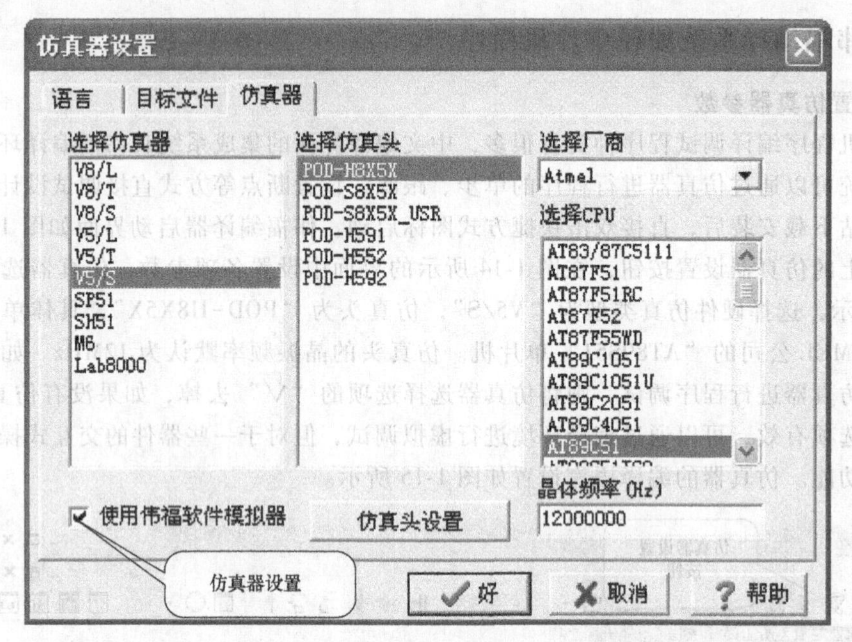

图 1-14　仿真器选项设置

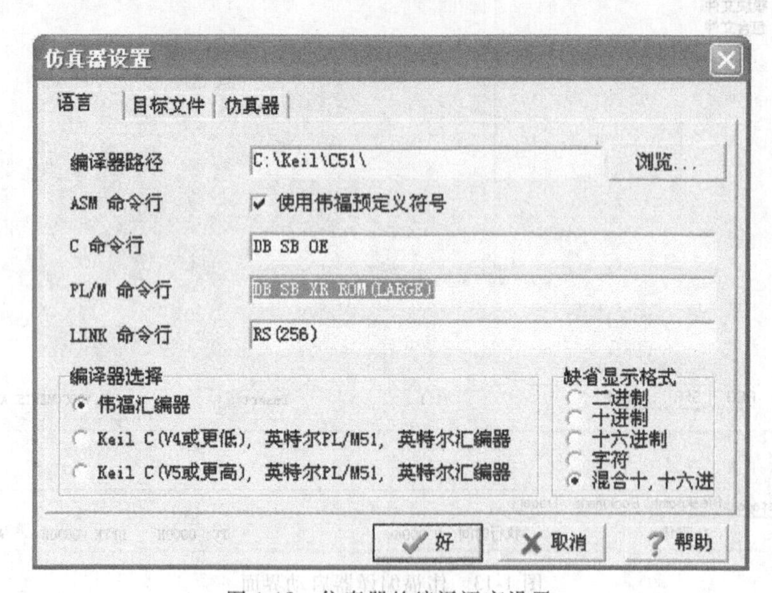

图 1-15　仿真器的编译语言设置

```
//////////////////////头文件、宏定义、变量定义、函数声明//////////////////////
#include<reg51.h>
sbit LED=P2^0;
#define LED_ON       LED=0
#define LED_OFF      LED=1
#define LED_TOOGLE       LED=~LED
#define TRUE       1
```

```
#define FALSE        0

void Delay_Nms(unsigned int n); //延时 n ms 函数声明
////////////////////////////////////////////////////////////////////////
/* 主函数
 * 功能:显示发光二极管周期约为 1s 的闪烁
 * 输入参数:无
   返回参数:无
*////////////////////////////////////////////////////////////////////////
void main(void)
{
    P3=0x8f; //选择 74ls154 的 Y8 输出低电平
     while(TRUE)
     {
       LED_TOOGLE;      //LED 状态输出转换一次
       Delay_Nms(500); //延时 500ms
     }


}
///////////////////////////////////////////////////////////////////////
/* 延时函数
   * 功能:实现毫秒级的延时功能
   * 输入参数:n,延时时间约为 nms
     返回参数:无
*////////////////////////////////////////////////////////////////////////
void Delay_Nms(unsigned int n)
{
    unsigned char i,j;
      for(;n>0;n--)
        for(i=2;i>0;i--)
          for(j=248;j>0;j--);
}
////////////////////////////////////////////////////////////////////////
```

程序代码的内容中“#include<reg51.h>”的功能为添加功能头文件，C51 编译器为 MCS-51单片机的特殊功能寄存器进行了定义，使用该行代码可以直接使用“reg51.h”头文件中定义的特殊功能寄存器。

“sbit LED=P2^0;”定义 LED 变量代表了 P2 端口的 P2.0，直接对“LED”的任何操作即是对 P2.0 进行操作，而采用宏定义的方式定义对 P2.0 的置 1，清 0，取反等操作更有利于程序在不同硬件系统中的移植。

“void Delay_Nms（unsigned int n）;” 为函数声明，该函数为延时 nms 的延时函数。该函数定义在“main（）”后，而在“main（）”中调用了该函数，因此必须在“main（）”函数之前对该函数进行声明。

“main（）”函数首先进行初始化操作，将 P3 口的 P3.7～P3.4 设置为“1000”，而确保 74LS154 的 Y8 输出为 0，从而使 VT9 导通，确保了二极管能够被点亮。由于 while 语句的条件为真，CPU 而后始终执行 while 循环语句，while 语句功能为将 P2.0 的输出状态取反一次，而后延时 500ms。循环执行该 while 语句，结果是发光二极管实现了周期为 1s 的闪烁功能。

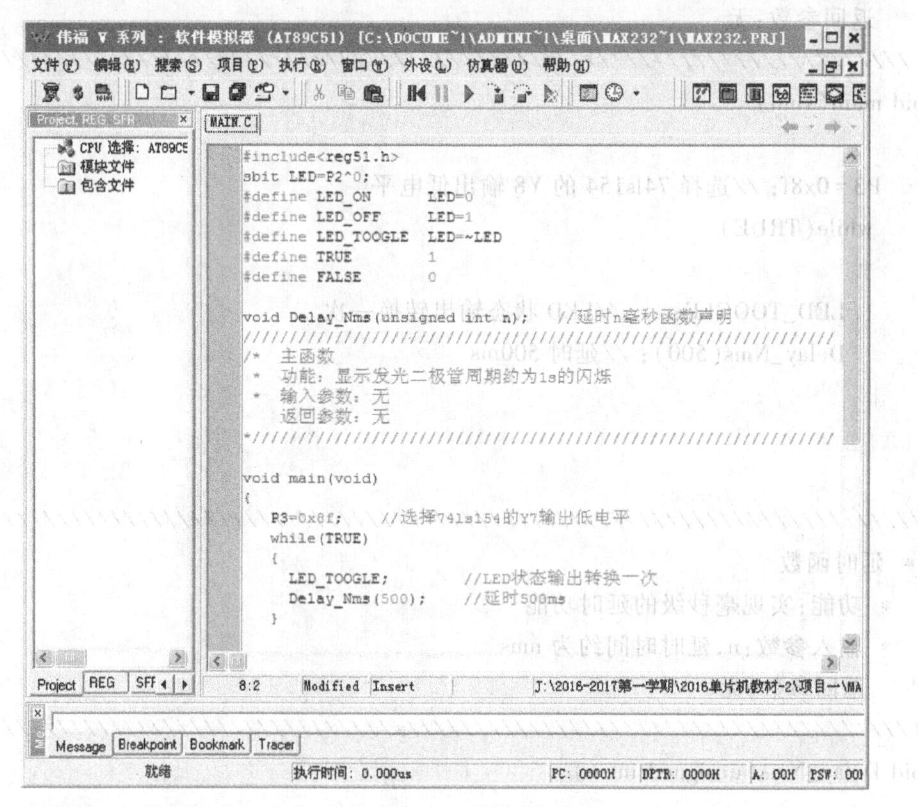

图 1-16 新建源文件界面

3. 单片机程序的编译

源程序编写后，需要进行编译。编译单片机程序需要建立一个完整的项目。执行菜单命令“文件”→“新建项目”，在弹出的图 1-17 所示的窗口中选择加入的源文件，新建项目中加载源文件如图 1-17 所示，加入新建的源文件“main.c”，而后在弹出的窗口中加入项目包含的头文件，在图 1-18 所示的窗口中选择头文件，如果不需要加入头文件则单击“取消”按钮，本项目中不需要加入其他头文件，选择“取消”按钮，在弹出图 1-19 所示的窗口中选择保存的项目的名称与路径，保存项目窗口如图 1-19 所示，将项目名称设置为“LED_FALSH”，并将项目路径与源文件路径设置为同一路径。保存项目用鼠标后双击图 1-20 所示的“main.c”源文件打开项目中的源文件。鼠标右键单击“模块文件”选项可以添加或移除源文件，项目中源文件管理操作如图 1-21 所示。鼠标右键单击“包含文件”选择可以添加或移除头文件。

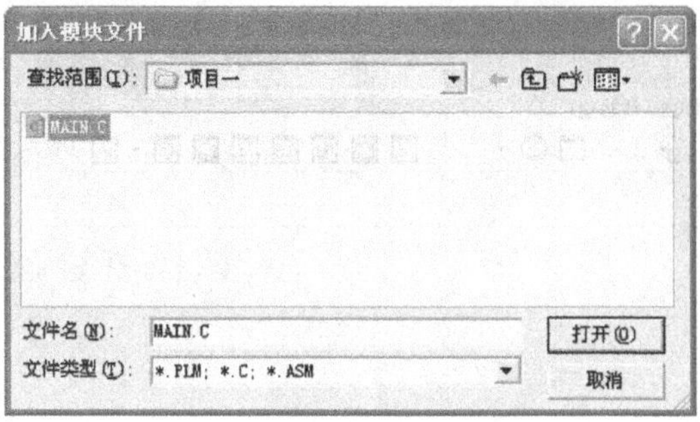

图 1-17　新建项目中加载源文件

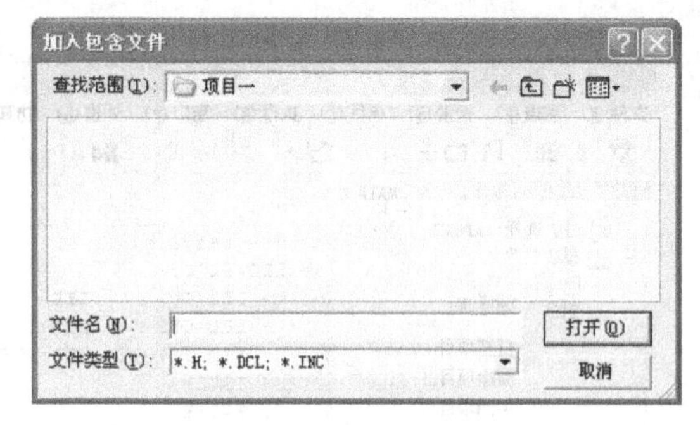

图 1-18　加载头文件窗口 0

图 1-19　保存项目窗口

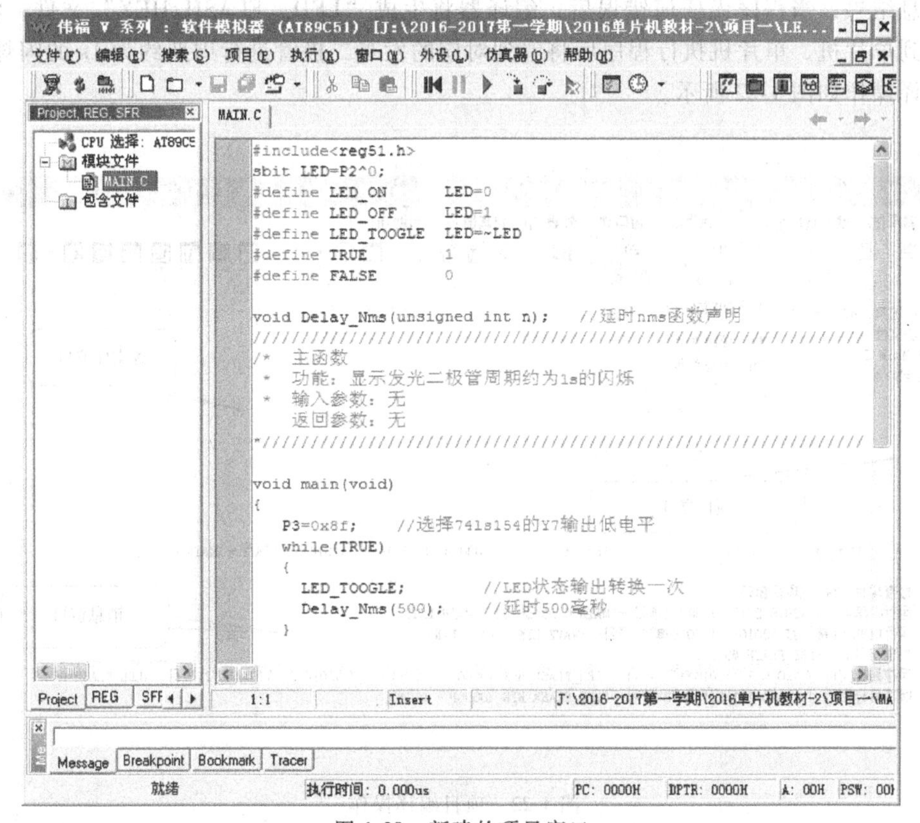

图 1-20　新建的项目窗口

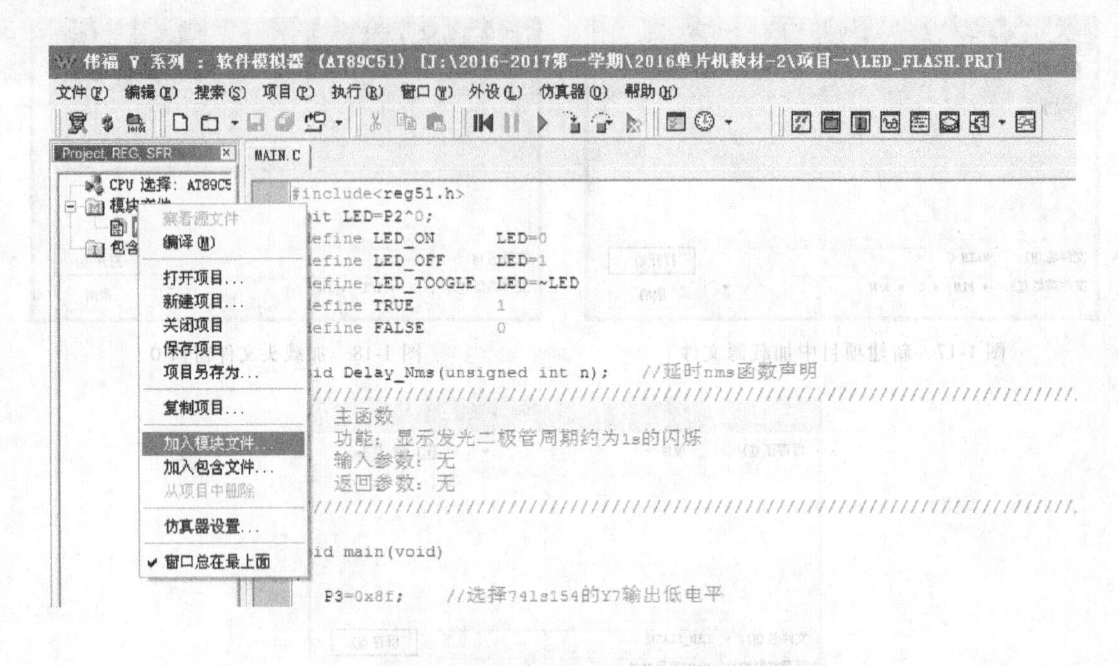

图 1-21　项目中源文件管理操作

执行菜单命令“项目”→“全部编译”，编译系统对项目进行编译，在消息窗口中显示编译的消息结果，当程序无任何错误后，编译器将生成“LED_ FLASH. HEX”文件，将该文件下载到单片机，单片机执行程序后将看到对应的发光二极管进行周期约为1s的闪烁操作，项目编译操作如图1-22所示。

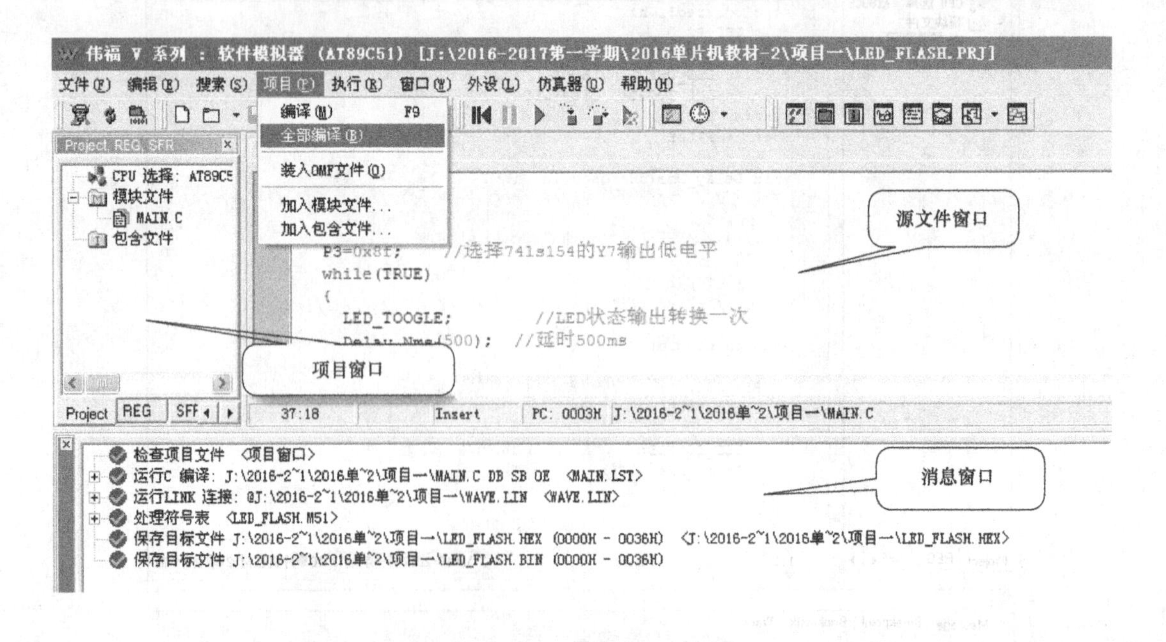

图 1-22　项目编译操作

4. 单片机程序的调试

程序编译后，如果连接了仿真器，可以通过调试工具对程序进行调试，可以进行跟踪调试、单步调试、连续调试以及复位等操作，通过项目观察窗口可以观察I/O端口、寄存器、定义的变量的数值变化。单击图1-23所示的单步调试按钮，则单步调试单片机程序，图1-23中箭头所指的位置为即将执行的程序位置，每单击一次单步运行按钮则执行一行程序，如果遇到函数调用则完成单次的函数调用；跟踪运行按钮遇到函数调用则进入函数内部进行单步运行，单击连续运行则CPU连续运行单片机程序；单击复位按钮则回到起始位置执行程序。在调试过程中如果希望执行到某一行停下来，可以在某行插入断点，先将光标设置在需要插入断点的行，然后执行菜单命令“执行”→“设置或取消断点”，单击连续运行按钮则程序运行到设置断点的位置停下来。通过项目的观察窗口可以观察调试过程中参数的变化，如本项目可以通过观察P2、P3口的变化来验证程序的调试结果。

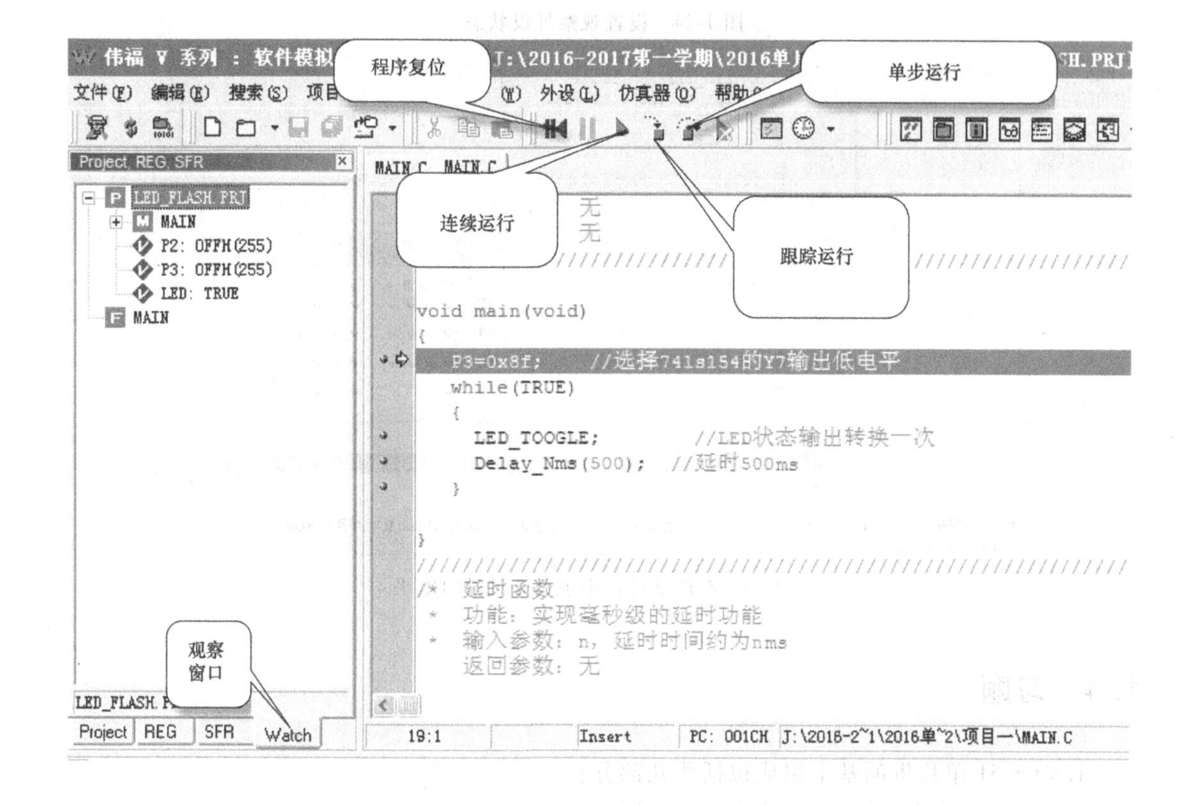

图1-23 程序调试界面

在调试过程中可以执行菜单命名“外设/端口”单独将P0~P3端口的状态显示出来，设置观察外设状态如图1-24所示，单片机复位后P0~P3端口的电位均为高电平，也可以将定时器、串口、中断等外设显示出来。

在没有使用仿真器的情况下可以使用该仿真功能观察I/O端口的变化，在调试过程中观察外设端口电平如图1-25所示在程序执行的所在位置对应P3口、P2口的输出电平。

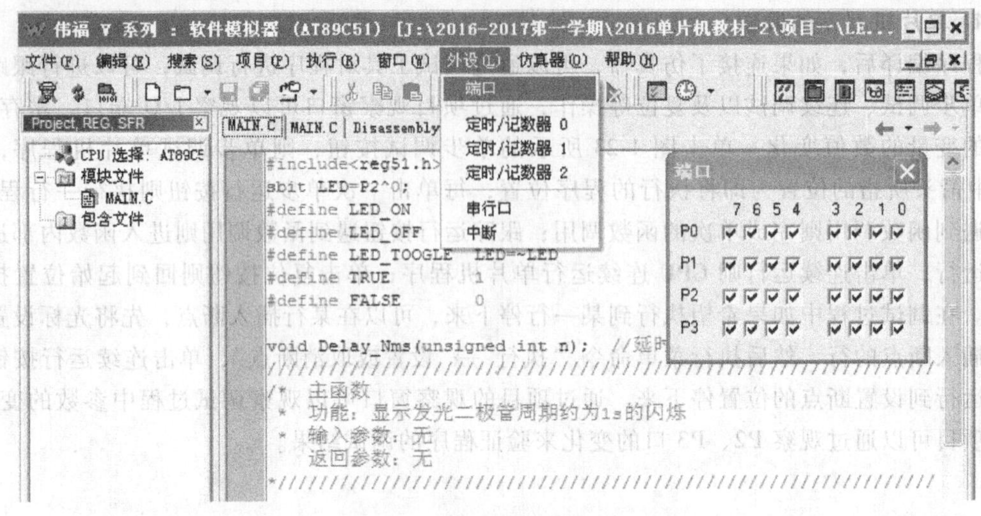

图 1-24　设置观察外设状态

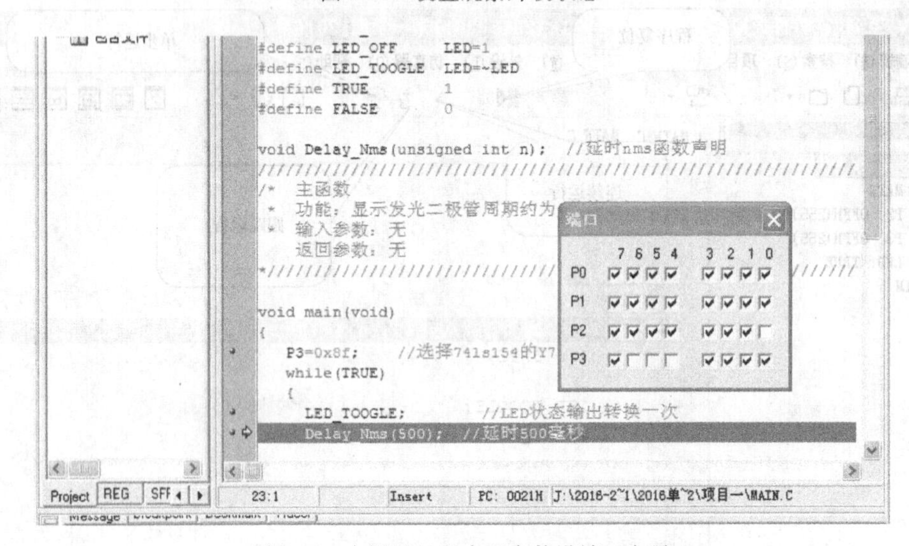

图 1-25　在调试过程中观察外设端口电平

1.4　习题

1. MCS-51 单片机的基本组成包括哪几部分？
2. MCS-51 单片机的 P0 口的功能包括哪些？
3. MCS-51 单片机的 P0 口作为 I/O 端口使用时需要如何进行处理？
4. MCS-51 单片机 P1 口的功能有哪些？
5. MCS-51 单片机 P2 口的功能有哪些？
6. MCS-51 单片机 P3 口的功能有哪些？
7. MCS-51 单片机的常用复位方式有哪几种？
8. MCS-51 单片机复位后 P0～P3 口输出的状态是哪种状态？

第 2 章　跑马灯的设计

教学导航

教	知识重点	1. 跑马灯的硬件电路设计 2. C51 基础,变量与存储器结构 3. 延时程序的设计 4. 跑马灯的程序设计
	知识难点	1. C51 变量与存储器结构 2. 延时程序的循环嵌套和时间计算
	推荐教学方式	通过 Proteus 仿真和实验板调试两种方法,先看实验现象然后进行相关知识点的学习
	建议学时	16 学时
学	推荐学习方法	根据跑马灯的程序设计,来理解 C51 指令的功能
	必须掌握的理论知识	掌握 C51 指令的功能,理解 C51 指令的执行过程
	必须掌握的技术能力	用循环设置延时程序,通过课堂的实验,能举一反三,设计更多花样的跑马灯

2.1　跑马灯电路介绍

在繁华的商业街区看到街道两旁有许多闪烁的彩灯，其中有很大一部分就是利用各色发光二极管（LED）制成的，而其控制电路则可以使用普通的数字电路，也可以由可编程逻辑器件（PLD）或单片机等组成，从应用的灵活性和电路成本方面考虑，显然，选用单片机是最合适的。在上一章中，已经学过了使用单片机的一个通用输入/输出（I/O）引脚来控制单个发光二极管的点亮和熄灭，下面来学习如何使用单片机控制多个连接在通用 I/O 引脚上的 LED 有规律的点亮和熄灭，也就是常说的跑马灯或流水灯的设计。

任何一个单片机应用系统的设计工作，主要包含硬件电路的设计和控制软件的设计两大部分。

首先，必须根据产品的规格和要求，选择合适的单片机等主要元器件，进行硬件电路的设计。本项目要求利用单片机的 I/O 引脚控制 8 个 LED 按照一定的规律点亮和熄灭，显然，只要选用至少具有 8 个通用 I/O 引脚的单片机就可以实现本项目要求的功能。由于本课程是以 AT89C51 系列单片机作为学习内容，进行单片机系统的外围应用电路设计时，首先应考虑的是满足单片机正常工作的 3 个必要条件：电源、时钟和复位电路，也就是常说的最小单片机系统。首先是给系统提供能量的电源部分，实验板使用了外加的+5V 直流电源，不需要设计额外的电源电路，但和其他常规电路一样，一般应该在其电源引脚 VCC 外接退耦电容器，如图 2-1 中的 Cpwer2；XTAL1 和 XTAL2 引脚则外接 12MHz 晶体振荡器 Y2 和电容器 C2、C3，构成时钟电路，振荡频率为 $f_{osc}=12\text{MHz}$，由此可以知道单片机的机器周期为 $T=12/f_{osc}=1\mu s$；电容 C1 和电阻 R20 则构成简单的 RC 型上电自动复位电路，再加上与电容 C1 并联的 220Ω 电阻和按键开关，一起构成了手动按键复位电路。接下来，要考虑 LED 控制电路的设计了。选择单片机 P2 口的 8 个引脚作为 8 个 LED 的控制端口，P2.0~P2.7 分别通过限流排阻 RP1 接 8 个发光二极管 VD1~VD8 的正极，8 个发光二极管 VD1~VD8 的负极接地。用 Proteus 仿真软件的跑马灯电路图如图 2-1 所示。

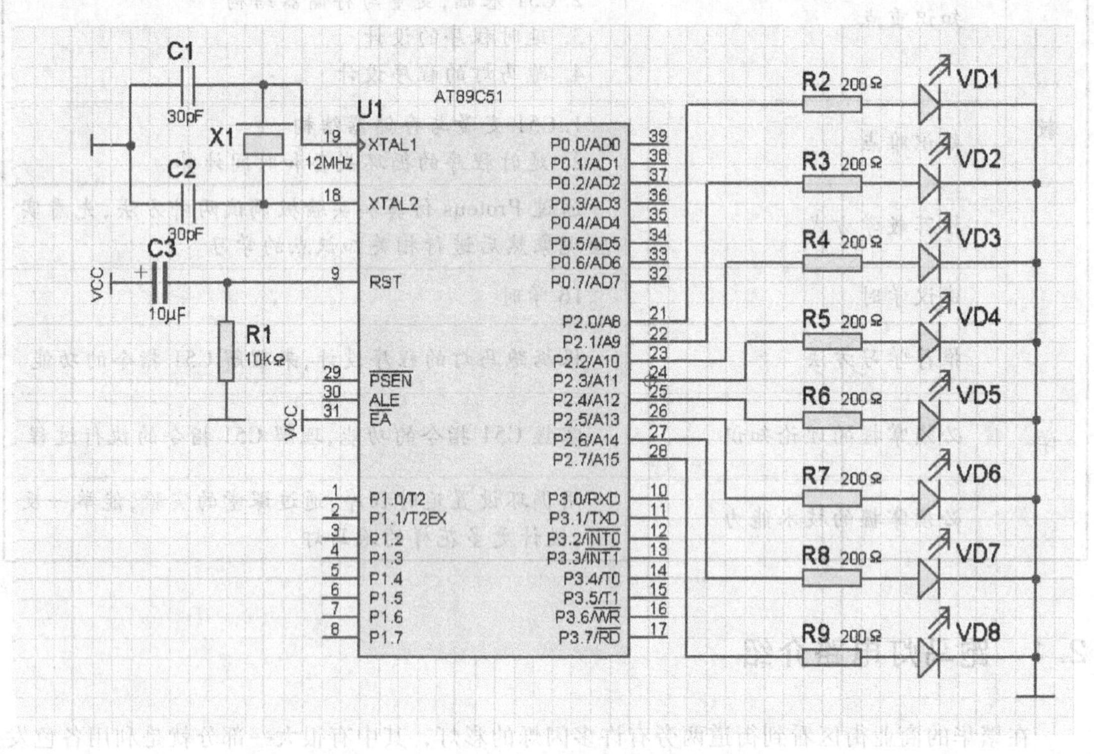

图 2-1 用 Proteus 仿真软件的跑马灯电路图

从 Proteus 中选取如下元器件：

(1) AT89C51 单片机

(2) RES 电阻

(3) CAP、CAP-ELEC 电容和电解电容

(4) CRYSTAL 晶振

(5) BUTTON 按钮

(6) LED 发光二极管

如果采用实验室配备的单片机综合实验电路板作为这个项目的设计和实验载体，实验板跑马灯硬件电路如图 2-2 所示。下面对该电路的设计过程加以说明。

电源、时钟和复位电路与图 2-1 设计相同，下面要考虑 LED 控制电路的设计了。选择单片机 P2 口的 8 个引脚作为 8 个 LED 的控制端口，P2.0~P2.7 分别通过限流电阻 R1~R8 接发光二极管 VD1~VD8 的负极。对于本项目来说，单片机的所有任务就是控制 VD1~VD8

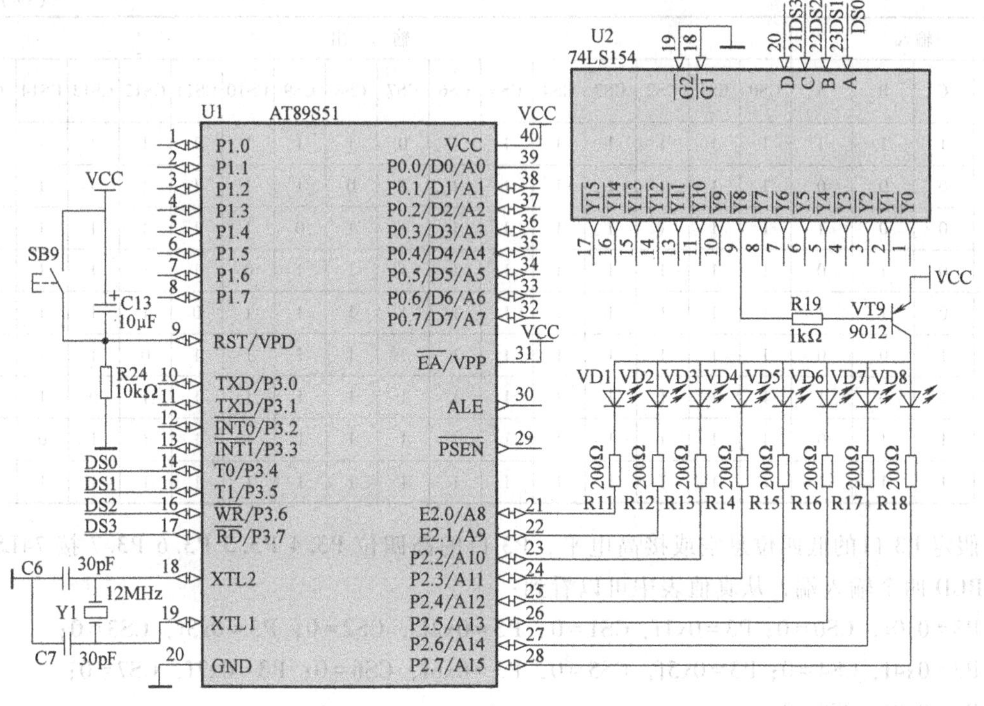

图 2-2 实验板跑马灯硬件电路

的点亮和熄灭，因此，只需把 VD1～VD8 的正极连在一起接电源端 VCC 就可以了，但对于整个单片机综合实验板来说，P3 口还另有他用（后面的项目中会用到），所以还应对 P3 口的输出控制进行适当的切换，这里，选择 P3 口的高 4 位 P3.4～P3.7 作为切换控制端口，通过一个 4-16 译码器 74LS154 的输出端 CS8 及与其输出端相接的 PNP 型晶体管组成切换电路，如图 2-2 中的 U3 和 Q9。使用 4-16 译码器 74LS154，可以节省单片机的 I/O 口，后面的项目中还会用到 4-16 译码器 74LS154 的另外八个输出端 CS0-CS7 作为八个数码管的控制端。

另外，引脚$\overline{EA}$外接 VCC，表示选择使用片内 ROM。这样，就利用现有的单片机综合实验电路板，构成了跑马灯项目的硬件电路见图 2-2。

74LS154 是一个 4-16 译码器，真值表见表 2-1。

表 2-1 74LS154 真值表

输入				输出															
D	C	B	A	CS0	CS1	CS2	CS3	CS4	CS5	CS6	CS7	CS8	CS9	CS10	CS11	CS12	CS13	CS14	CS15
0	0	0	0	0	1	1	1	1	1	1	1	1	1	1	1	1	1	1	1
0	0	0	1	1	0	1	1	1	1	1	1	1	1	1	1	1	1	1	1
0	0	1	0	1	1	0	1	1	1	1	1	1	1	1	1	1	1	1	1
0	0	1	1	1	1	1	0	1	1	1	1	1	1	1	1	1	1	1	1
0	1	0	0	1	1	1	1	0	1	1	1	1	1	1	1	1	1	1	1
0	1	0	1	1	1	1	1	1	0	1	1	1	1	1	1	1	1	1	1
0	1	1	0	1	1	1	1	1	1	0	1	1	1	1	1	1	1	1	1

（续）

输入				输出															
D	C	B	A	CS0	CS1	CS2	CS3	CS4	CS5	CS6	CS7	CS8	CS9	CS10	CS11	CS12	CS13	CS14	CS15
0	1	1	1	1	1	1	1	1	1	1	0	1	1	1	1	1	1	1	1
1	0	0	0	1	1	1	1	1	1	1	1	0	1	1	1	1	1	1	1
1	0	0	1	1	1	1	1	1	1	1	1	1	0	1	1	1	1	1	1
1	0	1	0	1	1	1	1	1	1	1	1	1	1	0	1	1	1	1	1
1	0	1	1	1	1	1	1	1	1	1	1	1	1	1	0	1	1	1	1
1	1	0	0	1	1	1	1	1	1	1	1	1	1	1	1	0	1	1	1
1	1	0	1	1	1	1	1	1	1	1	1	1	1	1	1	1	0	1	1
1	1	1	0	1	1	1	1	1	1	1	1	1	1	1	1	1	1	0	1
1	1	1	1	1	1	1	1	1	1	1	1	1	1	1	1	1	1	1	0

假定P3口的低四位悬空或接高电平，P3口的高四位P3.4 P3.5 P3.6 P3.7接74LS154的ABCD四个输入端，从真值表中可以看到：

P3=0x0f，CS0=0；P3=0x1f，CS1=0；P3=0x2f，CS2=0；P3=0x3f，CS3=0；P3=0x4f，CS4=0；P3=0x5f，CS5=0；P3=0x6f，CS6=0；P3=0x7f，CS7=0；P3=0x8f，CS8=0。

2.2 C51功能介绍

目前单片机的应用开发设计都使用Keil C51来编程，简称为C51语言，C51语言是在标准C的基础上，根据单片机存储器硬件结构及内部资源，扩展相应的数据类型和变量，而在语法规定、程序结构和设计方法上都与标准C语言相同。C51语言完全兼容C语言，但C51语言增加了位类型bit和特殊功能寄存器类型sbit、sfr、sfr16等数据变量类型。

2.2.1 C51编程优点

1）对单片机的指令系统不要求十分熟悉，仅要求对单片机的基本硬件结构有一定了解。

2）C51语言可直接访问单片机的物理地址，包括寄存器、不同存储器以及外部接口器件。

3）C51语言是以函数为程序设计基本模块的，这种方式可方便地进行结构化程序设计。

4）由于具有丰富的数据结构类型及多种运算符，所以表达方式灵活，表达能力强。

5）源代码可读性较强，容易理解和编程，并且极大地缩短了源文件长度。

6）具有丰富的库函数，其中包括许多标准子程序，具有较强的数据处理能力。

7）模块化编程技术使程序容易移植，可以把需要的功能模块方便地移植到一个新程序中或另一种单片机上。

2.2.2 C51 与标准 C 区别

1）库函数的不同。标准 C 语言的部分库函数被排除在 C51 语言之外，如字符屏幕和图形函数；有些库函数可以继续使用，但这些库函数必须针对 51 单片机的硬件特点做出相应的开发，例如库函数 Printf 和 Scanf，在标准 C 语言中，这两个函数用于屏幕打印和接收字符，而在 C51 语言中，主要用于串行数据的收发。

2）数据类型有一定的区别。C51 语言增加了如：位类型 bit 和特殊功能寄存器类型 sbit、sfr、sfr16 等数据变量类型。

3）C51 语言的变量存储模式与标准 C 语言中的变量存储模式数据不一样。标准 C 语言是为通用计算机设计的，计算机中只有一个程序和数据统一寻址的内存空间，而 C51 语言变量中的存储模式与 51 单片机的存储器紧密相关。

4）数据存储类型的不同。51 单片机的存储器可以分为内部数据存储器、外部数据存储器和程序存储器。内部数据存储器可以分为 3 个不同的 C51 存储器类型：data、idata 和 bdata。外部数据存储器可以分为两个不同的 C51 存储器类型：xdata 和 pdata。程序存储器只能读不能写，在 51 单片机内部或外部，C51 语言提供了 code 存储器类型来访问程序存储器。

5）标准 C 中没有处理单片机中断的定义，C51 语言有专门的中断 interrupt 函数。

6）头文件的不同。C51 语言与标准 C 语言头文件的差异是 C51 头文件必须把单片机内部的资源（如定时器/计数器、中断、I/O 口等特殊功能寄存器的设置）写入头文件中。

7）程序结构的差异。由于 51 单片机硬件资源有限，它的编译系统不允许有太多的程序嵌套，其次，标准 C 语言所具备的递归特性不能被 C51 语言支持。

2.3 C51 数据变量类型与存储器结构

C51 程序设计中支持多种新的数据类型的变量定义，常用的 4 种数据类型分别为 bit 型、sbit 型、sfr 型、sfr16 型。这些数据类型在 C 语言中没有，现对这 4 种类型变量定义一一说明。

2.3.1 bit 类型

C51 语言加入了位数据变量类型，用关键字 bit 作为类型符，它的值不是 0 就是 1。

bit 类型可以在变量定义、参数表和函数返回值中使用。

bit 变量定位在 51 单片机的片内 RAM 的位寻址区中。

位变量定义的一般格式如下：

bit 位变量名 [=初值]；

【例 2-1】

bit flag; /* 把 flag 定义为位变量 */

bit flag=0; /* 把 flag 定义为位变量,初值为 0 */

特别要注意 bit 变量和 bit 类型有如下限制：

不能定义一个 bit 类型的数组；

不能定义一个位指针；

禁止中断的函数（#pragma disable）和用明确的寄存器组（using n）声明的函数不能返回一个位类型值。这样使用时，编译过程将返回一个 bit 类型错误信息。

2.3.2 特殊功能寄存器类型

特殊功能寄存器类型是 C51 语言扩充的数据类型，可以通过它对单片机硬件进行访问。它分为 sbit、sfr 和 sfr16 三种类型。

sbit 为位类型，利用它可以访问所有可位寻址的特殊功能寄存器中的某一位。

sfr 为字节型特殊功能寄存器类型，占一个字节单元，利用它可以访问所有特殊功能寄存器。

sfr16 为双字节型特殊功能寄存器类型，占用两个字节单元，利用它可以访问 51 系列单片机内部有 2B 的特殊功能寄存器。

在 C51 语言中对特殊功能寄存器的访问必须先用 sbit、sfr 和 sfr16 进行定义。C51 语言定义特殊功能寄存器的一般语法格式如下：

sbit　特殊寄存器位名　= 位地址；

sfr　特殊寄存器名　= 特殊寄存器地址；

sfr16　特殊寄存器名 = 特殊寄存器地址；

【例 2-2】

允许中断控制寄存器 IE 是一个可以进行位寻址的特殊功能寄存器，从高到低 8 位的位名称为 EA X X ES ET1 EX1 ET0 EX0，对应的位地址为 AFH AEH ADH ACH ABH AAH A9H A8H。

0xAF 地址是总中断控制位 EA，把它定义为 EA 的方法是：

sbit EA = 0xAF;/ * 位地址 0xAF 定义为 EA * /

0xAC 地址是串行口中断允许控制位,把它定义为 ES 的定义方法是：

sbit ES= 0xAC/ * 位地址 0xAC 定义为 ES * /

0xAB 地址是定时器/计数器 1 中断控制位 ET1,把它定义为 ET1 的方法是：

sbit ET1 = 0xAB;/ * 位地址 0xAB 定义为 ET1 * /

0xAA 地址是外部中断 1 中断允许控制位 EX1,把它定义为 EX1 的定义方法是：

sbit EX1= 0xAA/ * 位地址 0xAA 定义为 EX1 * /

0xA9 地址是定时器/计数器 0 中断控制位 ET0,把它定义为 ET0 的方法是：

sbit ET0 = 0xA9;/ * 位地址 0xA9 定义为 ET0 * /

0xA8 地址是外部中断 0 中断允许控制位 EX0,把它定义为 EX0 的方法是：

sbit EX0= 0xA8/ * 位地址 0xA8 定义为 EX0 * /

注意：sbit 定义的是可位寻址的特殊功能寄存器位，其后的地址必须是位地址。

【例 2-3】

把地址分别为 0x80、0x90、0xa0、0xb0 的端口寄存器分别定义为 P0、P1、P2、P3，可以用 sfr 分别定义如下：

sfr P0 = 0x80;　　/ * P0 口，地址为 0x80 * /

sfr P1 = 0x90;　　/ * P1 口，地址为 0x90 * /

sfr P2 = 0xA0; /* P2口，地址为0xA0 */
sfr P3 = 0xB0; /* P3口，地址为0xB0 */

用sfr16定义双字节特殊功能寄存器时，其后面的地址必须是连续两个字节的低地址；

【例 2-4】

sfr16 DPTR = 0x82;/* DPL的地址为82H,DPH的地址为83H */

也可以这样来定义DPTR：

sfr DPL = 0x82;
sfr DPH = 0x83;

习惯上，特殊功能寄存器名都使用大写字母表示。

不同公司生产的51系列单片机的特殊功能寄存器的数量与类型不尽相同，一般情况下，可将所有的特殊功能寄存器定义放入一个头文件中，如“reg51. h”，这样只要在C51的源程序文件的开头用#include命令加入该文件，即可在程序中直接使用这些特殊功能寄存器的名称，免除使用者逐一定义的麻烦。在C51语言中，对21个特殊功能寄存器以及可以进行位操作的特殊功能寄存器进行了定义，这样就可以使用C51语言特殊功能寄存器语言对单片机硬件进行访问了。

C51编译器中包含许多头文件，如reg51. h、reg52. h等，为不同型号的单片机定义特殊功能寄存器和SFR中的寻址位。用户也可以对头文件进行编辑，补充定义未定义的位或者特殊功能寄存器。

在程序设计时，只要在C51语言的源程序文件的开头用#include命令加入头文件，即可在程序中直接使用这些特殊功能寄存器的名称，免除使用者逐一定义的麻烦，如例2-6，用了语句#include <reg51. h>，21个特殊功能寄存器就可以直接使用了。

【例 2-5】

```
#include <reg51.h>        //包含寄存器头文件
P0=0;                     //将端口P0全部设为低电平
int in1;                  //定义一个整型变量in1
int in2;                  //定义一个整型变量in2
in1=P0;                   //读取P0口的数据到变量in1中
in2=TL0;                  //读取定时器0的TL0中的数据到变量in2中
```

2.3.3 数据的存储区结构

C51语言是面向51系列单片机的C语言，应用程序中使用的任何数据（变量和常数）必须以一定的存储区类型定位于51系列单片机存储器结构中相应的存储区域中。

C51语言中的变量和标准C语言中的一样，也具有存储类型（auto、static、extern），但这与存储区类型不相同：前者主要是说明了变量的作用域和生存期；后者是为了说明数据被存放在51系列单片机的那个存储区内。

由此可见，C51语言中的数据类型定义还要包含存储区类型，表2-2列出了6种存储区类型，分别管理RAM和ROM区，编程时其一般格式为：

［存储类型］数据类型［存储区类型］标识符［=初值］；

【例 2-6】 unsigned char data high=0x10;

表示数据 high 是一个没有符号的字符型变量，初值是 10H，放在 data 区。

表 2-2　C51 编译器支持的存储区类型

存储区类型	地址长度/位	存储区域
bdata	1	片内 RAM，位寻址区，共 128 位
data	8	片内 RAM 的低 128B，可在一个周期内直接寻址，访问速度最快
idata	8	片内 RAM，间接寻址，共 256B
pdata	8	片外 RAM，分页间址，共 256B
xdata	16	片外 RAM，间接寻址，共 64KB
code	16	ROM，变址寻址，共 64KB

片内 RAM 存储区类型见图 2-3。

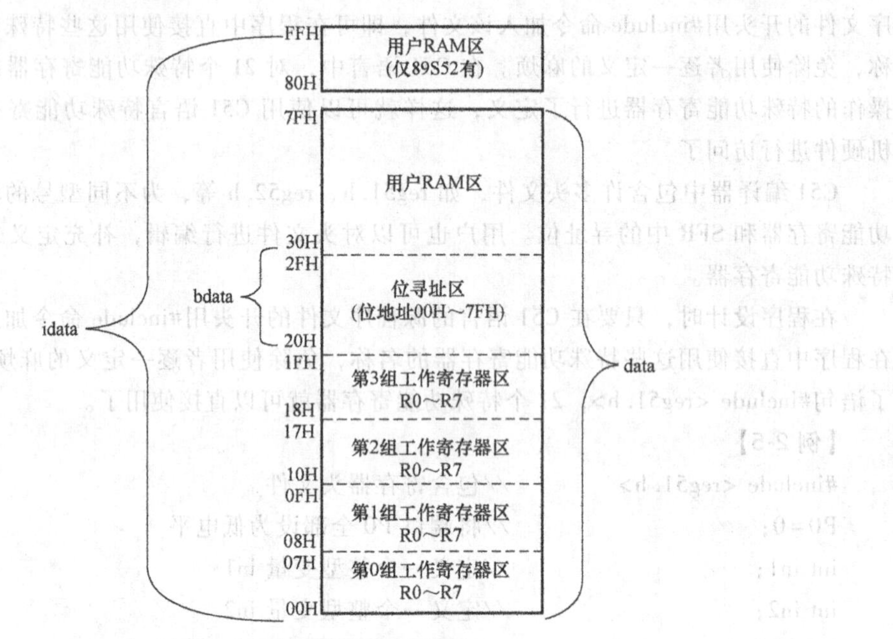

图 2-3　数据储存类型

C51 语言完全兼容 C 语言，C51 语言常用的数据类型及取值范围归纳为表 2-3。

表 2-3　C51 常用的数据类型及取值范围

常用的数据类型	位数	字节数	取值范围
bit	1		0~1
sbit	1		0~1
sfr	8	1	0~255
sfr16	16	2	0~65535
signed char	8	1	-128~+127
unsigned char	8	1	0~255
signed int	16	2	-32768~+32767
unsigned int	16	2	0~65535

(续)

常用的数据类型	位数	字节数	取值范围
signed short	16	2	-32768~+32767
unsigned short	16	2	0~65535
signed long	32	4	-2147483648~+2147483647
unsigned long	32	4	0~4294967295
enum 8/16	8/16	1/2	-128~+127 或-32768~+32767

下面对 51 系列单片机的存储器进行分析。

1. code 区

代码区的数据是不可改变的，只能读出。一般在 code 区可存放数据表、跳转向量和状态表，而且，这些数据对象在编译时必须初始化，否则，就得不到想要的值。

【例 2-7】

```
unsigned int code unit_id=1234;
unsigned char code table[12]
{
    0x00, 0x01, 0x02, 0x03, 0x04, 0x05,
    0x06, 0x07, 0x08, 0x09, 0x0a, 0x0b
};
```

2. data 区

对 data 区的寻址是最快的，应该把使用频率高的变量放在 data 区，以提高程序的执行效率。

【例 2-8】

```
unsigned char data system_status=0;
unsigned int data unit_id[2];
```

data 区除了包含程序变量和工作寄存器组外，还可能包含了堆栈，而其空间却很有限，必须注意使用，保证足够的堆栈空间；若发生堆栈溢出，程序会莫名其妙地复位，实际原因是 51 系列单片机没有硬件报错机制，堆栈溢出只能以这种方式表现出来。

3. bdata 区

bit 类型变量当然定位在 bdata 区，可以省略存储区类型，但在 bdata 区也可定义其他整型的变量，并且能对其进行位寻址，所以 bdata 区既能位访问，又可字节访问。

【例 2-9】

```
bit flag;
unsigned char bdata status_byte;
unsigned int bdata status_word;
```

以上定义的变量 status_ byte 和 status_ word 也可以位寻址，因此就能直接读写这两个变量中的每个位，这对那些需要单独使用其每个位的状态变量来说是十分有用的，因为对变量位进行寻址产生的汇编代码比检测定义在 data 区的状态字节位所产生的汇编代码要好。

有两种方法来引用上述变量中的每个位：

用 sbit 定义新的变量。

【例 2-10】

```
sbit stat_flag1 = status_byte^4;      //status_byte 的 bit4
sbit stat_flag2 = status_word^15;     // status_word 的 bit15
……
if( stat_flag1)
{
    ……
}
stat_flag2 = 1;
    ……
```

注意：

1）这里的 sbit 不表示定义的位变量是 SFR。

2）符号“^”和其后面的数字用来表示某个位在其他变量中的位置，应注意数字的大小。

3）这些位变量也可以声明为外部变量而被其他源文件所用，但声明是只要使用 bit 表示其类型，不需用 sbit。

【例 2-11】

```
extern bit stat_flag1;
extern bit stat_flag2;
```

不定义新的变量（不一定要用位变量名来引用某个位）。

不允许在 bdata 区定义 float 类型的变量，如果想对浮点数的每个位寻址，可通过包含 float 和 long 的共用体来实现。

【例 2-12】

```
typedef union                 //定义共用体类型
{
    unsigned long lvalue;
    float fvalue;
}
bit_float;
bit_float bdata myfloat;      //在 bdata 区中定义共用体变量
sbit float_ld = myfloat^31;   //定义位变量名
```

4. idata 区

idata 区也位于内部 RAM，和外部 RAM 寻址比较，它的指令执行周期和代码长度都较短，所以也用来存放使用比较频繁的变量，但由于只能采用间接寻址方式，访问速度要比 data 区慢。

【例 2-13】

```
unsigned char idata system_status = 0;
unsigned int idata unit_id[2];
```

char idata inp_string[16];

idata 区实际上包含了 data 区，也就是说，内部 RAM 地址 0x00~0x7F 既是 data 区，又是 idata 区。对于 52 子系列，内部 RAM 高地址的 128Byte 只能是 idata 区，此时，堆栈空间也可以进入 idata 区，而不局限在 data 区。对于 C51 来说，堆栈空间可由编译器在连接时根据程序中所使用的变量所占用 data 区和 idata 区存储单元来动态分配，而不需要像使用汇编语言时由用户来初始化堆栈指针 SP，从而最大化利用内部 RAM 区。

5. pdata 区和 xdata 区

pdata 区和 xdata 区都属于外部 RAM 区，它们的操作是相似的，两者的区别在于前者只有 256B，而后者可达 64KB。

【例 2-14】

```
unsigned char xdata system_status=0;
unsigned int pdata unit_id[2];
```

pdata 区寻址只需 8 位地址，而 xdata 区需 16 位地址，因此访问 pdata 区要快于 xdata 区，但显然比内部 RAM 区要慢。

对于 51 系列单片机来说，访问片内的 RAM 比访问片外的 RAM 的速度要快得多，所以对于经常使用的变量应该置于片内 RAM，即用 bdata、data、idata 来定义；对于不常使用的变量或规模较大的变量应该置于片外 RAM 中，即用 pdata、xdata 来定义。

2.4 C51 基本语句

C51 常用的基本语句主要有 5 种。

1. if 语句

```
if (条件表达式 1)
{
    语句 1;
}
else if (条件表达式 2)
{
    语句 2;
}
else
{
    语句 3;
}
```

如果表达式 1 成立就执行语句 1，否则如果表达式 2 成立就执行语句 2，不成立就执行语句 3，可以嵌套。

2. switch 语句，多分支选择

```
switch (表达式)
{
```

```
    case 常量表达式 1:语句 1;break;
    case 常量表达式 2:语句 2;break;
    case 常量表达式 n:语句 n;break;
    default:语句;
}
```

3. for 语句

```
for (表达式 1; 表达式 2; 表达式 3)
{
    循环体;
}
```

特殊语句:for (; ;) //表示循环条件永远成立,不会退出循环体

4. while 语句

```
while (条件表达式)
{
  循环语句;
}
```

5. do . . . while 语句

```
do
{
    循环语句;
    i++;
}
while (条件表达式);
```

2.5 C51 常用运算符

1. 算术运算

1) 算术运算符。

+ - * / % (模运算或取余运算符)

注意:

都是双目运算符,即需要两个操作数;对于/,若两个整数相除,结果为整数(取整),对于%,要求%两侧的操作数均为整型数据,所得结果的符号与左侧操作数符号相同。

+ +自增

- -自减

注意:

+ +和- -是单目运算符,+ +和- -只能用于变量,不能用与常量和表达式。+ +j 先自增,再取值;j+ + 先取值,后自增。

2) 算术表达式。

用算术运算符和括号将操作数连接起来的式子。

如：a * b/c-1 + d

int a=2，b=3，c=3，d=1；

结果：2

2. 关系运算符和关系表达式

(1) 关系运算符优先级

〈 ,〈= ,〉,〉= ,= = ,! =

前四个优先级相同，后两个优先级相同，前四个优先级高于后两个。

(2) 关系表达式

关系表达式的值为逻辑值，真和假，1 代表真，0 代表假。

注意：在优先级上，算术运算符>关系运算符>赋值运算符。

3. 逻辑运算符和逻辑表达式

(1) 逻辑运算符及其优先级

&& 逻辑与

|| 逻辑或

! 逻辑非

注意：

&& 与||是双目运算符,! 是单目运算符,在优先级上!〉&&〉||。

(2) 逻辑表达式

逻辑表达式值为逻辑量（真或假）。

4. 位运算符及其表达式

按位与 &、按位或 | 、按位异或^、按位取反 ~ 、左移<<、右移>>。

(1) 按位与运算符 &

作用：

1) 清零：让要清零的数与 0 按位与即可。

2) 保留某些位，而将其余的位清零。

(2) 按位或运算符 |

作用：

按位或的作用是将指定的位置置 1。

(3) 异或运算符^

作用：

1) 与 1 异或，使其定位翻转。任何数与 1 异或都会变成相反数。

2) 与 0 异或，使指定位保留原值。任何数与 0 异或都保持不变。

(4) 位取反运算符 ~

将各个位的内容按位进行取反。

(5) 位左移运算符<<

将各位内容向左移一位，左移运算中高位移出舍弃不用，空出位补 0，左移 1 位相当于乘 2。

【例 2-15】

```
unsigned char a=15;   // 00001111
```

```
a=a<<1;                    // a=a<<1 左移 1 位 a=30
```

(6) 位右移运算>>

将各位内容向右移一位，空出位补 0，右移 1 位相当于除 2。右移运算中低位移出舍弃不用，高位对无符号数补 0，对有符号数高位补符号位。

5. 赋值运算符和赋值表达式

赋值运算符 “=”，优先级较低，右结合性。

6. 复合赋值运算符

C51 提供了 10 种复合赋值运算符：+=，-=，*=，/=，%=，&=，|=，^=，<<=，>>=。

2.6 C51 设置循环延时子程序

51 单片机的定时可以用后面会介绍定时器/计数器来精确定时，也可以用 C51 语言的 for、while 循环语句来编写延时子程序。假定单片机的晶振频率是 12MHz，这里给出几个用 for 语句编写的延时子程序。

1. 500ms 延时子程序

```
void delay500ms(void)
{
  unsigned char i,j,k;
  for(i=15;i>0;i--)
  for(j=202;j>0;j--)
  for(k=81;k>0;k--);
}
```

计算分析：

程序共有三层循环，假定第一层循环的值是 n，第二层循环的值是 m。

第一层循环 n=k*2μs=81*2μs=162μs；

第二层循环 m=j*(n+3)=202*165μs=33330μs；

第三层循环：i*(m+3)=15*33333μs=499995μs；

延时总时间=三层循环+循环外=(499995+5)μs=500000μs=500ms；

2. 200ms 延时子程序

程序：

```
void delay200ms(void)
{
    unsigned char i,j,k;
      for(i=5;i>0;i--)
      for(j=132;j>0;j--)
      for(k=150;k>0;k--);
}
```

三重循环延时时间=[(2*k+3)*j+3]*i+5=[(2*150+3)*132+3]*5+5=200ms；

3. 10ms 延时子程序

程序：

```
void delay10ms(void)
{
    unsigned char i,j,k;
      for(i=5;i>0;i--)
      for(j=4;j>0;j--)
      for(k=248;k>0;k--);
}
```

三重循环延时时间=[(2*k+3)*j+3]*i+5=[(2*248+3)*4+3]*5+5=10ms;

4. 1s 延时子程序

程序：

```
void delay1s(void)
{
    unsigned char h,i,j,k;
      for(h=5;h>0;h--)
      for(i=4;i>0;i--)
      for(j=116;j>0;j--)
      for(k=214;k>0;k--);
}
```

四重循环延时时={[(2*k+3)*j+3]*i+3}*h+5={[(2*214+3)*116+3]*4+3}*5+5=1s;

5. 1ms 延时子程序

```
void delay1ms(void)
  {
    unsigned char i,j;
    for(i=10;i>0;i--)
    for(j=48;j>0;j--);
}
```

二重循环延时时间=(2*j+3)*i+5=(2*48+3)*10+5=995us=1ms;

这里给出的1ms延时子程序有5μs的误差，按照上面的用for循环的方法读者自己设计一个1ms延时子程序，越精确越好。

在精确延时的计算当中，最容易让人忽略的是计算循环外的那部分延时，在对时间要求不高的场合，这部分对程序不会造成影响。

2.7 流水灯的设计

【例2-16】 用Proteus仿真软件的跑马灯电路图见图2-1，实现8个LED灯轮流点亮1s。

分析：要点亮哪个发光二极管，该发光二极管的正端就要是高电平，VD1 点亮，P2.0=1；VD2 点亮，P2.1=1；VD3 点亮，P2.2=1；VD4 点亮，P2.3=1；VD5 点亮，P2.4=1；VD6 点亮，P2.5=1；VD7 点亮，P2.6=1；VD8 点亮，P2.7=1。因此可以使用左移指令。编程如下：

```
#include <reg51.h>                  //包含文件名为 reg51.h 的头文件
#define uchar unsigned char         //定义无符号字符
#define uint unsigned int           //定义无符号整数
void delay1s(void)
{
            unsigned char h,i,j,k;
            for(h=5;h>0;h--)
            for(i=4;i>0;i--)
            for(j=116;j>0;j--)
            for(k=214;k>0;k--);
}
void main(void)
{
    uint m;
    uchar temp;
    while(1)
    {
        temp=0x01;
        for(m=0;m<8;m++)     //8 个流水灯逐个闪动
        {
          P2=temp;                  //P2.0,点亮第一个发光管
          delay1s();                //调用延时函数
          temp<<=1;                 //左移一位
        }
    }
}
```

【例 2-17】 实验板硬件电路见图 2-2，实现 8 个 LED 灯从左到右轮流点亮 1s。

分析：实验板上，为了节省 I/O 口资源，使用了 4-16 译码器 74LS154。要点亮哪个发光二极管，该发光二极管的负端就要接低电平，8 个发光二极管的正端是通过 9012 晶体管 VT9 的集电极控制的，74LS154 译码出来的值 CS8=0，即加到 9012 晶体管 VT9 基极的电压是低电平，VT9 晶体管导通，集电极 4.8V 的电压就加到 8 个发光二极管的正端。从表 2-1 中可以看到，CS8=0，P3=0x8f。编程如下：

```
#include<reg51.h>                   //包含文件名为 reg51.h 的头文件
#define uchar unsigned char         //定义无符号字符
#define uint unsigned int           //定义无符号整数
```

```
    void delay1s(void)
    {
        unsigned char h,i,j,k;
            for(h=5;h>0;h--)
            for(i=4;i>0;i--)
            for(j=116;j>0;j--)
            for(k=214;k>0;k--);
    }
void main(void)
{
    uint m;
    uchar temp;
    while(1)
    {
        temp=0x01;
        for(m=0;m<8;m++)            //8 个流水灯逐个闪动
        {
          P3=0x8f;                  //8 个发光二极管的正端加高电平
          P2=~temp;                 //P2.0=0,点亮第一个发光管
          delay1s();                //调用延时函数
          temp<<=1;                 //左移一位
        }
    }
}
```

在上面两个例子中，如果让延时时间改为1ms，也就是第一个灯亮1ms后，第二个灯亮1ms，接着第三个灯亮1ms……一直到第八个灯亮1ms，再回到第一个灯亮1ms，按此规律循环往复，看到的现象是8个发光二极管一直恒定的点亮。

如果让延时时间改为10ms，也就是第一个灯亮10ms后，第二个灯亮10ms，接着第三个灯亮10ms……一直到第八个灯亮10ms，再回到第一个灯亮10ms，按此规律循环往复，看到的现象是8个发光二极管全部点亮但在闪烁。

如果让延时时间改为500ms，也就是第一个灯亮500ms后，第二个灯亮500ms，接着第三个灯亮500ms……一直到第八个灯亮500ms，再回到第一个灯亮500ms，按此规律循环往复，看到的现象是8个发光二极管一个一个点亮。

眼睛的一个重要特性是视觉惰性，即光像一旦在视网膜上形成，视觉将会对这个光像的感觉维持一个有限的时间，这种生理现象叫作视觉暂留性。对于中等亮度的光刺激，视觉暂留时间约为0.05~0.2s。上面看到的现象就是视觉暂留。

【例2-18】 实验板硬件电路见图2-2。实现8个流水灯逐个闪动，8个流水灯反向逐个闪动，8个流水灯依次全部点亮，8个流水灯依次反向全部点亮。

方法一、延时函数在主函数前面，不需要声明函数。

```
#include<reg51.h>                    //包含文件名为 reg51.h 的头文件
#define uchar unsigned char          //定义无符号字符
#define uint unsigned int            //定义无符号整数
void delay1s (void)
{
    unsigned char h, i, j, k;
      for (h=5; h>0; h--)
      for (i=4; i>0; i--)
      for (j=116; j>0; j--)
      for (k=214; k>0; k--);
}
void main (void)
{
  uint m;
  uchar temp;
  while (1)
  {
    temp=0x01;
    for (m=0; m<8; m++)              //8 个流水灯逐个闪动
    {
      P3=0x8f;
      P2=~temp;
      delay1s ();                    //调用延时函数
      temp<<=1;
    }
    temp=0x80;
  for (m=0; m<8; m++)                //8 个流水灯反向逐个闪动
    {
    P3=0x8f;
    P2=~temp;
    delay1s ();                      //调用延时函数
    temp>>=1;
    }
  temp=0xfe;
  for (m=0; m<8; m++)                //8 个流水灯依次全部点亮
  {
  P3=0x8f;
  P2=temp;
```

```
        delay1s ();                        //调用延时函数
        temp<<=1;
    }
    temp=0x7f;
    for (m=0; m<8; m++)                    //8个流水灯依次反向全部点亮
    {
        P3=0x8f;
        P2=temp;
        delay1s ();                        //调用延时函数
        temp>>=1;
    }
  }
}
```

方法二、延时函数在主函数的后面。

```
    #include<reg51.h>                      //包含文件名为reg51.h的头文件
    #define uchar unsigned char            //定义无符号字符
    #define uint unsigned int              //定义无符号整数
    void delay (unit i);                   //声明延时函数
    void main (void)
    {
        uint i;
        uchar temp;
        while (1)
         {
            temp=0x01;
            for (i=0; i<8; i++)            //8个流水灯逐个闪动
            {
            P3=0x8f;
            P2=~temp;
            delay (100);                   //调用延时函数
            temp<<=1;
        }
        temp=0x80;
        for (i=0; i<8; i++)                //8个流水灯反向逐个闪动
        {
          P3=0x8f;
          P2=~temp;
          delay (100);                     //调用延时函数
          temp>>=1;
```

```
    }
    temp=0xfe;
  for (i=0; i<8; i++)                    //8个流水灯依次全部点亮
    {
    P3=0x8f;
    P2=temp;
    delay (100);                         //调用延时函数
    temp<<=1;
    }
  temp=0x7f;
  for (i=0; i<8; i++)                    //8个流水灯依次反向全部点亮
    {
    P3=0x8f;
    P2=temp;
    delay (100);                         //调用延时函数
    temp>>=1;
    }
  }
}
void delay (uint j)                      //定义延时函数
{
uint k;
for (; j; j--)
for (k=0; k<255; k++);
}
```

2.8 习题

1. 在例2-17和例2-18中，延时时间如果改为1ms、10ms、200ms、500ms，分别看到什么现象？

2. 在例2-18中，实现8个LED灯从右到左轮流点亮1s。

3. 试编写8个发光二极管从最中间两个点亮，然后分别往外衍生，到最外面两个发光二极管点亮，然后再回到最中间两个发光二极管点亮的不断循环的霓虹灯花样点亮的程序。

第3章 交通灯系统设计

教学导航

教	知识重点	1. 数码管共阴、共阳显示，静态和动态扫描 2. 共阳数码管位选信号的获取，74LS154 译码器和 9012 晶体管的使用 3. 倒计时系统设计 4. 交通灯系统设计
	知识难点	1. 交通灯系统的设计过程 2. 查表指令与多路分支程序设计
	推荐教学方式	提出设计任务，分析设计方案，边讲解、边操作，现场编程调试，实现设计功能，实现数码管的显示，动态显示
	建议学时	20 学时
学	推荐学习方法	根据设计任务，分步骤实现设计功能，先完成基本交通灯的设计，再完成数码管的倒计时显示，再后完成带倒计时的交通灯设计
	必须掌握的理论知识	数码管的显示码及程序设计
	必须掌握的技术能力	数码管动态显示的程序设计

3.1 交通灯系统功能

设计一个十字路口的交通灯控制器，设南北方向为主干道车流量大于东西方向，南北方向的红、黄、绿的时间定为红灯 35s、黄灯 5s、绿灯 40s，东西方向的红、黄、绿的时间定为红灯 45s、黄灯 5s、绿灯 30s，同时用数码管显示当前状态（红、黄、绿灯）剩余时间。

从这个设计要求来看，交通灯控制器除了有东西、南北方向的不同组合（红绿、红黄、绿红、黄红 4 个状态），还有数码管倒计时显示当前状态的剩余时间。下面分两步来设计，第一步设计一个带红黄绿灯的基本的交通灯，第二步设计一个数码管倒计时电路，然后二者组合起来。

3.1.1 基本交通灯硬件电路设计

设南北方向为主干道其车流量大于东西方向车流量，南北方向的红、黄、绿的时间定为红灯 35s、黄灯 5s、绿灯 40s，东西方向的红、黄、绿的时间定为红灯 45s、黄灯 5s、绿灯 30s。

图 3-1 是一个基本的十字路口的交通灯控制器的 Proteus 硬件电路图，其主控电路是前面已经介绍过的单片机的最小系统，本节就不再详细介绍。本系统设计的交通灯，采用红、绿、黄 3 种颜色 LED 灯，按照下图进行排列，东西方向，南北方向各有两排，组成红绿灯的 4 种状态，用单片机的 P2 口控制，P2.0、P2.1、P2.2 驱动东西方向红黄绿灯，P2.4、P2.5、P2.6 驱动南北方向红黄绿灯，P2 口哪一位是高电平，对应的 LED 灯点亮，P2.3 和 P2.7 不用。

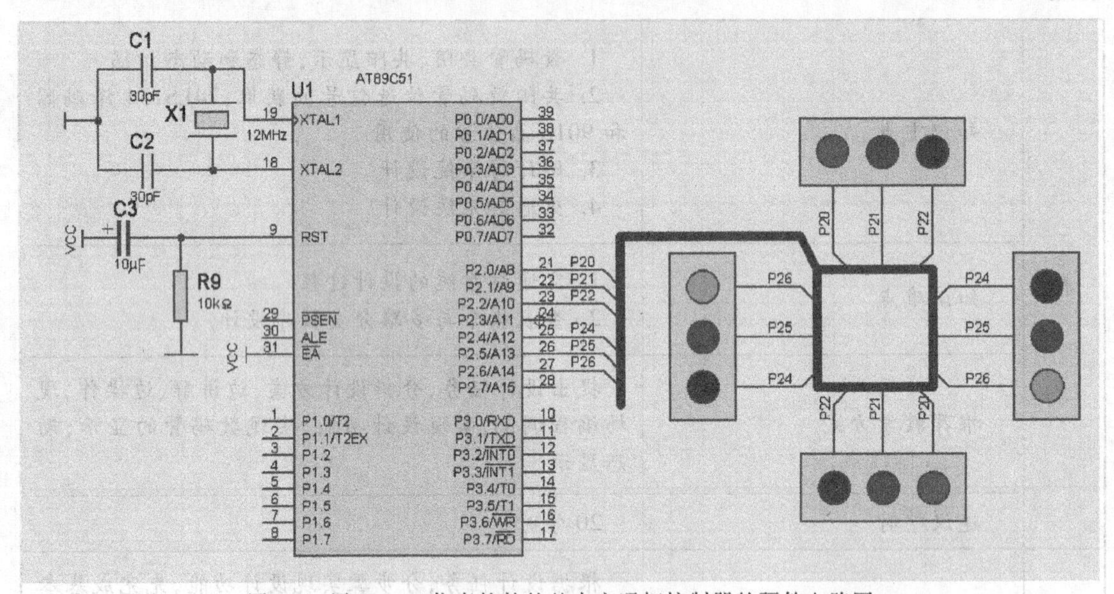

图 3-1　用 Proteus 仿真软件的基本交通灯控制器的硬件电路图

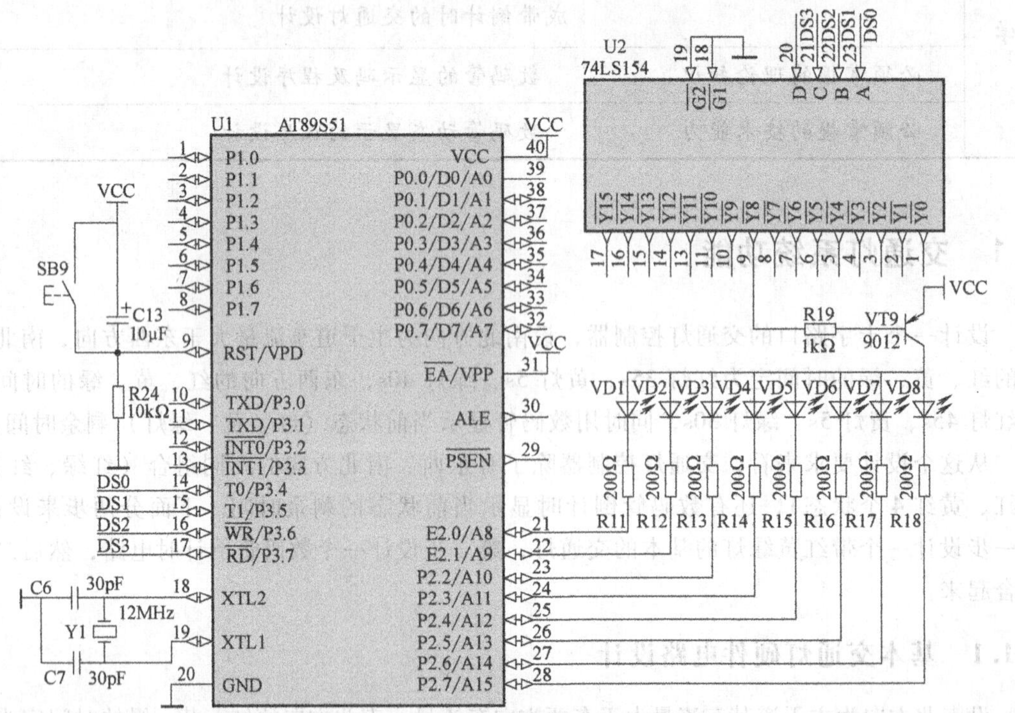

图 3-2　实验板基本交通灯控制器的硬件电路

图 3-2 是用实验板基本交通灯控制器的硬件电路，单片机控制电路板以 LED 发光二极管作为交通灯的指示灯，通过 P2 口驱动，P2.0、P2.1、P2.2 驱动东西方向红黄绿灯，P2.4、P2.5、P2.6 驱动南北方向红黄绿灯，低电平有效，P2.3 和 P2.7 不用，此电路中 VT9 导通后各发光二极管才能点亮，因此在使用交通灯功能时，P3 口的高四位应输出“1000”即 P3=0x8f，见表 2-1。

3.1.2 基本交通灯功能

基本的交通灯只有红、黄、绿灯，各种状态如表 3-1 所示。

表 3-1 各种状态分析表

状 态	东西方向			南北方向(主干道)		
	红	黄	绿	红	黄	绿
1(持续 40s)	亮	灭	灭	灭	灭	亮
2(持续 5s)	亮	灭	灭	灭	亮	灭
3(持续 30s)	灭	灭	亮	亮	灭	灭
4(持续 5s)	灭	亮	灭	亮	灭	灭

根据表 3-1 各种状态可以确定图 3-1 共有 4 个状态在运行，如表 3-2 所示，对应电路板的 P2 口输出状态，P2 的引脚为高电平时，对应的发光二极管点亮。东西方向的红灯由 P2.0 驱动，黄灯由 P2.1 驱动，绿灯由 P2.2 驱动；南北方向的红灯由 P2.4 驱动，黄灯由 P2.5 驱动，绿灯由 P2.6 驱动。

表 3-2 图 3-1 的 P2 口输出状态表

状 态	东西方向			南北方向			P2 口输出状态	P2 口的值
	红 P2.0	黄 P2.1	绿 P2.2	红 P2.4	黄 P2.5	绿 P2.6	P2.0-P2.7	
1(持续 40s)	1	0	0	0	0	1	10000010	0x41
2(持续 5s)	1	0	0	0	1	0	10000100	0x21
3(持续 30s)	0	0	1	1	0	0	00101000	0x14
4(持续 5s)	0	1	0	1	0	0	01001000	0x12

根据表 3-1 各种状态可以确定图 3-2 共有 4 个状态在运行，如表 3-3 所示。对应电路板的 P2 口输出状态，P2 的引脚为低电平时，对应的发光二极管点亮。东西方向的红灯由 P2.0 驱动，黄灯由 P2.1 驱动，绿灯由 P2.2 驱动；南北方向的红灯由 P2.4 驱动，黄灯由 P2.5 驱动，绿灯由 P2.6 驱动。

表 3-3 图 3-2 的 P2 口输出状态表

状 态	东西方向			南北方向			P2 口输出状态	P2 口的值
	红 P2.0	黄 P2.1	绿 P2.2	红 P2.4	黄 P2.5	绿 P2.6	P2.0-P2.7	
1(持续 40s)	0	1	1	1	1	0	01111101	0xbe

(续)

状　态	东西方向			南北方向			P2口输出状态	P2口的值
	红	黄	绿	红	黄	绿		
	P2.0	P2.1	P2.2	P2.4	P2.5	P2.6	P2.0-P2.7	
2(持续5s)	0	1	1	1	0	1	01111011	0xde
3(持续30s)	1	1	0	0	1	1	11010111	0xeb
4(持续5s)	1	0	1	0	1	1	10110111	0xed

3.1.3　基本交通灯程序设计

【例3-1】　按图3-1设计一个基本的交通灯程序，其中40s、30s和5s分别通过for语句对1s延时程序循环40次、30次和5次来实现，程序编写如下：

```
#include <reg51.h>
void delay1s (void)
{
    unsigned char h, i, j, k;
    for (h=5; h>0; h--)
    for (i=4; i>0; i--)
    for (j=116; j>0; j--)
    for (k=214; k>0; k--);
}
void main (void)
{
unsigned char m;
while (1)
  {
    for (m=40; m>0; m--)    {P2=0x41; delay1s ();} //持续40s
    for (m=5; m>0; m--)    {P2=0x21; delay1s ();} //持续5s
    for (m=30; m>0; m--)    {P2=0x14; delay1s ();} //持续30s
    for (m=5; m>0; m--)    {P2=0x12; delay1s ();} //持续5s
  }
}
```

【例3-2】　按图3-2设计一个基本的交通灯程序，其中40s、30s和5s分别通过for语句对1s延时程序循环40次、30次和5次来实现，程序编写如下：

```
#include <reg51.h>                    //包含特殊功能寄存器库
 void delay1s (void)                  //延时1s子程序
{
    unsigned char h, i, j, k;
    for (h=5; h>0; h--)
```

```
    for (i=4; i>0; i--)
    for (j=116; j>0; j--)
    for (k=214; k>0; k--);
}
void main (void)                                        //主程序
  {
    unsigned char m;
    P3=0x8f;                                            //8个发光二极管的正端
                                                          加上4.8V电压
    while (1)
      {
        for (m=40; m>0; m--) {P2=0xbe; delay1s ();}//持续40s
        for (m=5; m>0; m--) {P2=0xde; delay1s ();} //持续5s
        for (m=30; m>0; m--) {P2=0xeb; delay1s ();}//持续30s
        for (m=5; m>0; m--) {P2=0xed; delay1s ();} //持续5s
      }
  }
```

3.2 数码管介绍

基本的交通灯设计好以后就要来设计带倒计时时间显示的交通灯系统，这里的倒计时用数码管来实现，首先先介绍数码管的知识。

3.2.1 数码管结构与工作原理

1. 数码管结构

数码管由8个发光二极管（以下简称为字段）构成，通过不同的组合可用来显示数字0~9、字符A~F、H、L、P、R、U、Y、符号“-”及小数点“.”。数码管的外形结构如图3-3a所示。数码管又分为共阴极和共阳极两种结构，分别如图3-3b和图3-3c所示。

2. 数码管工作原理

共阴极数码管的8个发光二极管的阴极（二极管负端）连接在一起。通常，公共阴极接低电平（一般接地），其他引脚接段驱动电路输出端。当某段驱动电路的输出端为高电平时，则该端所连接的字段导通并点亮，根据发光字段的不同组合可显示出各种数字或字符。此时，要求段驱动电路能提供额定的段导通电流，还需根据外接电源及额定段导通电流来确定相应的限流电阻。

共阳极数码管的8个发光二极管的阳极（二极管正端）连接在一起。通常，公共阳极接高电平（一般接电源），其他引脚接段驱动电路输出端。当某段驱动电路的输出端为低电平时，则该端所连接的字段导通并点亮。根据发光字段的不同组合可显示出各种数字或字符。此时，要求段驱动电路能吸收额定的段导通电流，还需根据外接电源及额定段导通电流来确定相应的限流电阻。

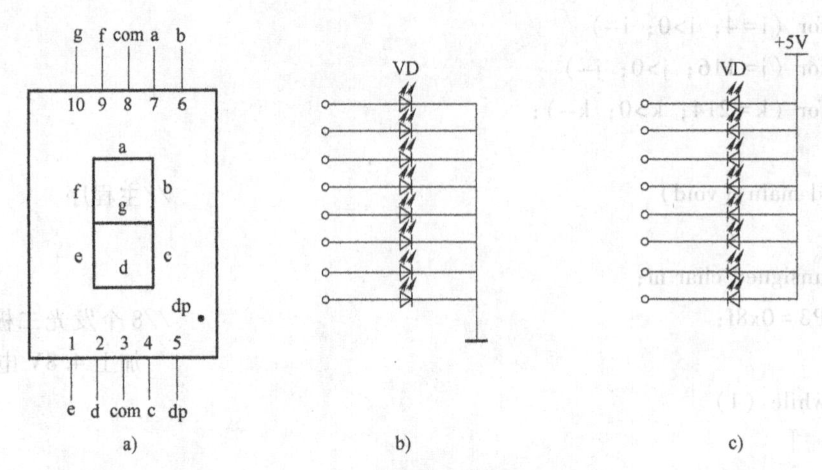

图 3-3 数码管结构图

a）外形结构 b）共阴极 c）共阳极

3. 数码管字形编码（段码表）

不管是共阳型或共阴型数码管，都需要一个公共端（后面称为位选码）和八个笔段码（后面称为段码），比如共阳型数码管显示 5，公共端要接高电平，a、c、d、f、g 五个笔段需要接低电平，共阳码按 dp、g、f 、e、d、c、b、a 的次序为 10010010 即 92H；假如是共阴型数码管显示 5，公共端要接低电平，a、c、d、f、g 五个笔段需要接高电平，共阴码按 dp、g、f、e、d、c、b、a 的次序为 01101101 即 0x6d。按照这种方法得到常用的数字和字符的共阳字形码见表 3-4，共阴数码管的显示码与共阳数码管的显示相反，如“0”的共阳显示码为 0xc0，对应共阴的显示码为 0c3f。

表 3-4 数码管字形码表

dp	g	f	e	d	c	b	a	显示字符	编码
1	1	0	0	0	0	0	0	“0”	0xC0
1	1	1	1	1	0	0	1	“1”	0xF9
1	0	1	0	0	1	0	0	“2”	0xA4
1	0	1	1	0	0	0	0	“3”	0xB0
1	0	0	1	1	0	0	1	“4”	0x99
1	0	0	1	0	0	1	0	“5”	0x92
1	0	0	0	0	0	1	0	“6”	0x82
1	1	1	1	1	0	0	0	“7”	0xF8
1	0	0	0	0	0	0	0	“8”	0x80
1	0	0	1	0	0	0	0	“9”	0x90
1	0	0	0	1	0	0	0	“A”	0x88
1	0	0	0	0	0	1	1	“B”	0x83
1	1	0	0	0	1	1	0	“C”	0xC6
1	0	1	0	0	0	0	1	“D”	0xA1
1	0	0	0	0	1	1	0	“E”	0x86
1	0	0	0	1	1	1	0	“F”	0x8E
1	0	1	1	1	1	1	1	“-”	0xBF
1	1	1	1	1	1	1	1	熄灭	0xFF

【例 3-3】 在图 3-4 所示实验板上的第四个数码管上显示 5。

实验板的数码管采用共阳型连接，第四个数码管的八段码由 P2 口的八位控制，公共端接到 9012 晶体管的集电极上，9012 晶体管的基极由 74LS154 的输出 CS3 控制，74LS154 是一个 4-16 译码器，当输入 DCBA 为 0011 时，CS3 = 0（这部分知识 3. 3. 2 章节会详细分析），DCBA 接 P3. 7、P3. 6、P3. 5、P3. 4，假定 P3 口的低四位是高电平，也就是 P3 = 0x3f 时，CS3 = 0。

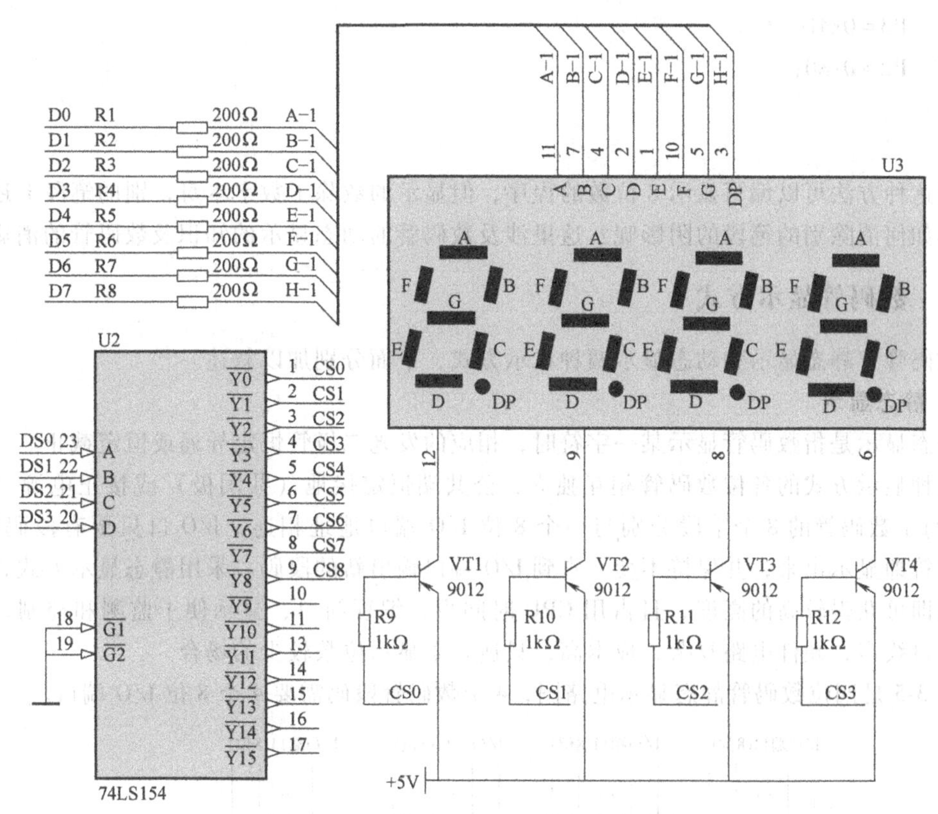

图 3-4 实验板第一至第四数码管连接图

程序编写如下：

```
#include <reg51. h>
void main (void)
{
  while (1)
  {
    P3 = 0x3f;
    P2 = 0x92;
  }
}
```

【例 3-4】 在实验板上的第四、第五个数码管上显示 58。

```
#include <reg51. h>
```

```
void main (void)
{
  while (1)
  {
     P3=0x3f;
     P2=0x92;
     P3=0x4f;
     P2=0x80;
  }
}
```

用这种方法可以编写显示8位数的程序，但显示的数除了数字本身，别的笔段上还有阴影，那如何消除别的笔段的阴影呢？这里涉及数码管的动态显示的知识及数码管的消影。

3.2.2 数码管显示方式

数码管有静态显示和动态显示两种显示方式，下面分别加以叙述。

1. 静态显示

静态显示是指数码管显示某一字符时，相应的发光二极管恒定导通或恒定截止。

这种显示方式的各位数码管相互独立，公共端恒定接地（共阴极）或接正电源（共阳极）。每个数码管的8个字段分别与一个8位I/O端口地址相连，I/O口只要有段码输出，相应字符即显示出来，并保持不变，直到I/O端口输出新的段码。采用静态显示方式，较小的电流即可获得较高的亮度，且占用CPU时间少，编程简单，显示便于监测和控制，但其占用的口线多，硬件电路复杂，成本高，只适合于显示位数较少的场合。

图3-5是四位数码管静态显示电路图，4个数码管段码需要4个8位I/O端口。

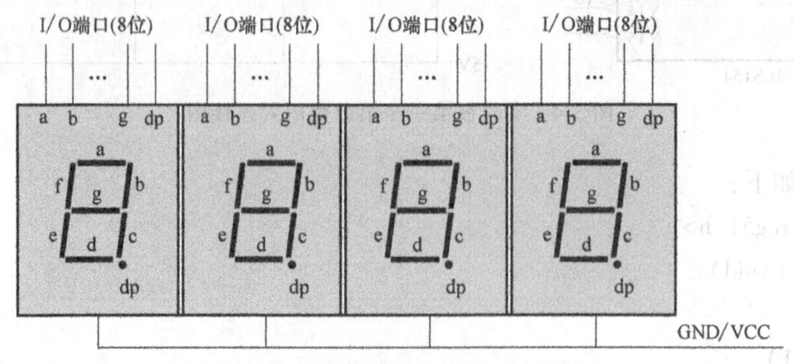

图3-5　四位数码管静态显示电路图

静态显示主要的优点是显示稳定，在发光二极管导通电流一定的情况下显示器的亮度大，系统运行过程中，在需要更新显示内容时，CPU才去执行显示更新子程序，这样既节约了CPU的时间，又提高了CPU的工作效率。其不足之处是占用硬件资源较多，每个LED数码管需要独占8条输出线。随着显示器位数的增加，需要的I/O端口线也将增加。

2. 动态显示

用数码管静态显示时，由于每个数码管至少需要8个I/O端口，如果需要多个数码管，则需要太多I/O口，而单片机的I/O口是有限的。在实际应用中，一般采用动态显示的方式解决此问题。

所有数码管的段选全部连接在一起，如何能显示不同的内容呢？动态显示是多个数码管，交替显示，利用人的视觉暂留作用使人看到多个数码管同时显示。在编程时，需要输出段选和位选信号，位选信号选中其中一个数码管，然后输出段码，使该数码管显示所需要的内容，延时一段时间后，再选中另一个数码管，再输出对应的段码，高速交替。

例如需要显示数字“12”时，先输出位选信号，选中第一个数码管，输出1的段码，延时一段时间后选中第二个数码管，输出2的段码。把上面的流程以一定的速度循环执行就可以显示出“12”，由于交替的速度非常快，人眼看到的就是连续的“12”。在动态显示程序中，各个位的延时时间长短是非常重要的，如果延时时间长，则会出现闪烁现象；如果延时时间太短，则会出现显示暗且有重影。

图3-6是四位数码管动态显示电路图，4个数码管的段码共用一个8位I/O口。

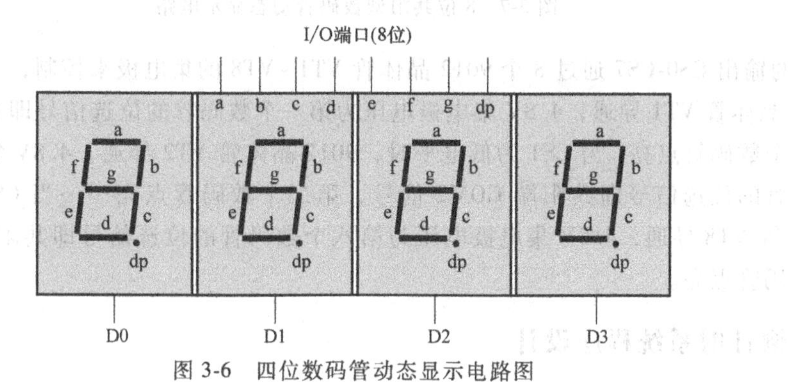

图3-6　四位数码管动态显示电路图

动态显示是将各位数码管的字形控制端对应地并在一起，由一组I/O端口进行控制，各位的公共极即位选信号相互独立，分别由不同的I/O控制信号控制。其优点是节省I/O端口线，缺点是显示亮度不够稳定，影响因素较多，编程较复杂，占用CPU时间较多。

3.3　数码管显示倒计时功能设计

任何一个单片机应用系统的设计工作，主要包含硬件电路的设计和控制软件的设计两大部分。

3.3.1　倒计时系统硬件设计

首先，必须根据产品的规格和要求，选择合适的单片机等主要元器件，进行硬件电路的设计。本项目要求利用单片机的I/O引脚控制8个LED按照一定的规律点亮和熄灭，显然，只要选用至少具有8个通用I/O引脚的单片机就可以实现本项目要求的功能。由于本课程是以STC89C51系列单片机作为学习内容，采用实验室配备的单片机综合实验电路板作为每个项目的设计和实验载体，所以在此基础上，这里设计的8位数码管动态显示电路如图3-7所示的共阳极显示电路。下面对该电路的设计过程加以说明。

在此电路中，8个数码管的段码有P2口的8位来控制，位选码分别有4-16译码器

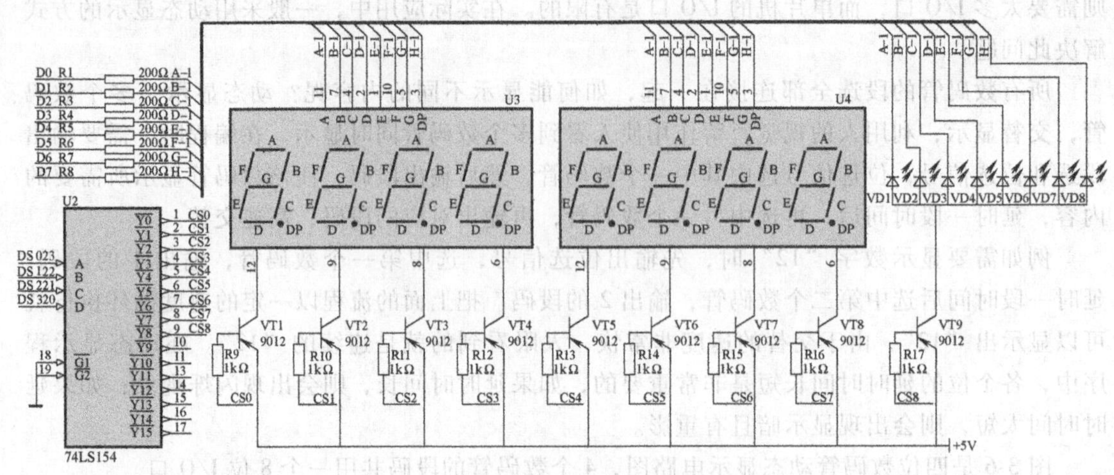

图 3-7　8 位共阳型数码管动态显示电路

74LS154 的输出 CS0-CS7 通过 8 个 9012 晶体管 VT1～VT8 的集电极来控制，当 CS0 为低电平时，9012 晶体管 VT1 导通，4.8V 集电极电压为第一个数码管的位选信号即共阳端 COM1 信号，第一个数码管点亮；当 CS1 为低电平时，9012 晶体管 VT2 导通，4.8V 集电极电压为第二个数码管的位选信号即共阳端 COM2 信号，第二个数码管点亮……当 CS7 为低电平时，9012 晶体管 VT8 导通，4.8V 集电极电压为第八个数码管的位选信号即共阳端 COM8 信号，第八个数码管点亮。

3.3.2　倒计时系统程序设计

74LS154 是一个 4-16 译码器，P3 口的高四位 P3.4、P3.5、P3.6、P3.7 接 74LS154 的 ABCD 四个输入，输出功能见表 3-5。

表 3-5　74LS154 真值表

输入				输出															
D	C	B	A	CS0	CS1	CS2	CS3	CS4	CS5	CS6	CS7	CS8	CS9	CS10	CS11	CS12	CS13	CS14	CS15
0	0	0	0	0	1	1	1	1	1	1	1	1	1	1	1	1	1	1	1
0	0	0	1	1	0	1	1	1	1	1	1	1	1	1	1	1	1	1	1
0	0	1	0	1	1	0	1	1	1	1	1	1	1	1	1	1	1	1	1
0	0	1	1	1	1	1	0	1	1	1	1	1	1	1	1	1	1	1	1
0	1	0	0	1	1	1	1	0	1	1	1	1	1	1	1	1	1	1	1
0	1	0	1	1	1	1	1	1	0	1	1	1	1	1	1	1	1	1	1
0	1	1	0	1	1	1	1	1	1	0	1	1	1	1	1	1	1	1	1
0	1	1	1	1	1	1	1	1	1	1	0	1	1	1	1	1	1	1	1
1	0	0	0	1	1	1	1	1	1	1	1	0	1	1	1	1	1	1	1
1	0	0	1	1	1	1	1	1	1	1	1	1	0	1	1	1	1	1	1
1	0	1	0	1	1	1	1	1	1	1	1	1	1	0	1	1	1	1	1
1	0	1	1	1	1	1	1	1	1	1	1	1	1	1	0	1	1	1	1

（续）

输入				输出															
D	C	B	A	CS0	CS1	CS2	CS3	CS4	CS5	CS6	CS7	CS8	CS9	CS10	CS11	CS12	CS13	CS14	CS15
1	1	0	0	1	1	1	1	1	1	1	1	1	1	1	1	0	1	1	1
1	1	0	1	1	1	1	1	1	1	1	1	1	1	1	1	1	0	1	1
1	1	1	0	1	1	1	1	1	1	1	1	1	1	1	1	1	1	0	1
1	1	1	1	1	1	1	1	1	1	1	1	1	1	1	1	1	1	1	0

假定P3口的低四位悬空或接高电平，从真值表中可以看到：

P3=0x0f，CS0=0；　P3=0x1f，CS1=0；　P3=0x2f，CS2=0；　P3=0x3f，CS3=0；
P3=0x4f，CS4=0；　P3=0x5f，CS5=0；　P3=0x6f，CS6=0；　P3=0x7f，CS7=0。

因此，在程序中只要控制P3口的高4位就能控制8个数码管的位选信号。

【例3-5】 在实验板上显示12345678共8个数，每位数显示的时间间隔为1s。

分析：本实验采用查表的方法编写程序，0~9的共阳码用一个一维数组table定义在code区，使用语句为：

```
unsigned char code
table[10]={0xc0,0xf9,0xa4,0xb0,0x99,0x92,0x82,0xf8,0x80,0x90};
```

假如是要查5的共阳码table［5］=0x92，7的共阳码table［7］=0xf8。本程序编写如下：

```
#include <reg51.h>
unsigned char code
table [10] = {0xc0, 0xf9, 0xa4, 0xb0, 0x99, 0x92, 0x82, 0xf8, 0x80, 0x90};
void delay1s (void);
void main (void)
{
    while (1)
    {
        P3=0x0f;
        P2=table [1];
        delay1s ();
        P3=0x1f;
        P2=table [2];
        delay1s ();
        P3=0x2f;
        P2=table [3];
        delay1s ();
        P3=0x3f;
        P2=table [4];
        delay1s ();
```

```
        P3=0x4f;
        P2=table [5];
        delay1s ();
        P3=0x5f;
        P2=table [6];
        delay1s ();
        P3=0x6f;
        P2=table [7];
        delay1s ();
        P3=0x7f;
        P2=table [8];
        delay1s ();
    }
}
void delay1s (void)
{
    unsigned char h, i, j, k;
    for (h=5; h>0; h--)
    for (i=4; i>0; i--)
    for (j=116; j>0; j--)
    for (k=214; k>0; k--);
}
```

如果让延时时间改为 1ms，也就是第一个数码管亮 1ms 后，第二个数码管亮 1ms，接着第三个数码管亮 1ms……一直到第八个数码管亮 1ms，再回到第一个数码管亮 1ms，按此规律循环往复，看到的现象是 8 个数码管一直恒定的点亮。

如果让延时时间改为 10ms，也就是第一个数码管亮 10ms 后，第二个数码管亮 10ms，接着第三个数码管亮 10ms……一直到第八个数码管亮 10ms，再回到第一个数码管亮 10ms，按此规律循环往复，看到的现象是 8 个数码管全部点亮但在闪烁。

如果让延时时间改为 500ms，也就是第一个数码管亮 500ms 后，第二个数码管亮 500ms，接着第三个数码管亮 500ms……一直到第八个数码管亮 500ms，再回到第一个数码管亮 500ms，按此规律循环往复，看到的现象是 8 个数码管一个一个点亮。

从这些实验现象可以看到动态显示就是利用人眼的视觉暂留特性来设计的。

【例 3-6】 用 Proteus 软件设计编写 59~0 倒计时电路和程序，采用共阳数码管显示。

电路设计：

从 Proteus 中选取如下元器件：

（1）AT89C51 单片机

（2）RES 电阻

（3）CAP、CAP-ELEC 电容和电解电容

（4）CRYSTAL 晶振

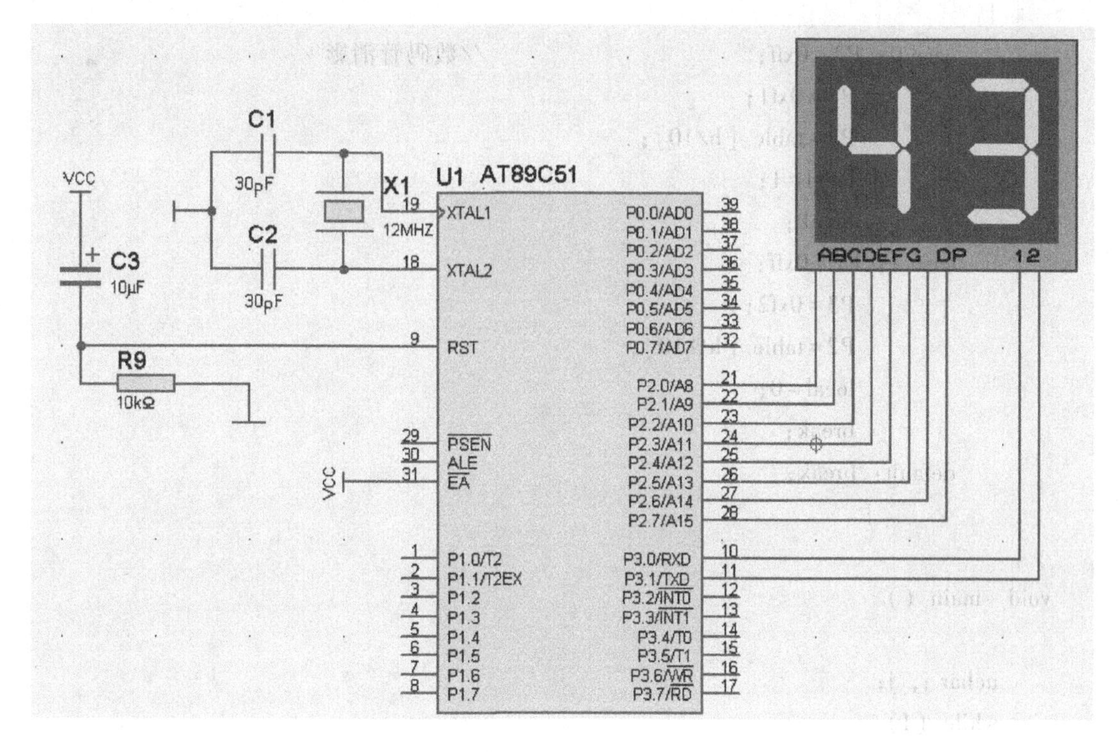

图 3-8 倒计时秒表的 Proteus 仿真

（5）7SEG-MPX2-CA 二位共阳显示数码管

分析：使用 7SEG-MPX2-CA 二位共阳显示数码管，段码由 P2 口控制，共阳端位选码由 P3.0=1、P3.1=1 控制，两位的数 h 要用加权分离法分离出十位和个位，十位=h/10，个位=h%10，然后通过查表的方法查找共阳型段码。显示程序采用 swich-case 选择分支语句。

程序设计：

```
#include<reg51.h>
typedef unsigned char uchar;
typedef unsigned int uint;
uchar code
table [10] = {0xc0, 0xf9, 0xa4, 0xb0, 0x99, 0x92, 0x82, 0xf8, 0x80, 0x90};
//共阳型段码表
uchar data h=59;
void delay (void)                          //延时 500μs 子程序
{uchar k;
 for (k=250; k>0; k--);
}
void disp (void)                           //显示程序
{     static uchar local=0;
      switch (local)
```

```
    {
        case 0: P2=0xff;                          //数码管消影
                P3=0xf1;
                P2=table [h/10];
                local=1;
                break;
        case 1: P2=0xff;
                P3=0xf2;
                P2=table [h%10];
                local=0;
                break;
        default: break;
                }
    }
void  main ()
{
    uchar i, j;
    while (1)
    {
      for (i=200; i>0; i--)
      for (j=10; j>0; j--)
      {
        delay ();
        disp ();
      }
    h--;
    if (h==255) h=59;
  }
}
```

【例 3-7】 用实验板编写 59~0 倒计时秒表的程序，用第一和第二两个数码管显示，显示电路见图 3-7。

分析：采用共阳数码管动态显示，两位的数 h 要用加权分离法分离出十位和个位，十位=h/10，个位=h%10，然后通过查表的方法查找共阳型段码。显示程序采用 swich-case 选择分支语句。

为了消除动态扫描时出现的阴影，给 8 个笔段送高电平让数码管熄灭前一状态，这里用的语句是 P2=0xff。

程序设计：

```
#include <reg51.h>
typedef   unsigned char   uchar;
```

```
typedef   unsigned int   uint;
uchar code
table [10] = {0xc0, 0xf9, 0xa4, 0xb0, 0x99, 0x92, 0x82, 0xf8, 0x80, 0x90};
//0~9 共阳型段码表
uchar data h=59;
void delay (void)                       //延时 500μs 子程序
{
  uchar k;
  for (k=249; k>0; k--);
}
void disp (void)                        //第一和第二个数码管显示两位数
{     static uchar local=0;
      switch (local)
      {
      case 0: P2=0xff;                  // 数码管消影
              P3=0x0f;                  //第一个数码管位选码
              P2=table [h/10];          //十位的段码
              local=1;
              break;
      case 1: P2=0xff;                  //数码管消隐
              P3=0x1f;                  // 第二个数码管位选码
              P2=table [h%10];          // 个位的段码
              local=0;
              break;
      default: break;
  }
}
void   main ()
{
  uchar i, j;
  while (1)
  {
  for (i=200; i>0; i--)                 //循环 200 次
  for (j=10; j>0; j--)                  //循环 10 次
  {
    delay ();                           //延时 500μs 子程序
    disp ();
  }
h--;                                    //延时 500μs 子程序循环 2000 次就是 1s, 满
```

```
//1s 减一实现倒计时
if (h==255) h=59;
}
}
```

【例 3-8】 用实验板编写 C51 时-分-秒倒计时控制程序，中间加“-”隔开。

分析：“-”的共阳型段码为 0xbf;

```
#include <reg51.h>
typedef   unsigned char   uchar;
typedef   unsigned int   uint;
uchar code
table [10] = {0xc0, 0xf9, 0xa4, 0xb0, 0x99, 0x92, 0x82, 0xf8, 0x80, 0x90};
//0~9 共阳型段码表
uchar data shi=0, fen=0, miao=59;
void delay (void)                              //延时 500μs 子程序
{
  uchar k;
  for (k=250; k>0; k--);
}
void disp (void)
{  static uchar local=0;
   switch (local)
   {
   case 0: P2=0xff;
           P3=0x0f;
           P2=table [shi/10];
           local=1;
           break;
   case 1: P2=0xff;
           P3=0x1f;
           P2=table [shi%10];
           local=2;
           break;
   case 2: P2=0xff;
           P3=0x2f;
           P2=0xbf;
           local=3;
           break;
   case 3: P2=0xff;
           P3=0x3f;
```

```
            P2=table [fen/10];
            local=4;
            break;
    case 4: P2=0xff;
            P3=0x4f;
            P2=table [fen%10];
            local=5;
            break;
    case 5: P2=0xff;
            P3=0x5f;
            P2=0xbf;
            local=6;
            break;
    case 6: P2=0xff;
            P3=0x6f;
            P2=table [miao/10];
            local=7;
            break;
    case 7: P2=0xff;
            P3=0x7f;
            P2=table [miao%10];
            local=0;
            break;
   default: break;
    }
}
void  main ()
{
    uchar i, j;
    while (1)
    {
      for (i=200; i>0; i--)
      for (j=10; j>0; j--)
      {
        delay ();
        disp ();
      }
      miao--;
      if (miao==255) {
```

```
                miao=59;
                fen--;
                if (fen==255)    {
                                   fen=59;
                                   shi--;
                                   if (shi==255)   shi=23;
                                 }
                }
      }
}
```

3.4 带倒计时显示的交通灯系统设计

【例 3-9】 设南北方向为主干道其车流量大于东西方向车流量，南北方向的红、黄、绿的时间定为红灯 35s、黄灯 5s、绿灯 40s，东西方向的红、黄、绿的时间定为红灯 45s、黄灯 5s、绿灯 30s，同时用数码管倒计时显示当前状态（红、黄、绿灯）剩余时间。

分析：图 3-2 和图 3-7 组合起来就是带倒计时显示的交通灯控制器电路。

设“time1”是东西方向的当前的红、黄、绿灯时间，“time2”是南北方向当前的红、黄、绿灯时间，“deng”是东西和南北方向的状态显示。状态分析表见表 3-3。

```
#include <reg51.h>
typedef unsigned char uchar;
typedef unsigned int uint;
uchar code table [10] = {0xc0, 0xf9, 0xa4, 0xb0, 0x99, 0x92, 0x82, 0xf8,
0x80, 0x90};
//共阳型段码表
uchar data time1=45, time2=40, deng=0xbe;
void delay (void)    //延时子程序
  {uint k; for (k=600; k>0; k--); }
voiddisp (void) //动态扫描显示子程序
  {       static uchar local=0;
          switch (local)
          {
          case 0: P2=0xff; P3=0x0f; P2=table [time1/10]; local=1;
                  break;
          case 1: P2=0xff; P3=0x1f; P2=table [time1%10]; local=2;
                  break;
          case 2: P2=0xff; P3=0x6f; P2=table [time2/10]; local=3;
                  break;
          case 3: P2=0xff; P3=0x7f; P2=table [time2%10]; local=4;
```

```
                break;
        case 4: P2=0xff; P3=0x8f; P2=deng; local=0; break;
        default: break;
        }
    }
void  main ()
  { uchar i, j;
    while (1)
    {
      for (i=200; i>0; i--) for (j=10; j>0; j--) {delay (); disp ();}
      time1--; time2--;
      if ( (time1==5) && (time2==0) ) {time2=5; deng=0xde;}
      if ( (time1==0) && (time2==0) && (deng==0xde) )
            {time1=30; time2=35; deng=0xeb;}
      if ( (time1==0) && (time2==5) ) {time1=5; deng=0xed;}
      if ( (time1==0) && (time2==0) && (deng==0xed) )
      {time1=45; time2=40; deng=0xbe;}
    }
  }
```

【例 3-10】 设东西方向为主干道其车流量大于南北方向车流量，东西方向的红、黄、绿的时间定为红灯 35s、黄灯 5s、绿灯 40s，南北方向的红、黄、绿的时间定为红灯 45s、黄灯 5s、绿灯 30s，同时用数码管倒计时显示当前状态（红、黄、绿灯）剩余时间。

分析：图 3-2 和图 3-7 组合起来就是带倒计时显示的交通灯控制器电路。

设 time1 是东西方向的当前的红、黄、绿灯时间，time2 是南北方向当前的红、黄、绿灯时间，deng 是东西和南北方向的状态显示。状态分析表如表 3-6 所示。

表 3-6 东西方向为主干道的状态分析表

状 态	东西方向			南北方向			P2 口输出状态	P2 口的值
	红 P2.0	黄 P2.1	绿 P2.2	红 P2.4	黄 P2.5	绿 P2.6	P2.0-P2.7	
1(持续 40s)	1	1	0	0	1	1	11010111	0xebH
2(持续 5s)	1	0	1	0	1	1	10110111	0xedH
3(持续 30s)	0	1	1	1	1	0	01111101	0xbeH
4(持续 5s)	0	1	1	1	0	1	01111011	0xdeH

```
#include<reg51.h>
typedef unsigned char uchar;
typedef unsigned int uint;
uchar code table [10] =
```

```
{0xc0, 0xf9, 0xa4, 0xb0, 0x99, 0x92, 0x82, 0xf8, 0x80, 0x90};   //共阳型段码表
uchar data time1=40, time2=45, deng=0xeb;
void delay (void)                                              //延时子程序
{uint k; for (k=500; k>0; k--); }
void disp (void)                                               //动态扫描显示
                                                               //子程序
{      staticuchar local=0;
       Switch (local)
       {
       case 0: P2=0xff; P3=0x0f; P2=table [time1/10]; local=1; break;
       case 1: P2=0xff; P3=0x1f; P2=table [time1%10]; local=2;
               break;
       case 2: P2=0xff; P3=0x6f; P2=table [time2/10]; local=3; break;
       case 3: P2=0xff; P3=0x7f; P2=table [time2%10]; local=4;
               break;
       case 4: P2=0xff; P3=0x8f; P2=deng; local=0; break;
     default: break;
     }
}
void  main ()
{   uchar i, j;
    while (1)
    {
       for (i=200; i>0; i--)
       for (j=10; j>0; j--)
       {
       delay ();
         disp ();
       }
       time1--; time2--;
       if ((time1==0) && (time2==5)) {time1=5; deng=0xed;}
       if ((time1==0) && (time2==0) && (deng==0xed))
       {time1=35; time2=30; deng=0xbe;}
       if ((time1==5) && (time2==0)) {time2=5; deng=0xde;}
       if ((time1==0) && (time2==0) && (deng==0xde))
       {time1=40; time2=45; deng=0xeb;}
    }
}
```

3.5 习题

1. 在例 3-6 中，用 Proteus 软件设计编写 99~0 倒计时电路和程序，采用共阴数码管显示。

2. 按照例 3-3 的程序编写方法，在实验板上的第四个数码管上显示 0 或 1 或 2 或 3 或 4 或 6 或 7 或 8 或 9 或 A 或 B 或 C 或 D 或 E 或 F 或—，程序又如何编写呢？如果在任意一个数码管显示某个数或字符，程序又如何编写呢？

3. 按照例 3-5 的程序编写方法，编写一个 8 位学号程序，在实验板的数码管上稳定的显示这 8 位数。

4. 按照例 3-7 用实验板编写 0~99 计时秒表的程序，用第三和第四 2 个数码管显示，显示电路见图 3-7。

5. 按照例 3-9 用实验板编写一个带倒计时的交通灯程序，设东西方向为主干道，东西方向的红黄绿灯时间为 35s、5s、40s，南北方向红黄绿灯时间为 45s、5s、30s，同时用数码管倒计时显示当前状态（红、黄、绿灯）剩余时间。

第4章　电子钟的设计

教学导航

教	知识重点	1. 定时器功能介绍 2. 中断功能介绍 3. 定时器初始化和中断程序设计 4. 定时器获得秒分时的时间单位 5. 数据的处理与转换 6. 数码管显示 7. I/O 键盘的结构 8. I/O 接口键盘的扫描识别 9. I/O 按键的处理
	知识难点	1. 定时器计数功能应用 2. I/O 接口键盘的扫描识别
	推荐教学方式	提出设计任务，分析设计方案，边讲解、边操作，现场编程调试，实现设计功能，先使用 Proteus 软件绘制仿真电路，然后编写调试程序进行调试
	建议学时	20 学时
学	推荐学习方法	根据设计任务，分步骤实现设计功能，先完成基本的电子钟，接着加入按键
	必须掌握的理论知识	定时器的方式寄存器设置，中断控制寄存器的设置，定时器中断响应程序设计
	必须掌握的技术能力	基本电子钟的设计和调试，按键的处理，蜂鸣器发声，带按键功能的电子钟的设计和调试

4.1　电子钟功能介绍

电子钟采用 STC89C51 单片机，显示采用 8 位数码管共阳显示，显示格式为“时十位”“时个位”“-”“分十位”“分个位”“-”“秒十位”“秒个位”。可以用按键修改时间，具有整点报时和闹钟功能。

采用 STC89C51 单片机作为电子钟的核心单元，用单片机的定时器 T0 中断来产生秒分时时间单位，T0 工作在方式 1，这时 T0 作为一个 16 位的定时器使用，可以计 $2^{16}=65536$ 个脉冲。定时器 T0 的初值设置为 15536，T0 从 15536 开始计数到 65536 时产生中断，由于晶振频率是 12MHz，所以机器周期是 1μs，中断一次的时间是 65536-15536=50000μs，也就是 50ms，用 count 计算中断次数，当 count=20 时，定时时间为 50ms×20=1000ms=1s，这样就通过 T0 中断获得了 1s 时间，循环 60 次就是 1min，再循环 60 次就是 1h，再循环 24 次就是 1d。

电子钟硬件电路见图 4-1。八位数码管采用共阳型数码管，采用动态扫描方式显示，段码由 P2 口的 8 位控制，八个数码管的位选码通过“4-16”译码器 74LS154 的 CS0、CS1、CS2、CS3、CS4、CS5、CS6、CS7 八位控制。

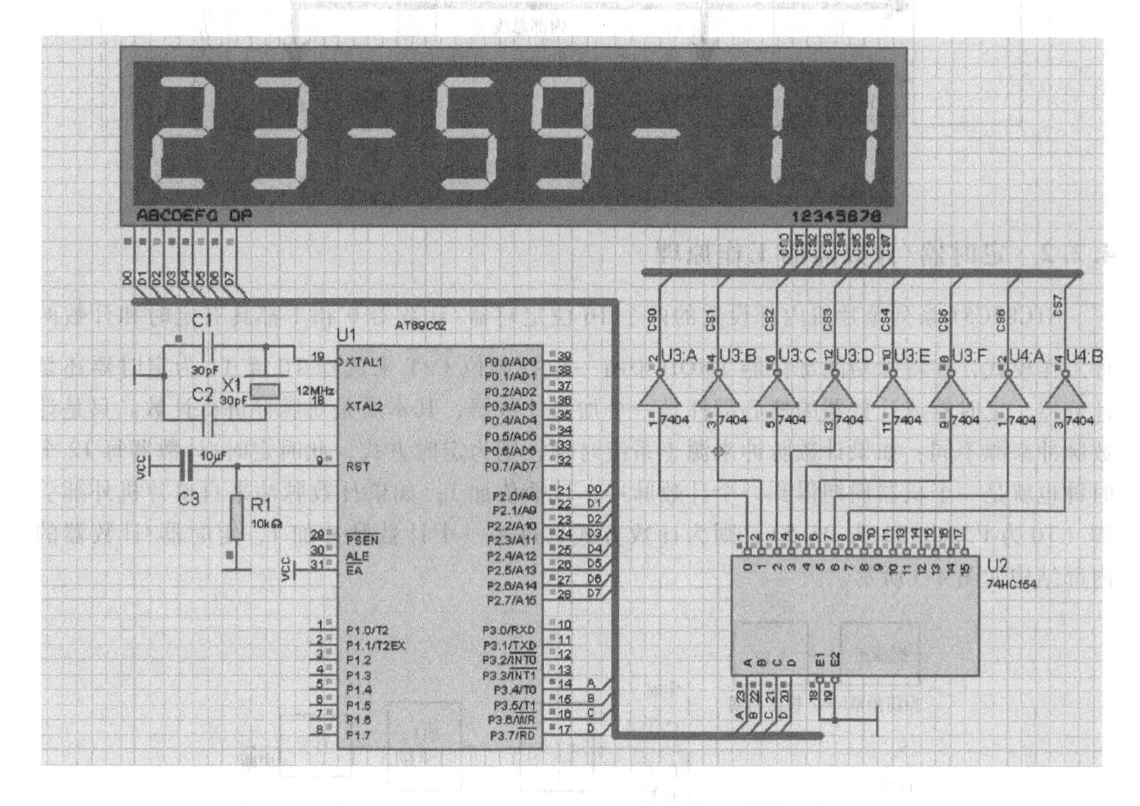

图 4-1　电子钟硬件电路

4.2　定时器功能介绍

前面已经学习过用 for 语句编写延时程序，为得到更精确的定时，需学习定时器/计数器的知识。

4.2.1　定时器/计数器结构

STC89C51 单片机内部有两个定时器/计数器，分别是 T0 和 T1，定时器/计数器结构见图 4-2。

STC89C51 定时/计数器由 T0、T1 组成，与传统的 89C51 完全兼容，T0 由特殊功能寄存器 TH0、TL0 构成，T1 由特殊功能寄存器 TH1、TL1 构成。

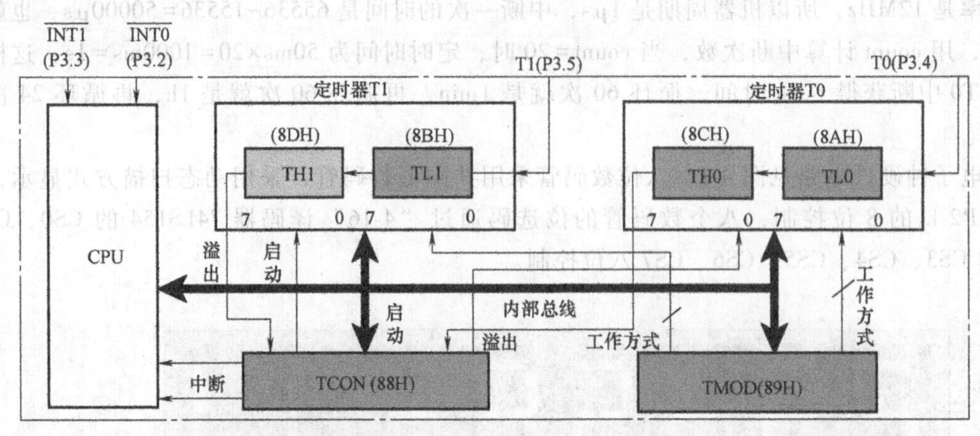

图 4-2 定时器/计数器结构

4.2.2 定时器/计数器的工作原理

STC89C51系列单片机内部设置的两个16位定时器/计数器0和1都具有定时和计数两种工作模式，在特殊功能寄存器TMOD中有一位控制位C/$\overline{T}$来选择T0或T1为定时器还是计数器，定时器或计数器的核心部件是一个加法计数器，其本质是对脉冲进行计数。只是计数脉冲来源不同：如果计数脉冲来源于系统时钟，则为定时方式，此时定时/计数器每12个时钟也就是一个机器周期得到一个计数脉冲，计数值加1；如果计数脉冲来自单片机外部引脚（T0为P3.4，T1为P3.5），则为计数方式，每来一个计数脉冲加1，定时器/计数器的内部结构如图4-3所示。

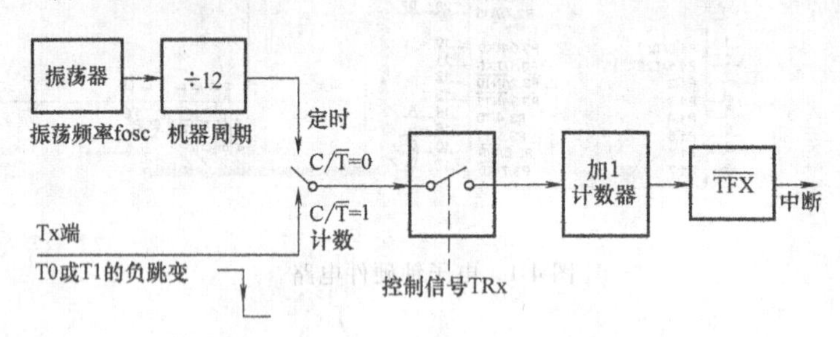

图 4-3 定时器/计数器内部结构

4.2.3 定时/计数器的控制寄存器功能

定时器/计数器是一种可编程部件，所以在其开始工作之前，CPU必须将一些命令（控制字）写入定时器/计数器。这个过程称为定时器/计数器的初始化。

当CPU用软件给定时器/计数器设置了某种工作方式之后，定时器/计数器就会按设定的工作方式在后台独立运行，不再占用CPU的操作时间，当定时器/计数器计数溢出，TFx置1，才可能中断CPU当前操作，让CPU进入中断服务子程序，如图4-3所示。

从图4-2中可以看出，与定时器/计数器T0和T1相关的寄存器有8个，其符号、描述、内RAM地址、位地址及符号，复位值如表4-1所示。

表 4-1　定时器/计数器 T0 和 T1 相关寄存器

符号	描述	地址	位符号								复位值
			D7	D6	D5	D4	D3	D2	D1	D0	
TCON	控制寄存器	0x88	TF1	TR1	TF0	TR0	IE1	IT1	IE0	IT0	00000000B
TMOD	方式控制寄存器	0x89	GATE	$C/\overline{T}$	M1	M0	GATE	$C/\overline{T}$	M1	M0	00000000B
IE	中断允许寄存器	0xA8	EA			ES	ET1	EX1	ET0	EX0	00000000B
IP	中断优先级寄存器	0xB8				PS	PT1	PX1	PT0	PX0	00000000B
TL0	Timer Low 0	0x8A									00000000B
TL1	Timer Low 1	0x8B									00000000B
TH0	Timer High 0	0x8C									00000000B
TH1	Timer High 1	0x8D									00000000B

1. 定时/计数器的控制寄存器 TCON

控制寄存器 TCON 的内 RAM 地址是 88H，是可以进行位操作的控制寄存器，它的 8 位从高到低分别为 D7 D6 D5 D4 D3 D2 D1 D0，其功能见图 4-4 和表 4-2。

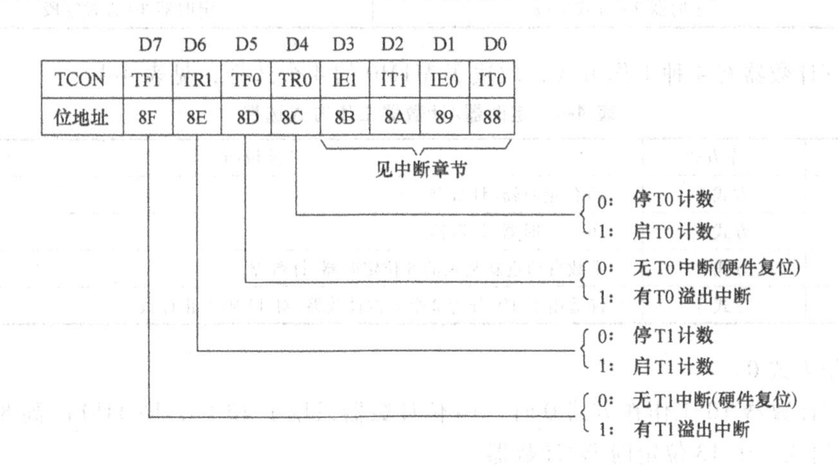

图 4-4　定时/计数器的控制寄存器 TCON

表 4-2　定时器/计数器控制寄存器 TCON 的功能

TCON	D7	D6	D5	D4	D3	D2	D1	D0
位名称	TF1	TR1	TF0	TR0	IE1	IT1	IE0	IT0
位地址	0x8F	0x8E	0x8D	0x8C	0x8B	0x8A	0x89	0x88
功能	T1 中断标志	T1 运行控制	T0 中断标志	T0 运行控制	外部中断控制位			

2. 定时/计数器的工作方式控制寄存器 TMOD

方式控制寄存器 TMOD 的内 RAM 地址是 89H，是不可以进行位操作的控制寄存器，它的 8 位从高到低分别为 D7 D6 D5 D4 D3 D2 D1 D0，其功能见图 4-5 和表 4-3。

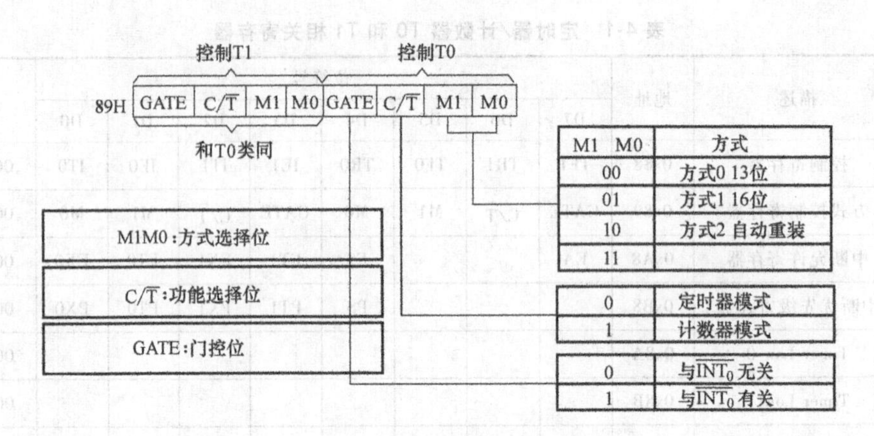

图 4-5　定时/计数器方式控制寄存器 TMOD

表 4-3　定时器/计数器方式控制寄存器 TMOD 的功能

TMOD	D7	D6	D5	D4	D3	D2	D1	D0
位名称	GATE	C/T	M1	M0	GATE	C/T	M1	M0
位地址	无	无	无	无	无	无	无	无
功能	定时器 T1 方式字段				定时器 T0 方式字段			

定时器/计数器有 4 种工作方式，取决于 M1M0 的 4 个选择，见表 4-4。

表 4-4　定时器/计数器工作方式选择

M1 M0	工作方式	功能说明
0　0	方式 0	13 位定时器/计数器
0　1	方式 1	16 位定时器/计数器
1　0	方式 2	常数自动重新装入的 8 位定时器/计数器
1　1	方式 3	仅适用于 T0，分为 2 个 8 位计数器，对 T1 则停止计数

1）工作方式 0。

定时器/计数器 T0 工作在方式 0 时，16 位计数器只用了 13 位，即 TH0 的高 8 位和 TL0 的低 5 位，组成一个 13 位定时器/计数器。

2）工作方式 1。

定时器 T0 工作方式 1 与工作方式 0 类同，差别在于其中的计数器的位数。工作方式 0 以 13 位计数器参与计数，工作方式 1 则以 16 位计数器参与计数。

工作方式 1 是 16 位计数器。这是工作方式 1 与工作方式 0 在计数方式时唯一差别。

3）工作方式 2。

定时器 T0 在工作方式 2 时，16 位的计数器分成了两个独立的 8 位计数器 TH0 和 TL0。

工作方式 2 与工作方式 0、方式 1 的差别，在于工作方式 2 是一个 8 位的计数器。

4）工作方式 3。

工作方式 3 仅对定时器 T0 有效。当定时器 T0 工作在方式 3 时，将 16 位的计数器分为两个独立的 8 位计数器 TH0 和 TL0。

当定时器 T0 工作在方式 3 时，定时器 T1 只能工作在方式 0~2，并且工作在不需要中断的场合。

4.3 中断功能介绍

4.3.1 中断概述

1. 什么叫中断

中断是指 CPU 正执行正常工作的期间，由 CPU 外界或内部产生的一个例外的要求，要求 CPU 暂时停下目前的工作，来做些必要的处理，以便满足突如其来的状况。

2. 为什么要设置中断

（1）提高 CPU 工作效率

（2）具有实时处理功能

（3）具有故障处理功能

（4）实现分时操作

4.3.2 中断源和中断控制寄存器

1. MCS-51 单片机内部中断结构

MCS-51 单片机内部有 5 个中断源，分别为：外部中断 0，对应 P3.2 引脚，低电平或下降沿产生申请；外部中断 1，对应 P3.3 引脚，低电平或下降沿产生申请；定时器 T0 溢出；定时器 T1 溢出；单片机串行口接收到一帧数据或发送完一帧数据。5 个中断源都可以向 CPU 发出中断申请。

MCS-51 单片机的中断结构如图 4-6 所示，与中断相关的特殊寄存器包括：寄存器 IE，寄存器 IP，寄存器 TCON，寄存器 SCON。中断源产生中断后对应的中断标志位将被硬件电路置位。寄存器 TCON 内容如表 4-5 所示。定时器 T0、T1 发生溢出时由硬件电路分别将 TF0、TF1 置 1。TF0，TF1 置 1 则可以向 CPU 发出中断申请；外部中断源 INT0、INT1 对应单片机的外部引脚 P3.2、P3.3，通过设置 IT0 选择外部中断源 INT0 的中断触发方式，当 IT0 内容为 0 时，P3.2 引脚变为低电平则向 CPU 发出中断申请，如果 P3.2 引脚的电平一直保持低电平状态，即使 CPU 处理了 INT0 的中断申请，外部中断 0 会继续向 CPU 发出中断申请，如果将 IT0 设置为 1，则 P3.2 引脚出现一次由高电平向低电平的跳变才会向 CPU 发出一次中断申请，CPU 处理了中断申请后，即使 P3.2 引脚一直保持低电平状态，也不会再次向 CPU 发出中断申请，两种触发方式具有不同的应用功能，IT1 用于设置外部中断 INT1 的中断触发方式。单片机的串行口发送完一帧数据将 SCON 特殊功能寄存器的 TI 置 1，接收到一帧数据后将 SCON 特殊功能寄存器的 RI 置 1。RI 或 TI 为 1 都可以向 CPU 发出中断申请。外部中断 0、外部中断 1、定时器 T0、定时器 T1 产生中断申请时对应的中断申请标志位 IE0、IE1、TF0、TF1 被硬件置 1，而 CPU 响应对应的中断申请后，对应的中断申请标志位会被硬件自动清 0，而串行口发送完或接收到一帧数据后将 TI 或 RI 置 1 向 CPU 发出中断申请，CPU 响应串口的中断申请后并不会自动清 0 串口的中断申请标志位，由于串口的发送与接收共用一个中断向量，CPU 响应串口中断申请后需要查询 TI 和 RI 以确定中断是由发送或接收中的哪个事件引起的，从而执行不同的处理程序。

5 个中断所产生的中断申请信号是否能够被 CPU 所检测，取决于中断允许控制寄存器

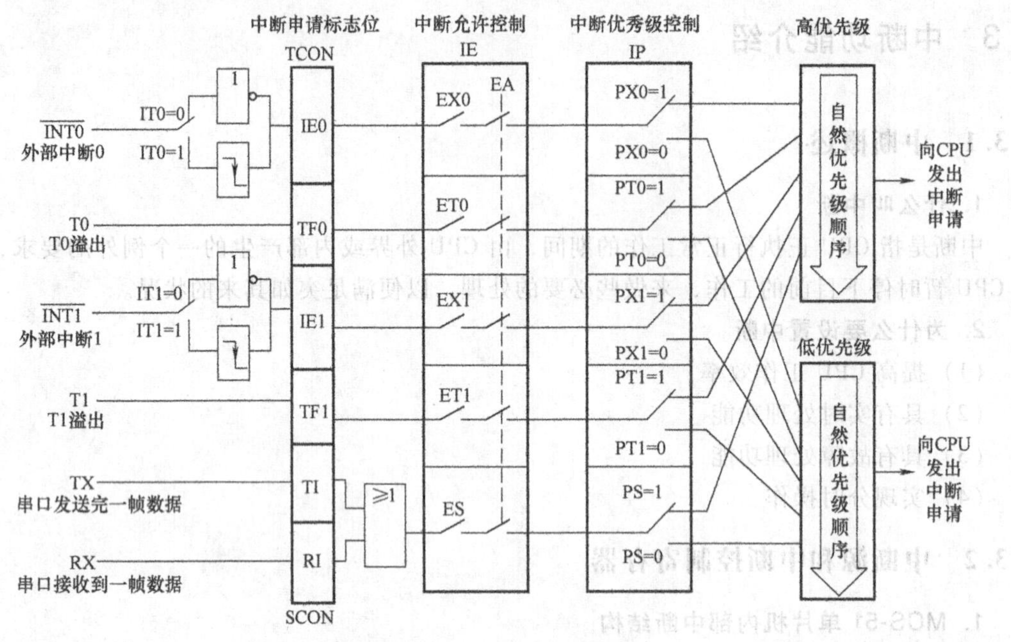

图 4-6　MCS-51 单片机中断结构

IE 的设置，寄存器 IE 内容如表 4-6 所示，EA 为总的中断允许位，开启中断功能必须将该位设置为 1，EX0 为外部中断 0 的中断允许控制位，ET0 为 T0 溢出中断允许控制位，EX1 为外部中断 1 的中断允许控制位。ET1 为定时器 T1 溢出中断允许控制位。开启中断功能需要将对应的中断允许位设置为 1，并将总的中断允许控制位 EA 设置为 1，单片机复位后默认状态下 IE 的内容为 0x00，单片机的中断功能被关闭。

2. MCS-51 单片机中断优先级

MCS-51 单片机内部有 5 个中断，如果多个中断源同时向 CPU 发出中断申请，CPU 将根据各个中断源的优先级别进行响应，5 个中断源可以重新设定中断优先级别，可以将 5 个中断源的优先级别设置高优先级别或低优先级别，通过特殊功能寄存器 IP 进行设置，该寄存器的内容如表 4-7 所示。PX0、PT0、PX1、PT1、PS 用于设置外部中断 0、定时器 T0、外部中断 1、定时器 T1、串行口的中断优先级别，对应控制位为 1 则为高优先级，对应位为 0 则为低优先级。单片机复位后 IP 内容为 0x00，各个中断源的优先级都为低优先级。当各中断的优先级在同一级别内，各中断源的自然优先顺序为，外部中断 0，定时器 T0 溢出，外部中断 1，定时器 T1 溢出，串行口中断源。CPU 根据自然优先级的顺序响应对应的中断申请，CPU 响应了中断申请，执行中断响应程序期间，即使检测到同级别的中断申请也不能进行响应，必须将当前执行的中断响应程序执行结束后再执行一条指令才能再次响应中断申请。如果 CPU 在执行中断响应程序过程中，有高于当前中断源的优先级的中断申请，则 CPU 将保存当前未执行完的中断程序的地址，执行高优先级的中断响应程序，高优先级中断响应程序执行结束后，再将低优先级的中断响应程序执行结束。中断响应程序不能被同一级别的中断程序所中断，但可以被高优先级的中断申请所中断。

3. MCS-51单片机中断响应条件

CPU在每条执行的执行期间对中断源进行扫描，当检测到中断申请时满足响应条件时则响应中断申请，满足的条件包括如下内容。

1）当前CPU执行的指令内容为该指令的最后一个执行周期，如果CPU当前的执行的指令不是该指令的最后一个执行周期，则需要等到该指令的最后一个执行周期后才能响应中断申请，以确保当前CPU执行的指令被可靠执行完毕。

2）当前CPU所执行的指令不是设置中断控制寄存器或中断返回指令。如当前指令的功能是关闭中断源，如果立刻响应中断申请，则会出现意想不到的结果。为了确保设置功能被可靠实现，当执行设置中断控制寄存器时，必须再执行一条指令后才能够响应中断申请。如果当前CPU执行的指令是中断返回指令，CPU也需要再执行一条指令后才能再次响应中断申请。

3）当前CPU执行的程序不是中断响应程序；或者虽然当前CPU执行的是中断响应程序，而新的中断申请的优先级别比当前的正在执行的中断响应程序优先级别高一级则CPU可以响应中断申请。

表4-5　中断控制寄存器TCON

TCON	D7	D6	D5	D4	D3	D2	D1	D0
位名称	TF1	TR1	TF0	TR0	IE1	IT1	IE0	IT0
位地址	0x8f	0x8E	0x8D	0x8C	0x8B	0x8A	0x89	0x88
功能	定时器/计数器控制位				INT1中断标志	INT1触发方式	INT0中断标志	INT0触发方式

表4-6　中断允许控制寄存器IE

IE	D7	D6	D5	D4	D3	D2	D1	D0
位名称	EA	—	—	ES	ET1	EX1	ET0	EX0
位地址	0xAF	—	—	0xAC	0xAB	0xAA	0xA9	0xA8
功能	CPU	—	—	串行口	T1	INT1	T0	INT0

表4-7　中断优先级控制寄存器IP

IP	D7	D6	D5	D4	D3	D2	D1	D0
位名称	—	—	—	PS	PT1	PX1	PT0	PX0
位地址	—	—	—	0xBC	0xBB	0xBA	0xB9	0xB8
功能	—	—	—	串行口	T1	INT1	T0	INT0

4.4　定时器/计数器中断响应程序设计

1. 定时/计数器应用步骤

1）合理选择定时/计数器工作方式。

2）计算定时/计数器定时初值（按上述公式计算）。

3）中断响应程序的设计结构。

在C51语言中对C语言的扩展：为了能在C语言源程序中直接编写中断服务函数，C51

语言编译器增加了一个中断函数，用关键字 interrupt。

在 C51 中，5 个中断源的中断响应程序被以函数形式执行。中断响应函数的格式为：

void 函数名（void） interrupt 中断号［using 寄存器号］

中断响应函数是没有返回值和形式参数的函数，“中断号”指出该函数为哪个中断源的中断响应函数，MCS-51 单片机的中断源有 5 个，“中断号”的取值范围为 0~4，对应的函数如表 4-8 所示。“寄存器号”指出该中断函数使用哪组通用工作寄存器 R0~R7，MCS-51 单片机内部的通用工作寄存器组包括 4 组，每组通用工作寄存器包括 8 个通用寄存器，R0~R7。主程序中使用通用工作寄存器组 0，则在中断响应函数中指定使用其他通用工作寄存器组，如果使用了相同的工作寄存器组，则使用的寄存器内容在中断响应程序处理前会自动进行堆栈，中断响应程序处理结束后进行出栈操作，恢复原来通过工作寄存器组的内容。

表 4-8　中断响应函数向量列表

n	对应中断函数
0	外部中断 0 的中断响应函数
1	定时器 T0 溢出的中断响应函数
2	外部中断 1 的中断响应函数
3	定时器 T1 溢出的中断响应函数
4	串行口的中断响应函数

2. 编制定时中断应用程序

1）定时/计数器的初始化。

包括定义 TMOD、写入定时初值；T/C 在中断方式工作时，须开 CPU 中断和源中断（编程 IE 寄存器），启动 T/C（编程 TCON 中的 TR0 或 TR1）即设置中断系统、启动定时/计数器运行等。

2）正确编写定时/计数器中断服务程序。

注意是否需要重装定时初值，若需要连续反复使用原定时时间，且未工作在方式 2，则应在中断服务程序中重装定时初值。

【例 4-1】 已知晶振 6MHz，要求定时 0.5ms，试分别求出 T0 工作于方式 0、方式 1、方式 2、方式 3 时的定时初值

工作方式 0：

$2^{13}-500\mu s/2\mu s=8192-250=7942=0x1F06$

0x1F06 化成二进制：

0x1F06＝0001 1111 0000 0110B＝000 $\underline{11111000}$ $\underline{00110}$ B

其中：低 5 位 00110 前添加 3 位 000 送入 TL0

TL0＝000 $\underline{00110}$B＝0x06；

高 8 位 11111000B 送入 TH0

TH0＝$\underline{11111000}$B＝0xF8。

工作方式 1：

T0 初值＝$2^{16}-500\mu s/2\mu s=65536-250=65286=0xFF06$

TH0＝0xFF；TL0＝0x06。

工作方式 2：

T0 初值 = $2^8-500\mu s/2\mu s=256-250=6$

TH0 = 0x06；TL0 = 0x06。

工作方式 3：

T0 方式 3 时，被拆成两个 8 位定时器，定时初值可分别计算，计算方法同方式 2。两个定时初值一个装入 TL0，另一个装入 TH0。因此：

TH0 = 0x06；TL0 = 0x06。

从上例中看到，方式 0 时计算定时初值比较麻烦，根据公式计算出数值后，还要变换一下，容易出错，不如直接用方式 1，且方式 0 计数范围比方式 1 小，方式 0 完全可以用方式 1 代替，方式 0 与方式 1 相比，无任何优点。

【例 4-2】 在实验板上试用 T0 方式 1 编制程序，在 P2.0 引脚输出周期为 2s 的方波，已知 fosc = 12MHz。

（1）分析

在 P2.0 引脚输出 1s 的高电平和 1s 的低电平。fosc = 12MHz 时定时器 T0 方式 1 最大定时时间为：$2^{16}\times1\mu s=65536\mu s$，取定时 $50000\mu s$，定时器中断 20 次就是 1s。

（2）定时器初值的计算

T0 初值 = $2^{16}-50000\mu s/1\mu s=65536-50000=15536=0x3CB0$

TH0 = 0x3C；TL0 = 0xB0

（3）定时/计数器的初始化

设置TMOD：<u>0000</u> <u>0001</u> B = 0x01

TCON：　0001 0000 B = 0x10（或者写成 TR0 = 1;）

（4）编制程序如下

```
#include <reg51.h>
sbit   sout=P2^0;
unsigned char   count=0;
void timer0 (void) interrupt 1 using 0          //50ms 中断 1 次
{  count++ ;
   THO=(65536-50000)/256;                       //重新输入 T0 高八位初值
   TLO=(65536-50000)%256;                       //重新输入 T0 低八位初值
   if (count==20)                               //T0 中断 20 次就是 1s
   {   P3=0x8f;                                 //给 8 个发光二极管的正端加高电平
       sout=~sout;
       count=0;
   }
}
void main ()
{
   IE=0x82;                                     //也可以写成 EA=1; ET0=1;
   TMOD=0x01;                                   //T0 工作在方式 1
```

```
    TR0 = 1;                                   //也可以写成 TCON = 0x10;
    TH0 = (65536-50000)/256;
    TL0 = (65536-50000)%256;
    sout = 1;
    while (1);                                 //CPU 等待
    }
```

【例 4-3】 在实验板上试用 T0 方式 2 编制程序，在 P2.3 引脚输出周期为 1s 的脉冲方波，已知 fosc = 12MHz。

（1）分析

周期为 1s 的方波信号，也就是 P2.3 输出 500ms 高电平，然后输出 500ms 低电平。fosc = 12MHz 时定时器 T0 方式 2 最大定时时间为：$2^8 \times 1\mu s = 256\mu s$，取定时 250μs，定时器中断 2000 次就是 500ms。

（2）定时器初值的计算

T0 初值 $= 2^8 - 250\mu s/1\mu s = 256 - 250 = 0x06$

TH0 = 0x06；TL0 = 0x06；

（3）定时/计数器的初始化

设置 TMOD：　0 0 00 0010 B = 0x02

（4）编制程序如下

```
#include <reg51.h>
sbit   sout = P2^3;
unsigned int   count = 2000;
void timer0 () interrupt 1 using 0              //250μs 中断 1 次
{
   if (--count = = 0)
   {P3 = 0x8f;
     sout = ~sout;
     count = 2000;
   }
}
void main ()
{
   IE = 0x82;                                   //也可以写成 EA = 1; ET0 = 1;
   TMOD = 0x02;
   TH0 = 0x06;
   TL0 = 0x06;
   TR0 = 1;                                     //也可以写成 TCON = 0x10;
   while (1);
}
```

4.5 T0中断响应设计秒、分、时时间单位

【例4-4】 用T0中断响应编写秒分时程序。

(1) 分析

T0工作在方式2，定时时间为250μs，定时初值为256-250=6，中断4000次（用count计中断次数）就产生1s时间单位，再循环60次就为1min，再循环60次就为1h，再循环24次就是1d，秒分时单元（second、minute、hour）全部清零。

(2) 计算

COUNT=0，TMOD=0x02，TH0=0x06；TL0=0x06，EA=1，ET0=1，TR0=1；

上面的变量需在主程序中初始化。

(3) T0中断服务子程序如下

```
void timer0 ( ) interrupt 1 using 1          //定时器0方式2中断响应定时250μs
{
    count++;
    if (count = =4000)                       //计数4000次到1s
    {
      count=0;
      second ++;
      if (second = =60)
      {
        second=0;
        minute ++;
        if (minute = =60)
        {
          minute=0;
          hour ++;
          if (hour = =24)
          {
            hour=0;
            minute=0;
            second=0;
          }
        }
      }
    }
}
```

4.6 T1 中断响应设计显示秒、分、时时间单位

【例 4-5】 用 T1 中断响应编写显示秒分时的程序。

(1) 分析

T1 工作在方式 2，定时时间为 10μs，定时初值为 256-10=246=0xF6，数码管显示位置控制位为 local。

(2) 计算

TMOD=0x02，TH1=0xF6；TL1=0xF6，EA=1，ET1=1，TR1=1

上面的变量需在主程序中初始化。

(3) 中断程序

```
void timer1 ( ) interrupt 3 using 2 // 定时器 1 方式 2 中断响应定时 10μs
{
    static unsigned char local=0;
    switch (local)
    {
    case 0: P2=0xff;
            P3=0x0F;
            P2=table [hour/10];
            local=1;
            break;
    case 1: P2=0xff;
            P3=0x1F;
            P2=table [hour%10];
            local=2;
            break;
    case 2: P2=0xff;
            P3=0x2F;
            P2=0xbf;
            local=3;
            break;
    case 3: P2=0xff;
            P3=0x3F;
            P2=table [minute/10];
            local=4;
            break;
    case 4: P2=0xff;
            P3=0x4F;
            P2=table [minute%10];
```

```
            local=5;
            break;
    case 5: P2=0xff;
            P3=0x5F;
            P2=0xbf;
            local=6;
            break;
    case 6: P2=0xff;
            P3=0x6F;
            P2=table [second/10];
            local=7;
            break;
    case 7: P2=0xff;
            P3=0x7F;
            P2=table [second%10];
            local=0;
            break;
  default: break;
  }
}
```

4.7 基本电子钟程序设计

【例 4-6】 用实验板编写一个用共阳数码管动态显示的电子钟，硬件电路设计为图 4-1。程序编写如下：

方法一：每位的显示时间用 T1 定时，每位显示时间为 10μs，用 switch-case 语句进行位切换；T0 工作在定时器方式 2，每中断一次为 250μs，中断 4000 次就产生秒时间单位。

```
/*******************************************************
                    电子时钟的设计
*******************************************************/
#include<reg51.h>
#define uchar unsigned char
#define uint  unsigned int
uchar code
  table [10] = {0xc0, 0xf9, 0xa4, 0xb0, 0x99, 0x92, 0x82, 0xf8, 0x80, 0x90};
  // 共阳极段码表 0, 1, 2, 3, 4, 5, 6, 7, 8, 9
uchar second, minute, hour, local;
uint count;
void timer0 () interrupt 1 using 1          //定时器 0 方式 2 中断响应定时 250μs
```

```
{
    count++;
    if (count==4000)                    //计数 4000 次到 1s
    {
      count=0;
      second ++;
      if (second==60)
      {
        second=0;
        minute ++;
        if (minute==60)
        {
          minute=0;
          hour ++;
          if (hour==24)
          {
            hour=0;
            minute=0;
            second=0;
          }
        }
      }
    }
}
void timer1 () interrupt 3 using 2         // 定时器 1 方式 2 中断响应定时 10μs
{
    static uchar local=0;
    switch (local)
    {
    case 0: P2=0xff;
            P3=0x0f;
            P2=table [hour/10];
            local=1;
            break;
    case 1: P2=0xff;
            P3=0x1f;
            P2=table [hour%10];
            local=2;
            break;
```

```
        case 2: P2=0xff;
                P3=0x2f;
                P2=0xbf;
                local=3;
                break;
        case 3: P2=0xff;
                P3=0x3f;
                P2=table [minute/10];
                local=4;
                break;
        case 4: P2=0xff;
                P3=0x4f;
                P2=table [minute%10];
                local=5;
                break;
        case 5: P2=0xff;
                P3=0x5f;
                P2=0xbf;
                local=6;
                break;
        case 6: P2=0xff;
                P3=0x6f;
                P2=table [second/10];
                local=7;
                break;
        case 7: P2=0xff;
                P3=0x7f;
                P2=table [second%10];
                local=0;
                break;
        default: break;
        }
}
void main ()
{
    TMOD=0x22;                    //定时器0方式2，定时器1方式2
    TH0=256-250;                  // T0每次定时250μs
    TL0=256-250;
    TH1=256-10;                   //T1每次定时10μs，即每位显示的时间
```

```
    TL1=256-10;
    count=0;                                    //中断次数为0
    EA=1;                                       // 开 CPU 中断
    ET0=1;                                      //开定时器0中断
    ET1=1;                                      //开定时器1中断
    TR0=1;                                      // 启动定时器0
    TR1=1;                                      // 启动定时器1（TR0=1 和 TR1=1 也可以写成
                                                // TCON=0x50;)
    hour=23, minute=59, second=10;              // 开机显示 23-59-10
    do {} while (1);                            //无终止的等待
}
```

方法二：每位的显示用延时子程序 delay，T0 工作在定时器方式 1，每中断一次为 50ms，中断 20 次就产生 1s 时间单位。

```
/*****************************************************************
                              电子时钟的设计
*****************************************************************/
#include<reg51.h>
#define uchar unsigned char
#define uint unsigned int
uchar code
table [10] = {0xc0, 0xf9, 0xa4, 0xb0, 0x99, 0x92, 0x82, 0xf8, 0x80, 0x90};
  // 共阳极段码表 0, 1, 2, 3, 4, 5, 6, 7, 8, 9
uchar second, minute, hour;
uint count;
void delay ()                                               //单个 LED 延时程序
{
    uint i;
    for (i=0; i<=15; i++);
}
void timer0 () interrupt 1 using 0                          //定时中断响应定 50ms
{
  ET0=0;
  TR0=0;
  TH0=(65536-50000)/256;
  TL0=(65536-50000)%256;
  count++;                                                  //定时中断的次数
  if (count==20)                                            //计数 20 次到 1s
   {
     count=0;
```

```
        second ++;
        if (second==60)
        {
          second=0;
          minute ++;
          if (minute==60)
          {
            minute=0;
            hour ++;
            if (hour==24)
            {
              hour=0;
              minute=0;
              second=0;
            }
          }
        }
      }
    ET0=1;
    TR0=1;
}
void display (unsigned char hour, unsigned char minute, unsigned char second)
{
          P3=0x0f;
          P2=table [hour/10];                          //显示时的十位
          delay ();
          P3=0x1f;
          P2=table [hour%10];                          //显示时的个位
          delay ();
          P3=0x2f;                                     //显示"-"
          P2=0xbf;
          delay ();
          P3=0x3f;
          P2=table [minute/10];                        //显示分的十位
          delay ();
          P3=0x4f;
          P2=table [minute%10];                        //显示分的个位
            delay ();
          P3=0x5f;                                     //显示"-"
```

```
        P2=0xbf;
          delay ();
        P3=0x6f;
        P2=table [second/10];                          //显示秒的十位
          delay ();
        P3=0x7f;
        P2=table [second%10];                          //显示秒的个位
          delay ();
    }
void main ()
{
    TMOD=0x01;                                         //定时器 0 方式 1
    TH0=(65536-50000)/256;                             //赋初值使每次定时 50ms
    TL0=(65536-50000)%256;
    count=0;                                           //中断次数为 0
    EA=1;                                              //开 CPU 中断
    ET0=1;                                             //开定时器 0 中断
    TR0=1;                                             //启动定时器 0
    hour=23, minute=59, second=10;                     //开机显示 23-59-10
    while (1)
    {
        display (hour, minute, second);
    }
}
```

4.8 具备按键功能的电子钟程序设计

1. 键盘的设计

键盘电路见图 4-7，键盘的设置是在点亮数码管时通过检测 P1 端口输入的信息确定的。采用检测 P1 端口键盘按键内容，采用八键式键盘，按下键，P1. x 检测到的键值是 0，键没有按下，键值为 1，对应的按键值见表 4-9；按键功能的实现采用按键组合方式，第一键不用。在显示运行时间状态，按下第二键则暂停运行时钟，第三键功能为运行时钟小时减 1 功能，减到 0 再减则为 23，第四键功能为运行时间时加 1，加到 23 后再加为 0；第五键功能为运行时间分减 1 功能，减到 0 后再减，分则为 59；第六键功能为运行时间分加 1 功能，加到 59 后再加则分为 0；第七键功能为运行时间秒减 1 功能，减到 0 后再减则为 59；第八键功能为运行时间秒加 1 功能，加到 59 后再加 1 则为 0。

2. 带按键的电子钟的设计

在图 4-1 的基础上增加图 4-7 就是带按键的电子钟硬件电路。

表 4-9 对应的按键值

按键号	无键按下	SB1	SB2	SB3	SB4	SB5	SB6	SB7	SB8
P1 按键值	0xff	0xfe	0xfd	0xfb	0xf7	0xef	0xdf	0xbf	0x7f

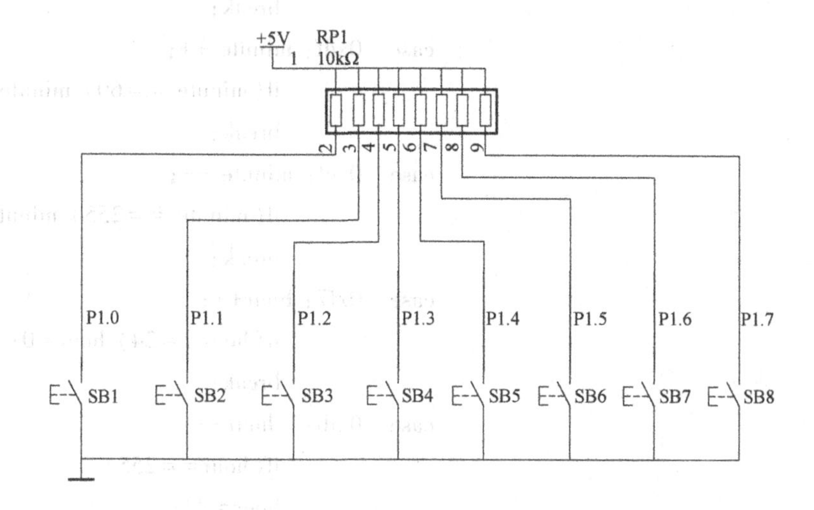

图 4-7 键盘电路

【例 4-7】 根据表 4-9 编写一个键盘识别和处理程序，当 SB8 按下时，秒+1，当 SB7 按下时，秒-1，SB6 按下时，分+1，当 SB5 按下时，分-1，SB4 按下时，时+1，当 SB3 按下时，时-1；当一直按住某个键，就实现连续加和连续减。

分析：设置 lkey、nkey、keycount 三个没有符号的字符型变量，lkey 表示原来的键值，nkey 表示现在的键值，keycount 表示计数值。

```
void keytreat (unsigned char nkey)
{
  static  unsigned char lkey=0x00, keycount=0;
  if (nkey==0xff) lkey=0x00, keycount=0;
      else   {
              if (nkey==lkey)     {       //nkey==lkey 表示按键一直按着为连续加做
                                          //准备
                                   keycount++;
                                   if (keycount==7)
                                     {
                                     keycount=0;
                                     switch (lkey)
                                       {
                                       case 0x7f:    second++;
                                                     if (second==60) second=0;
```

```
                                        break;
                              case  0xbf: second--;
                                        if(second ==255)
                                        second =59;
                                        break;
                              case  0xdf: minute ++;
                                        if(minute ==60) minute =0;
                                        break;
                              case  0xef: minute --;
                                        if(minute ==255) minute =59;
                                        break;
                              case  0xf7: hour++;
                                        if(hour==24) hour=0;
                                        break;
                              case  0xfb:  hour--;
                                        if(hour==255)
                                        hour=23;
                                        break;
                                   default:break;
                              }
                         }
                    }
    else   {
            //nkey 不等于 lkey 按键按一次加 1 或减 1
          lkey=nkey;
          keycount=0;
          switch(nkey)
          {
                              case 0x7f: second ++;
                                        if(second ==60) second =0;
                                        break;
                              case 0xbf: second --;
                                        if(second ==255) second =59;
                                        break;
                              case  0xdf: minute ++;
                                        if(minute ==60) minute =0;
                                        break;
                              case  0xef:fen--;
                                        if(minute ==255) minute =59;
```

```
                        break;
                case 0xf7:hour++;
                        if(hour==24) hour=0;
                        break;
                case 0xfb:hour--;
                        if(hour==255) hour=23;
                        break;
        case  0xfd:pause=~pause;//第二个按键按下对应的发光二极管亮灭切换
                if(pause==0)     dis[8]=dis[8]|0x80,TR0=1;
                else             dis[8]=dis[8]&0x7f,TR0=0;
                break;
            default:break;
    }
}
```

4.9 键盘调整运行时间功能程序设计

【例4-8】 用实验板编写一个带键盘调整运行时间的电子钟，当SB8按下时，秒+1，当SB7按下时，秒-1，SB6按下时，分+1，当SB5按下时，分-1，SB4按下时，时+1，当SB3按下时，时-1；当一直按住某个键，就实现连续加和连续减。

分析：定时器T0定时50ms，则取初始值为65536-50000=15536=3CB0H，补偿中断延时+9，则初始值为0x3cb9。定时器T1定时1ms，则取初始值为65536-1000=64536=0xfc18，则初始值为0xfc18。

TH0=0x3c，TL0=0xb9，TH1=0xfc，TL1=0x18，IE=0x8a，IP=0x02，程序编写如下：

```
#include <reg51.h>
void  treat(void);
unsigned char code
distab[10]={0xc0,0xf9,0xa4,0xb0,0x99,0x92,0x82,0xf8,0x80,0x90};
unsigned char data dis[9];
  bit pause=0;
unsigned char  data hour,minute,second,count,key;
void keytreat(unsigned char nkey);
void timer0() interrupt 1  using1//定时器T0中断一次为50ms
   {
      TH0=0x3c;
      TL0=0xba;
      if(pause==0)
      {
        count--;
```

```
        if(count==0)
        {   count=20;
          second++;
          if(second ==60)
          {
            second =0;
            minute ++;
            if(minute ==60)
            {
              minute=0;
              hour++;
              if(hour==24) hour=0;
            }
          }
        }
      }
      keytreat(key);
    }
  void timer1() interrupt 3  using 2//动态扫描每隔1ms显示一位数
    {
        static unsigned char local=0,keytemp=0xff;
         TH1=0xfc;
         TL1=0x18;
         P1=0xff;
         switch(local)
         {
           case 0: P2=dis[0];P3=0x0f;
                   local=1;  break;    //显示第1个数码管
           case 1: P2=dis[1];P3=0x1f;
                   local=2;  break;    //显示第2个数码管
           case 2: P2=dis[2];P3=0x2f;
                   local=3;  break;    //显示第3个数码管
           case 3: P2=dis[3];P3=0x3f;
                   local=4;  break;    //显示第4个数码管
           case 4: P2=dis[4];P3=0x4f;
                   local=5;  break;    //显示第5个数码管
           case 5: P2=dis[5];P3=0x5f;
                   local=6;  break;    //显示第6个数码管
           case 6: P2=dis[6];P3=0x6f;
```

```
                local=7;   break;      //显示第7个数码管
        case 7: P2=dis[7];P3=0x7f;
                local=8;   break;      //显示第8个数码管
        case 8: P2=dis[8];P3=0x8f;
                local=0;   break;      //显示发光二极管
        default: break;
      }
      key=P1;
  }
  void main()
   {
       TMOD=0x11;
       TH0=0x3c;
       TL0=0xb9;
       TH1=0xfc;
       TL1=0x18;
       IE=0x8a;
           IP=0x02;
           hour=13;
           minute =58;
           second =50;
           TR0=1;
           TR1=1;
           count=20;
           dis[8]=0xff;
         while(1)
       {
         treat();
       }
   }
void   treat(void)
{
     dis[0]=distab[hour/10];
     dis[1]=distab[hour%10];
     dis[2]=0xbf;
     dis[3]=distab[minute /10];
     dis[4]=distab[minute %10];
     dis[5]=0xbf;
     dis[6]=distab[second /10];
```

```
    dis[7]=distab[second%10];
  }
voidkeytreat(unsigned char nkey)// 键盘识别和处理程序
{
  static   unsigned charlkey=0x00,keycount=0;
  if(nkey==0xff) lkey=0x00,keycount=0;
  else  {
          if(nkey==lkey)    {
                                      keycount++;
                                      if(keycount==7)
                                        {
                                          keycount=0;
                                          switch(lkey)
                                          {
                                          case 0x7f: second ++;
                                                     if(second ==60) second =0;
                                                     break;
                                          case  0xbf: second --;
                                                     if(second ==255)
                                                     second=59;
                                                     break;
                                          case  0xdf: minute ++;
                                                     if(minute ==60) minute =0;
                                                     break;
                                          case  0xef:fen--;
                                                     if(minute ==255) minute =59;
                                                     break;
                                          case  0xf7:hour++;
                                                     if(hour==24) hour=0;
                                                     break;
                                          case  0xfb:hour--;
                                                     if(hour==255) hour=23;
                                                     break;
                                              default:break;
                                        }
                                    }
                          }
    else  {
      lkey=nkey;
```

```
keycount=0;
switch(nkey)
{
                case 0x7f: second ++;
                           if(second ==60) second =0;
                           break;
                case  0xbf: second --;
                           if(second ==255) second =59;
                           break;
                case  0xdf: minute ++;
                           if(minute ==60) minute =0;
                           break;
                case  0xef: minute --;
                           if(minute ==255) minute =59;
                           break;
                case  0xf7:hour++;
                           if(hour==24) hour=0;
                           break;
                case  0xfb:hour--;
                           if(hour==255) hour=23;
                           break;
                case  0xfd:pause=~pause;
                           if(pause==0) dis[8]=dis[8]|0x80,TR0=0;
                           else        dis[8]=dis[8]&0x7f,TR0=1;
                           break;
                   default:break;
               }
           }
       }
}
```

4.10 习题

1. 简述51系列单片机常用的5个中断源及各中断源中断服务程序入口地址。用C51编程时中断函数interrupt的语句格式是什么？

2. 定时器/计数器有几种工作方式？有哪个特殊功能寄存器的哪几位来控制？

3. 51单片机使用12MHz的晶振，使用T1产生250μs定时，使P2.4输出周期为2s的方波并点亮实验板上对应的发光二极管，程序如何编写？

第5章　基于单片机的频率计设计

教学导航

教	知识重点	1. 定时器的结构与设置 2. 定时器中断程序设计 3. 数据的处理与转换
	知识难点	1. 系统软硬件资源分配 2. 定时器计数功能应用
	推荐教学方式	提出设计任务,分析设计方案,边讲解、边操作,现场编程调试,实现设计功能,先试用 Proteus 软件绘制仿真电路,然后编写调试程序进行调试
	建议学时	4 学时
学	推荐学习方法	根据设计任务,分步骤实现设计功能,先完成数据显示,再完成频率的测试,最后将测试结果通过数码管显示
	必须掌握的理论知识	定时器的方式寄存器设置,中断控制寄存器的设置,定时器中断响应程序设计
	必须掌握的技术能力	定时器的定时功能与技术功能应用,单片机软硬件资源的分配,掌握 Proteus 仿真软件的使用

5.1　频率计功能简介

数字频率计在很多场所被应用于测量脉冲的频率，可以测量诸如方波、三角波、正弦波的波形的频率，采用单片机作为设计核心，测量脉冲频率，测量更加方便灵活。将外部输入脉冲经过波形调整，将各类周期波形转换为方波，并通过放大电路将波形的幅值限定为0~5V，以适应单片机的工作电压的范围。

脉冲测量的简单方法是在设定时间内对输入的脉冲进行计数，将计数值除以设定时间，结果则为所测量的脉冲频率。测量过程中需要考虑所测量脉冲频率的范围及单片机的脉冲计数能力，如果脉冲的频率高于单片机的计数能力则将不能准确的记录单位时间的脉冲输入数值，无法准确测量脉冲频率，如果脉冲频率很低，则需要增大测量时间，因此频率计的设计要考虑所测量脉冲的频率范围。

采用 STC89C51 单片机作为频率计的设计核心测量脉冲频率非常方便，单片机内部有两个 16 位的定时/计数器，T0 可以用于定时功能，T1 可以进行计数，T0 的定时时间设定为 1s，则 T1 一秒内的计数值则为脉冲频率值。测量过程中需要准确控制脉冲测量的启动与停止，由于定时器的定时存在一定系统误差，可以采用标准函数信号发生器对设计系统进行校正，通过调整定时器 T0 的定时时间对测量结果进行校正。

由于单片机的计数脉冲频率最高不能超过晶振频率的 1/24，如果采用定时器的计数功能进行计数则频率输入的脉冲频率必须要低于上限计数频率，否则将造成很大的误差。

5.2 数字频率计仿真电路设计

测量的频率结果可以通过数码管动态显示电路显示测量结果，Proteus 单片机硬件电路结构如图 5-1 所示。图中 8 个数码管的笔端驱动端分别并联引出连接到单片机的 P2 口，每个数码管的公共端连接到 P1 口，数码管采用的是共阳结构，由于采用 Proteus 验证设计功能，为了简化仿真电路，P1，P2 口均未接驱动电路，同时 P2 口未接限流电阻，如果采用实际电路搭建该仿真电路，P1，P2 口要加驱动电路，驱动电路与数码管的笔端输入端之间需要连接限流电阻。

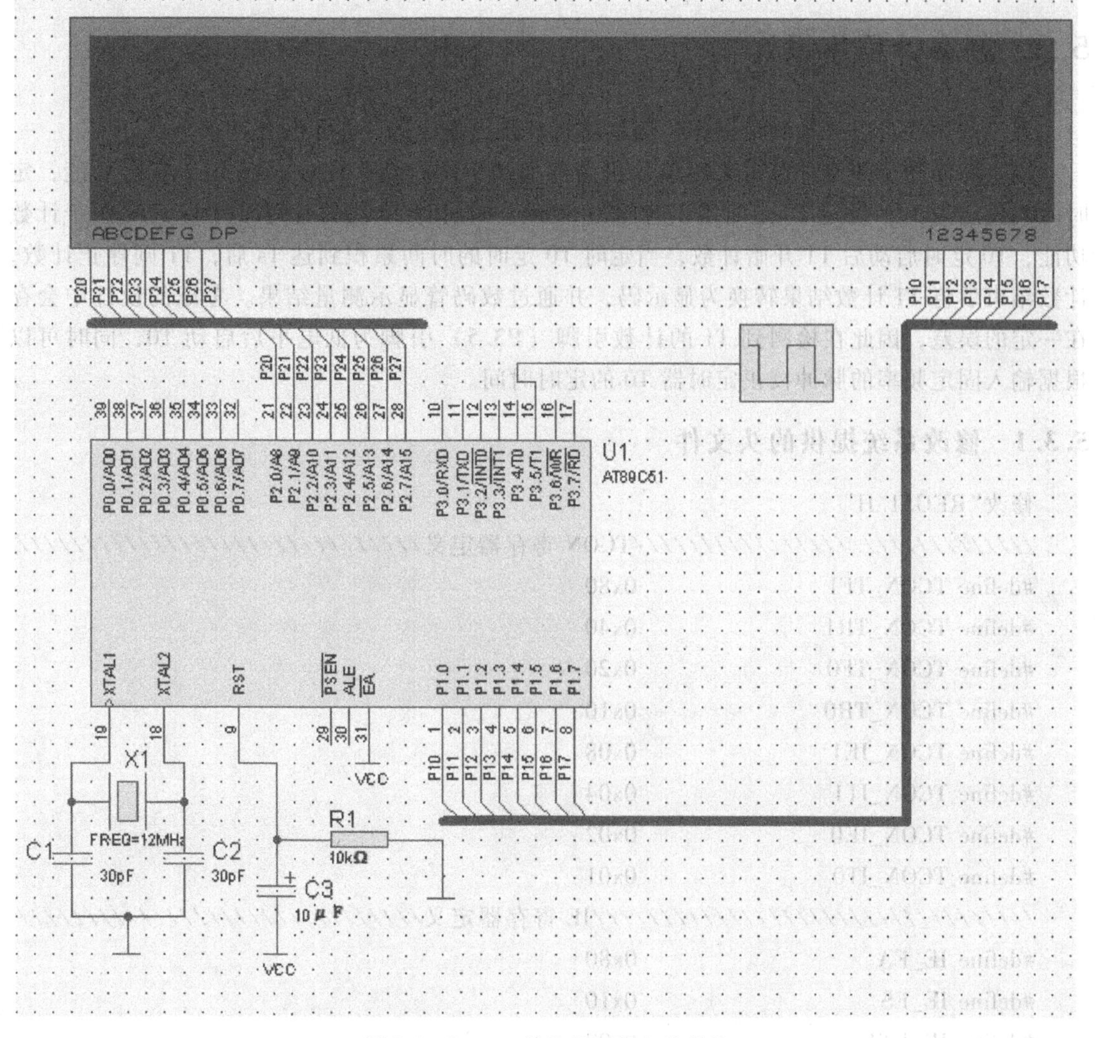

图 5-1 Proteus 单片机硬件电路结构

通过 Proteus 仿真软件完成仿真图的绘制，元器件属性如图 5-2 所示，绘制仿真电路来替代实际电路设计，可以提高设计效率，在完成硬件电路设计制作前进行程序的调试。

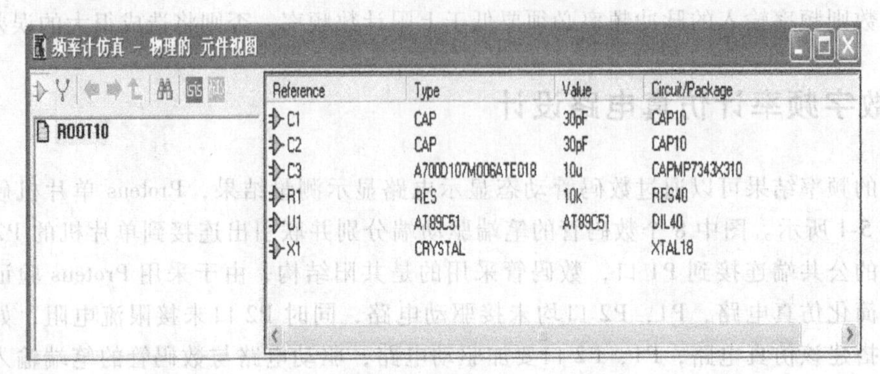

图 5-2 元器件属性

5.3 频率计程序设计

程序的设计可以分为测量操作，测量结果转换为显示码，显示操作 3 部分。

测量脉冲频率的设计可以采用单片机内部的两个定时器来完成，T0 用于定时功能，定时时间设定为 1s，设定 T0 定时溢出时间为 50ms，则定时 20 次的时间即为 1s。T1 用于计数功能，T0 定时启动后 T1 开始计数，当定时 T0 定时的时间累积到达 1s 后，T1 则停止计数，计数结束后将 T1 计数结果转换为显示码，并通过数码管显示测量结果。考虑的设计中会存在一定的误差，因此在检测到 T1 的计数引脚（P3.5）引脚为低电平后启动 T0，同时可以根据输入固定频率的脉冲校正定时器 T0 的定时时间。

5.3.1 修改系统提供的头文件

修改“REG51.H”

```
////////////////////////////////TCON 寄存器定义////////////////////////////////
#define TCON_TF1          0x80
#define TCON_TR1          0x40
#define TCON_TF0          0x20
#define TCON_TR0          0x10
#define TCON_IE1          0x08
#define TCON_IT1          0x04
#define TCON_IE0          0x02
#define TCON_IT0          0x01
//////////////////////////////////IE 寄存器定义//////////////////////////////////
#define IE_EA             0x80
#define IE_ES             0x10
#define IE_ET1            0x08
```

```
#define IE_EX1                  0x04
#define IE_ET0                  0x02
#define IE_EX0                  0x01
/////////////////////////////////TMOD 寄存器定义/////////////////////////////
#define T1_GATE                 0x80
#define T1_COUNTER_MODE         0x40
#define T1_TIMER_MODE           0x00
#define T1_WORK_MODE_0          0x00
#define T1_WORK_MODE_1          0x10
#define T1_WORK_MODE_2          0x20
#define T1_WORK_MODE_3          0x30
#define T0_GATE                 0x08
#define T0_COUNTER_MODE         0x04
#define T0_TIMER_MODE           0x00
#define T0_WORK_MODE_0          0x00
#define T0_WORK_MODE_1          0x01
#define T0_WORK_MODE_2          0x02
#define T0_WORK_MODE_3          0x03
///////////////////////////////IP 寄存器定义////////////////////////////////
#define   IP_PS                 0x10
#define   IP_PT1                0x08
#define   IP_PX1                0x04
#define   IP_PT0                0x02
#define   IP_PX0                0x01
//////////////////////////////////////////////////////////////////////////
```

5.3.2 频率计设计程序

通过增加系统提供的头文件内容，在进行编程时可以不需要查看硬件寄存器的具体内容，可以提高编程效率，并可以实现程序的快速移植。

在进行程序设计时，编写用户的自定义头文件“main.h”，将宏定义，函数声明，变量定义等内容保存在用户自定义的头文件中。

```
#ifndef MAIN_H
#define MAIN_H    1
//////////////////////////////////////////////////////////////////////////
typedef unsigned char uchar;
typedef unsigned int uint;
///////////////////////////////硬件端口的宏定义/////////////////////////////
sbit PULSE_IN = P3^5;
#define DISPLAY_SEGMENT             P2
```

```
#define DISPLAY_LOCAL                    P1
////////////////////////////数值及操作的宏定义/////////////////////////////////
#define TIME0_COUNTER_VALUE          49980
#define                                  TIMER0_INI_VALUE_HIGH
((65536-TIME0_COUNTER_VALUE)/256)
#define                                  TIMER0_INI_VALUE_LOW
((65536-TIME0_COUNTER_VALUE)%256)
#define TIMER0__TIME_COUNT           20
#define TIMER0_RUN                   TR0=1
#define TIMER0_STOP                  TR0=0
#define TIMER1_RUN                   TR1=1
#define TIMER1_STOP                  TR1=0
#define PULSE_HEIGH                  1
#define PULSE_LOW                    0
#define TRUE                         1
#define FALSE                        0
#define   DISPLAY_LAST_NUMBER        7
#define   DISPLAY_FIRST_NUMBER       0
#define   DISPLAY_MAX_NUMBER         8
////////////////////////////////内部函数声明////////////////////////////////////
void Delay_Nms(unsigned int  n);
void Convert();
void Display();
void Ini_Timer0_Timer1(void);
////////////////////////////////全局变量定义////////////////////////////////////
unsigned long int count=12345;
uchar discode[10]={0xc0,0xf9,0xa4,0xb0,0x99,0x92,0x82,0xf8,0x80,0x90};
uchar time0_counter=20,dis_buff[8],timer1_counter=0;
///////////////////////////////////////////////////////////////////////////////
#endif
```

主程序部分设计包括定时器 T0、T1 的初始化及相应的中断设置，程序从 main（）函数开始执行，完成初始化后进入循环部分。在循环语句 while 中主要完成三项任务。

任务 1：完成对频率检测结果的转换，将检测结果以显示码的形式保存在显示缓冲区中。

任务 2：调用显示函数进行显示，将显示码从数据缓冲区读出，送到显示端口进行显示。

任务 3：完成延时操作，实现大约 1ms 的延时，即实现 while 循环语句执行时间大概在 1ms 左右。

```
#include"reg51.h"
#include"main.h"
///////////////////////////////////////////////////////////////////////////////
```

```
/* 主函数
 * 功能:实现定时器 T0 定时、T1 计数功能的初始及中断功能
 *       主循环实现测量结果转换为显示码,显示及延时
 *       检测功能在定时器 T0 中断响应程序中完成
 * 输入参数:无
 * 返回参数:无
 *///////////////////////////////////////////////////////////////////
void main()
{
  Ini_Timer0_Timer1();
  while(PULSE_IN==PULSE_HEIGH);
  TIMER0_RUN;
  TIMER1_RUN;
  while(TRUE)
  {
    Convert();
    Display();
    Delay_Nms(1);
  }
}
////////////////////////////////////////////////////////////////////
```

各个功能函数如下:

```
////////////////////////////////////////////////////////////////////
/*定时器 T0、T1 的初始化函数
 *功能:实现定时器 T0 定时功能,溢出时间为 50ms
 *      T1 为计数功能,对 P3.5 输入的脉冲进行计数
 *输入参数:无
 *返回参数:无
 *///////////////////////////////////////////////////////////////////
void Ini_Timer0_Timer1(void)
{
  TH0=TIMER0_INI_VALUE_HIGH;
  TL0=TIMER0_INI_VALUE_LOW;
  IE=IE_EA+IE_ET1+IE_ET0;
  TMOD=T1_COUNTER_MODE+T1_WORK_MODE_1+T0_WORK_MODE_1;
  IP=IP_PT0;
}
////////////////////////////////////////////////////////////////////
/*转换功能函数
```

```
* 功能:实现将检测的频率值转换为显示码,保存在显示缓冲区
* 输入参数:无
* 返回参数:无
* ///////////////////////////////////////////////////////////////////////
void Convert( )
{
  unsigned char temp1;
  unsigned int temp;
  temp=(unsigned int)(count/10000);
  temp1=temp/100;
  dis_buff[0]=discode[temp1/10];
  dis_buff[1]=discode[temp1%10];
  temp1=temp%100;
  dis_buff[2]=discode[temp1/10];
  dis_buff[3]=discode[temp1%10];
  temp=count%10000;
  temp1=temp/100;
  dis_buff[4]=discode[temp1/10];
  dis_buff[5]=discode[temp1%10];
  temp1=temp%100;
  dis_buff[6]=discode[temp1/10];
  dis_buff[7]=discode[temp1%10];
}
/////////////////////////////////////////////////////////////////////////
/* 显示函数
* 功能:实现数码管的动态显示,该数码管为共阴极结构
*       电路结构决定最多驱动 8 个数码管显示
* 输入参数:无
* 返回参数:无
* ///////////////////////////////////////////////////////////////////////
void display( )
{
  static unsigned char location=DISPLAY_FIRST_NUMBER;
  DISPLAY_LOCAL=0;
  DISPLAY_SEGMENT=dis_buff[location];
  DISPLAY_LOCAL=1<<(location);
  location=location+1;
  if(location==DISPLAY_LAST_NUMBER+1)
  location=DISPLAY_FIRST_NUMBER;
```

```
}
/////////////////////////////////////////////////////////////////////
/////////////////////////////////////////////////////////////////////
/* 延时函数
 * 功能:实现 ms 级延时
 * 输入参数:n
 * 返回参数:无
 *///////////////////////////////////////////////////////////////////
void Delay_Nms(unsigned int n)
{
  uchar i,j;
  for( ;n>0;n--)
  for(i=2;i>0;i--)
  for(j=248;j>0;j--);
}
/////////////////////////////////////////////////////////////////////
```

脉冲频率的测量，采用 T0 定时 1s，T1 计数的方式实现测量，测量的关键是准确地控制测量的启动停止时间。

```
/////////////////////////////////////////////////////////////////////
/* 定时器 T0 中断响应函数
 * 功能:实现 1s 定时功能
 * 输入参数:无
 * 返回参数:无
*////////////////////////////////////////////////////////////////////
void time0() interrupt 1   using 1
{
  TH0=TIMER0_INI_VALUE_HIGH;
  TL0=TIMER0_INI_VALUE_LOW;
  time0_counter--;
  if(time0_counter==0)
  {
    TIMER0_STOP;
    TIMER1_STOP;
    time0_counter=TIMER0__TIME_COUNT;
    count=0;
    count+=(unsigned long int)timer1_counter * 65536;
    count+=(unsigned long int)TH1 * 256;
    count+=(unsigned long int)TL1;
    TH1=0;
```

```
    TL1=0;
    TH0=TIMER0_INI_VALUE_HIGH;
    TL0=TIMER0_INI_VALUE_LOW;
    timer1_counter=0;
    while(PULSE_IN==PULSE_HEIGH);
    TIMER0_RUN;
    TIMER1_RUN;
  }
}
////////////////////////////////////////////////////////////////////////////////////
/*定时器 T1 中断响应函数
 *功能:实现对 T1 的计数溢出次数进行计数
 *计数值在 timer1_counter
 *输入参数:无
 *返回参数:无
*////////////////////////////////////////////////////////////////////////////////////
void time1() interrupt 3 using 2
{
  timer1_counter++;
}
////////////////////////////////////////////////////////////////////////////////////
```

测量结果在低 16 位在 TH1，TH0 中，t1out 中保留了 T1 溢出的次数。因此测量结果为 count= timer1_ counter *65536+TH1*256+TL1。

5.4 频率计仿真调试

编写调试程序，实现频率计的设计功能，在实际应用中需要调整 T0 的初始值，修正由于响应中断延时而造成的误差，实现频率的准确测量。

采用定时器 T0 与 T1 的定时中断功能可以实现多种设计功能。

图 5-3 所示为输入 100kHz 脉冲测量结果，仿真时使用脉冲信号源，频率设置为 100kHz，通过修订定时器 T0 的定时时间可以实现准确的测量。

5.5 习题

1. 采用定时测量脉冲高电平宽度程序，脉冲高电平宽度以毫秒计数，测量范围设定为 1~50ms，脉冲通过 P3.2 引脚输入。

2. 校正数字频率计的方法与步骤?

3. P2.0 输出脉冲宽度调制（PWM）信号，即脉冲频率为 1kHz、占空比为 20%的矩形波，晶振频率为 12MHz。

图 5-3　输入 100kHz 脉冲测量结果

第6章　串口通信功能设计

教学导航

教	知识重点	1. 串口通信功能 2. 串口通信的参数设置 3. RS-232 通信接口 4. 51 单片机的串口结构与功能 5. 51 单片机同步通信应用 6. 51 单片机异步通信应用
	知识难点	1. 串口通信电路的工作模式 2. 串口通信电路的模式参数设置
	推荐教学方式	提出设计任务，分析设计方案，边讲解、边操作，现场编程调试，实现设计功能，先使用 Proteus 软件绘制仿真电路，然后编写调试程序进行调试，再通过实物调试验证
	建议学时	12 学时
学	推荐学习方法	学习串口通信的基本概念与理论，学习 51 串口电路结构及功能，通过仿真及实物调试学习串口通信功能
	必须掌握的理论知识	串口通信得硬件电路结构，串口通信的寄存器设置，串口通信中断控制寄存器的设置
	必须掌握的技术能力	掌握配置串口通信接口的参数，能够编写串口调试程序

6.1　串口通信接口

数据的通信方式有两种，即并行通信和串行通信。并行通信是指通信的数据进行并行传输，如需要输送 8 位数据，则至少需要 8 根数据线。而串口通信方式传输 8 位数据，则可以按一定的时序一位一位的传输，最少可以通过一根数据线实现传输。实际在使用串口通信时需要几种控制信号线，串口通信方式特别适合于远距离通信。

串口通信方式通常包括同步通信和异步通信。串口通信的方式通常包括 3 种方式：第一种方式为单工方式，只允许数据向一个方向传送，数据发送方只能发送，接收方只能接收，如收音机只能接收信号；第二种方式为半双工方式，即设备的功能包含了接收与发送功能，但不能同时实现发送与接收，如对讲机的工作方式在任何时刻只能实现收、发功能的一种；第三种方式为全双工，即可以现实同时的收发功能，如手机可以发送讲话的同时接收到对方的声音。MCS-51 单片机具有串口发送与接收功能，但不能够同时进行收发，因此属于半双工器件。

6.1.1　异步通信

在异步通信中，被传送的信息通常是一个字符或一个字节的代码，这些字符或字节的代码都需要按一定格式进行传送，即每个字符或字节代码按一定的格式一帧一帧的被发送或接收，发送端和接收端可能是不同的设备，而它们发送或接收的数据帧的格式必须相同，从而识别接收到的数据。

异步通信的数据帧的格式通常由起始位、数据位、奇偶校验位、停止位四部分组成，数据帧结构如图 6-1 所示。

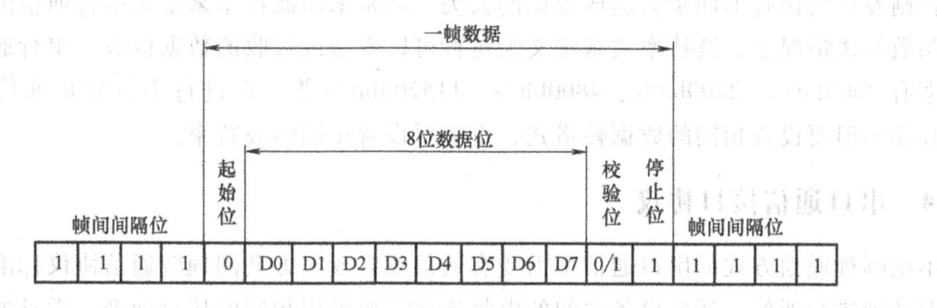

图 6-1　数据帧结构

1）起始位：在异步通信时，在没有进行数据传输时，通信线的电平通常为逻辑“1”状态，在发送端发送一帧数据时，首先发送一个逻辑“0”信号，这个逻辑“0”就是数据帧的起始位，用于通知接收端新的一帧数据开始了发送，主要用于异步通信的同步作用，接收端检测到起始位后准备接收数据。

2）数据位：发送端发送的数据，数据位没有严格的限制，可以是 5 位、6 位、7 位、8 位等，低位在前，高位在后，逐位发送。

3）校验位：检验位通常有奇校验和偶校验两种，偶校验情况下，发送的数据位中“1”位的个数为奇数则校验结果为 1，如果发送的数据位中“1”位的个数为偶数，则校验结果为 0；奇校验逻辑与偶校验的逻辑结果相反，51 单片机的串口通信校验方式为偶校验。校验位通常为 1 位，如果不使用校验位，则数据帧中无校验位。

4）停止位：数据帧的最后部分为停止位，逻辑“1”有效，位数可以是 1 位、1/2 位或 2 位，表示一帧数据已经结束。

在异步通信中，数据帧可以一帧一帧连续传送，也可以间断发送，如果间断发送，空闲状态的逻辑电平为“1”。

6.1.2　同步通信

串口通信中，发送与接收设备相互独立，为提高通信的速度，常常采用同步通信方式进行通信，同步通信适合每次发送一个数据块，数据块中间没有间隔，每个数据块包括起始的同步字符、数据、校验字符。通常在通信前约定好数据块的格式，发送的同步字符为一个或两个，当接收方接收到同步字符后开始接收数据，当接收结束后对数据进行校验，接收的最后一个或两个字节为发送过来的校验字符，如果接收方校验的结果与发送方发送过来的结果相同，则表示接收正确，接收方与发送方采用相同的校验方法，常用的校验方法有 CRC 校验、求和校验、异或校验等。同步通信数据块格式如图 6-2 所示。

同步字符	数据字节 1	数据字节 2	数据字节 3	数据字节 4	……	数据字节 n	校验字节 1	校验字节 2

图 6-2　同步通信数据块格式

6.1.3　波特率

在进行异步通信时，除数据帧格式要求相同外，发送与接收端的发送、接收频率要求相同，否则发送与接收不同步会造成数据的丢失。通常采用波特率来定义串行通信的速度，在二进制数发送情况下，波特率通常定义为每秒可以发送或接收的数据位数。串行通信常用的波特率有 9600bit/s、2400bit/s、4800bit/s、115200bit/s 等。在进行串行异步通信时，发送与接收端不但要设置相同的数据帧格式，也需要设置相同的波特率。

6.1.4　串口通信接口协议

不论哪种通信方式的串口通信都需要有通信双方或多方共同理解通信协议标准，这样才能够有效地进行通信。通信设备之间的电气连接需要采用相同的接口标准。常见的标准异步通信接口有：RS-232、RS-449、RS-422、RS-423、RS-485。

RS-232 经常被应用在 PC 与电气设备之间的串口通信调试，通常采用 USB-RS232 转接端口，一端通过 USB 接口连接 PC，另一端通过 RS-232 接口连接电气设备。另一种较为常用的通信接口是 RS-485 通信方式，市场具有多种 USB 转 RS-232 及 USB 转 485 的转接端口，使用该类转接端口可以方便地实现不同通信方式的串口通信调试。

6.2　51 单片机的串口通信电路结构

MCS-51 系列单片机的串口通信结构简图如图 6-3 所示。外部连接到 P3.0、P3.1 引脚，P3.0、P3.1 串口通信外部引脚时则不能在做 I/O 端口使用。

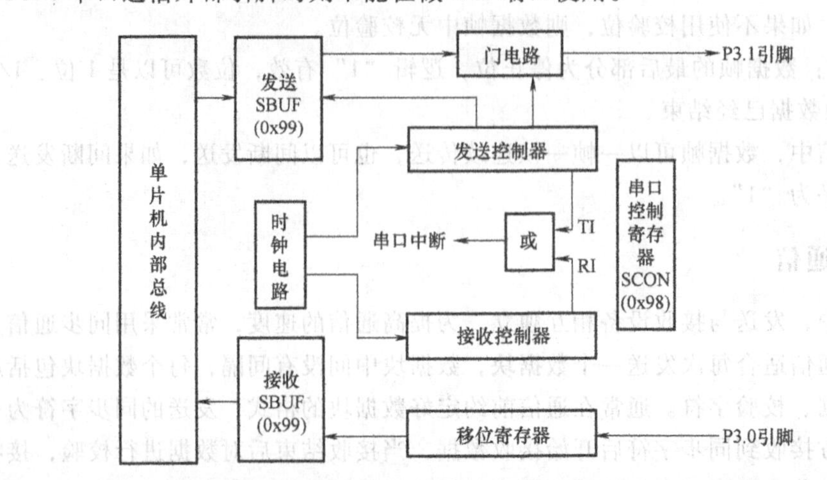

图 6-3　MCS-51 系列单片机的串口通信结构简图

6.2.1 发送和接收寄存器

单片机内部有两个寄存“SBUF”，两个寄存的地址都是0x99，一个用于发送，当进行写操作时，数据写入发送的SBUF寄存器；另一个“SBUF”用于接收数据，当外部引脚接收到数据后保存在接收SBUF寄存器，当读取SBUF时则读取用于接收数据的SBUF寄存器。

当进行发送时，将数据写入SBUF后，串行口发送电路将数据打包，按帧的方式逐位发送出去，发送结束后将发送标志位TI置位，如果设置了串行通信中断允许，则将向CPU发送中断申请。当MCS-51单片机的串行口接收到一帧数据后，串行口电路将接收到的数据保存在SBUF寄存器中，并将接收标志位RI置位，如果设置了串口中断允许，则接收事件将向CPU发送中断申请。由于串口发送事件和串口接收事件共用了一个中断向量，因此即使CPU响应了串口中断申请，对应的中断申请标志位也不会被自动清零，CPU响应中断申请后通过查询发送中断标志位和发送标志位，从而确定中断是由哪个事件引起的，在处理完相应的中断事件后将对应的中断申请标志位清零。

MCS-51系列单片机用于串口通信的引脚有P3.0和P3.1引脚，MCS-51系列单片机的串口通信方式有4种，一种同步方式和三种异步方式。与串口通信相关的寄存器包括SCON、SBUF、IE、IP寄存器。

6.2.2 串口的控制寄存器

1. SCON

SCON特殊功能寄存器用于设置串口的通信工作方式、监控串口的工作状态、串口发送与接收的状态字。该特殊功能寄存器既可以字寻址，也可以位寻址，控制寄存器SCON的格式如图6-4所示。

SCON	SM0	SM1	SM2	REN	TB8	RB8	TI	RI
位地址	0x9F	0x9E	0x9D	0x9C	0x9B	0x9A	0x99	0x98

图6-4 控制寄存器SCON的格式

1）SM0、SM1：串口工作方式选择位，可以构成四种工作方式，如表6-1所示。

表6-1 串口工作方式选择

SM0	SM1	工作方式	功能	波特率
0	0	方式0	8位同步移位串口功能	fosc/12
0	1	方式1	10位异步串口功能	可变
1	0	方式2	11位异步串口功能	fosc/64或fosc/32
1	1	方式3	11位异步串口功能	可变

2）SM2：在方式2和方式3中多机通信的控制位。在方式0中，SM2位必须被设置为0。在方式1中，如果SM2被设置为“1”，当单片机处于接收状态时，只有接地到有效的停止位“1”，数据才能够被接收。

3）REN：串行接收允许位。设置为“1”，允许单片机接收数据，设置为“0”则禁止单片机接收串口数据，可以通过软件设置该位。

4）TB8：在方式2、方式3中，将需要发送的第9位数据（前8位为数据位）先保存在

TB8 中，而后将数据写入“SBUF”中，则串口电路先发送 SBUF 寄存器中的 8 位数据，再发送 TB8 中的数据，TB8 中的数据可以作为检验位使用，通常发送数据采用奇偶校验时，将前 8 位的奇校验或偶校验的结果保存在 TB8 中一起发送。在多机通信时，可以作为地址标志位使用，即当该位为 1 时，则前 8 位数据代表接收端的地址，如果该位为 0 则表示接收到的内容为数据。

5) RB8：在方式 2、方式 3 中，将接收的第 9 位数据保存在 RB8 中，在采用奇偶检验方式时，用于接收发送端发送的校验结果。

6) TI：发送结束标志位。在方式 0 中，在发送端发送完第 8 位数据时，串口硬件电路将该位置“1”；在其他的方式中，当串口电路将一帧数据的停止位发送结束后，由硬件置“1”。如果设置了串口的中断允许，当 TI 被置“1”后则向 CPU 发出中断申请。CPU 响应中断申请后，可以发送下一帧数据，而该位被硬件置位后只能通过软件清零。

7) RI：接收标志位。方式 0 中，在接收完第 8 位数据后，由硬件将该位置“1”，在其他方式下，在接收到停止位后由硬件将该位置“1”。如果设置了串口的中断允许，当 RI 位被置位，则向 CPU 发出中断申请，当 CPU 响应中断申请，可以将接收的数据从“SBUF”中读出，串行可以继续接收数据。RI 位被硬件置“1”，只能通过软件清零。

串口中断源的发送与接收功能占用了一个中断向量，因此 CPU 在响应串口中断申请后，需要查询 TI 与 RI 位，从而确定中断申请是由发送引起还是接收引起。单片机复位后 SCON 的内容将全部清零。

2. PCON 寄存器

PCON 寄存器的最高位 SMOD 用来设置串口通信的波特率，如图 6-5 所示。在方式 1、方式 2、方式 3 中，当 SMOD=1 时，波特率是 SMOD=0 时的两倍。PCON 寄存器不能够进行位寻址操作，对 PCON 的某位进行置 1 可以采用按“位或”1，置 0 可以采用按“位与”0。

PCON	SMOD	—	—	—	GF1	GF0	PD	IDL
位地址	0x8E	0x8D	0x8C	0x8B	0x8A	0x89	0x88	0x87

图 6-5　PCON 寄存器

3. IP 寄存器

IP 寄存器用于设定 MCS-51 单片机各中断的优先级别，IP 寄存器内容如图 6-6 所示。如果 5 个中断源属于同一优先级别，则串口的优先级别最低。如果将其他中断源的优先级别设置为低优先级，即对应的 PX0、PT0、PX1、PT1 设置为 0，而将 PS 设置 1，则串口中断源比其他中断源高一个优先级别，即使 CPU 正在响应其他中断源的中断申请，串口中断申请可以再次中断其他中断源的中断响应程序。

IP	—	—	—	PS	PT1	PX1	PT0	PX0
位地址	0xBF	0xBE	0xBD	0xBC	0xBB	0xBA	0xB9	0xB8

图 6-6　IP 寄存器内容

6.2.3　串行通信的工作方式

MCS-51 单片机有 4 种串行工作方式，分别为方式 0、方式 1、方式 2、方式 3。

1. 方式 0

在方式 0 工作模式下，串行口作为同步移位寄存器使用，方式 0 的波特率为单片机频率的 1/12，串口数据没有启动位、停止位、校验位，数据由 RXD 引脚（P3.0）发送或接收，低位在前，高位在后，TXD 引脚（P3.1）作为同步时钟端，输出时钟信号，可以作为外部扩展移位寄存器的移位时钟，通常方式 0 用于扩展外部并行 I/O 端口。

2. 方式 1

在方式 1 工作模式下，串行口作为异步通信方式，每帧数据包括 1 位启动位，8 位数据位，1 位停止位，波特率可以改变。

发送数据时，将 TI 位清零，将发送数据写入 SBUF 中，则串口将 SBUF 中的数据通过 TXD 引脚（P3.1）向外发送，先发送启动位，再发送数据位，低位在前高位在后，最后发送停止位。当发送完停止位，串口电路由硬件将 TI 位置“1”，表示发送完成，SBUF 中已经空了，可以再发送数据。

检测串口发送完一帧数据的方法通常有两种，一种是采用查询方式，即在发送数据前将 TI 清零，然后将数据写入 SBUF 中，串口自动开始发送数据，采用软件查询 TI 位的值，当 TI 位变为 1 则发送完成，可以发送下一个字节数据。另一种方式则采用中断方式，在发送数据前将 TI 清零，然后开启串口中断，将发送的数据写入 SBUF 中，当串口电路发送完一帧数据后硬件电路将 TI 位置 1，TI 位被置 1 后将向 CPU 发出中断申请。CPU 响应串口的中断申请后在中断响应程序中查询 TI 位是否为 1，查询到 TI 为 1 后，可以将 TI 清 0，如果还有没发送完的数据则可以继续发送。

在方式 1 下接收数据时，必须将 REN 设置为 1，将 RI 位清 0，串口电路通过 RXD 引脚（P3.0）接收数据，通常在方式 1 下 SM2=0，当接收到启动位后，接收 8 位数据，当接收到停止位后将 RI 置 1，并将接收到的 8 位数据保存在 SBUF 中。检测串口是否接收到数据的方法通常有两种方式，一种为查询方式，查询 RI 位是否为 1，为 1 则接收到了一帧数据；另一种方式采用中断方式，开启串行口中断允许并将 RI 清零，当串行口电路接收到一帧数据后将 RI 置 1，RI 置 1 将向 CPU 发出中断申请，CPU 在响应了串口中断申请后在串口中断响应程序中查询 RI 的值，当查询到 RI 为 1 后，可以将数据从 SBUF 中读出，并将 RI 清零，继续接收数据。

方式 1 的波特可变，通过定时器 T1 的溢出率来调整波特率。波特率的计算公式如式（6-1）所示。在串行口工作在方式 1 或方式 3 时，需要占用定时器 T1 的定时工作，通常将定时器 T1 的工作方式设置在模式 2，即溢出后自动赋初始值。则波特率的计算公式为式（6-2）。当波特率确定了，则通过设定定时初始值调整波特率。定时器初始值计算如式（6-3）所示。

$$\text{波特率}=\frac{2^{\text{SMOD}}}{32}\times \text{T1 的溢出率} \tag{6-1}$$

$$\text{波特率}=\frac{2^{\text{SMOD}}}{32}\times\frac{f_{osc}}{12}\times\frac{1}{2^8-\text{T1 的初始值}} \tag{6-2}$$

$$\text{T1 的初始值}=2^8-\frac{2^{\text{SMOD}}}{32}\times\frac{f_{osc}}{12}\times\frac{1}{\text{波特率}} \tag{6-3}$$

通过波特率和晶振频率可以计算出 T1 定时器的初始值，但由于定时器 T1 的初始值只能取整数，因此实际计算出的波特率与所期望获得的波特率会存在一定的误差，当误差较大时可能会出现传输错误。因此可以选择不同的晶振，如11.0592MHz。表6-2为选择晶振为不同频率时的定时器T1的初始值及对应的误差。

表6-2 常用波特率及误差

晶振频率/MHz	波特率	SMOD	T1初始值	实际波特率	误差
12.000	9600	1	0xF9	8923	7%
12.000	4800	0	0xF9	4460	7%
12.000	2400	0	0xF3	2404	0.16%
12.000	1200	0	0xE6	1202	0.16%
11.0592	19200	1	0xFD	19200	0%
11.0592	9600	0	0xFD	9600	0%
11.0592	4800	0	0xEA	4800	0%
11.0592	2400	0	0xF4	2400	0%
11.0592	1200	0	0xE8	1200	0%

3. 方式2

在方式2下，串口通信工作在11位异步通信方式。每帧数据包括一位起始位“0”，8位数据位，1位可编程的数据位（发送时写入TB8，接收时保存在RB8），1位停止位。1位可编程位数据可以是奇偶校验位，也可以做地址/数据标志位使用，由使用者定义功能。方式2的波特率是固定值，波特率与PCON中的SMOD位相关，当SMOD=0时，波特率为$f_{osc}/64$，当SMOD=1时，波特率为$f_{osc}/32$。

在方式2下，发送数据前，先设置TB8的值，然后将数据写入SBUF，串口电路先发送起始位，再发送数据位，而后发送TB8中的数据，最后发送停止位，发送停止位后将TI设置为1；接收端先接收启动位，而后接收8位数据位，再接收发送端发送过来的“TB8”中的数据，将该位接收数据保存在接收端的RB8中，最后接收停止位，并将RI置位。

在方式2下，将SM2设置为0，则可以将TB8、RB8作为奇偶检验位的发送和接收缓存位。如果采用多机通信方式则可以将接收端的SM2设置为1，则TB8中的数据可以作为发送端发送的数据的地址或数据的指示位，发送端发送的数据TB8=1，而接收端的SM2都设置为1，只能接收第九位数据（发送端TB8中的数据）为1的数据包，而如果发送端发送的数据的第九位数据为0则接收到的数据包将被接收端舍弃。采用此种功能可以实现一主多从的多机通信功能。

在多机通信模式下，只能有一个主机和多个从机，从机不会主动向主机发送数据，主机首先发送数据给从机，先发送地址数据，选中从机，而后与从机建立通信关系。具体的通信协议可以自己定义。

4. 方式3

与方式2的模式基本相同，而波特率可变，波特率的设置与方式1完全相同。采用方式3可以实现11位通信，可以实现奇偶校验功能或实现多机通信功能。

MCS-51单片机的串行口通信方式仅有4种，而实际在串口通信中通常会在物理通信协议基础上采用较为复杂的通信协议，如采用51单片机设计ModBus的通信协议。

6.3　串行口通信功能应用

6.3.1　异步通信仿真电路设计

单片机作为接收数据的终端，接收串口发送来的数据，将接收到的数据发送回去，并通过数码管显示接收到的数据内容，每个字节内容为 8 位，显示接收数据内容以 16 进制数据进行显示，每两个数码管显示一个字节，8 个数码管可以显示 4 个字节内容，每个新接收的数据在左侧显示，原来的数据依次右移。异步串口通信仿真电路如图 6-7 所示，发送终端采用 Proteus 中的虚拟终端，异步串口通信仿真电路的元器件列表如图 6-8 所示。双击虚拟终端，设置该终端的属性，如图 6-9 所示，将终端的串口波特率设置 2400bit/s，由于单片机的晶振为 12MHz，采用 2400bit/s 的波特率进行串口通信，误差较小。通信的数据设置为 8 位，无极性校验位，1 位停止位。

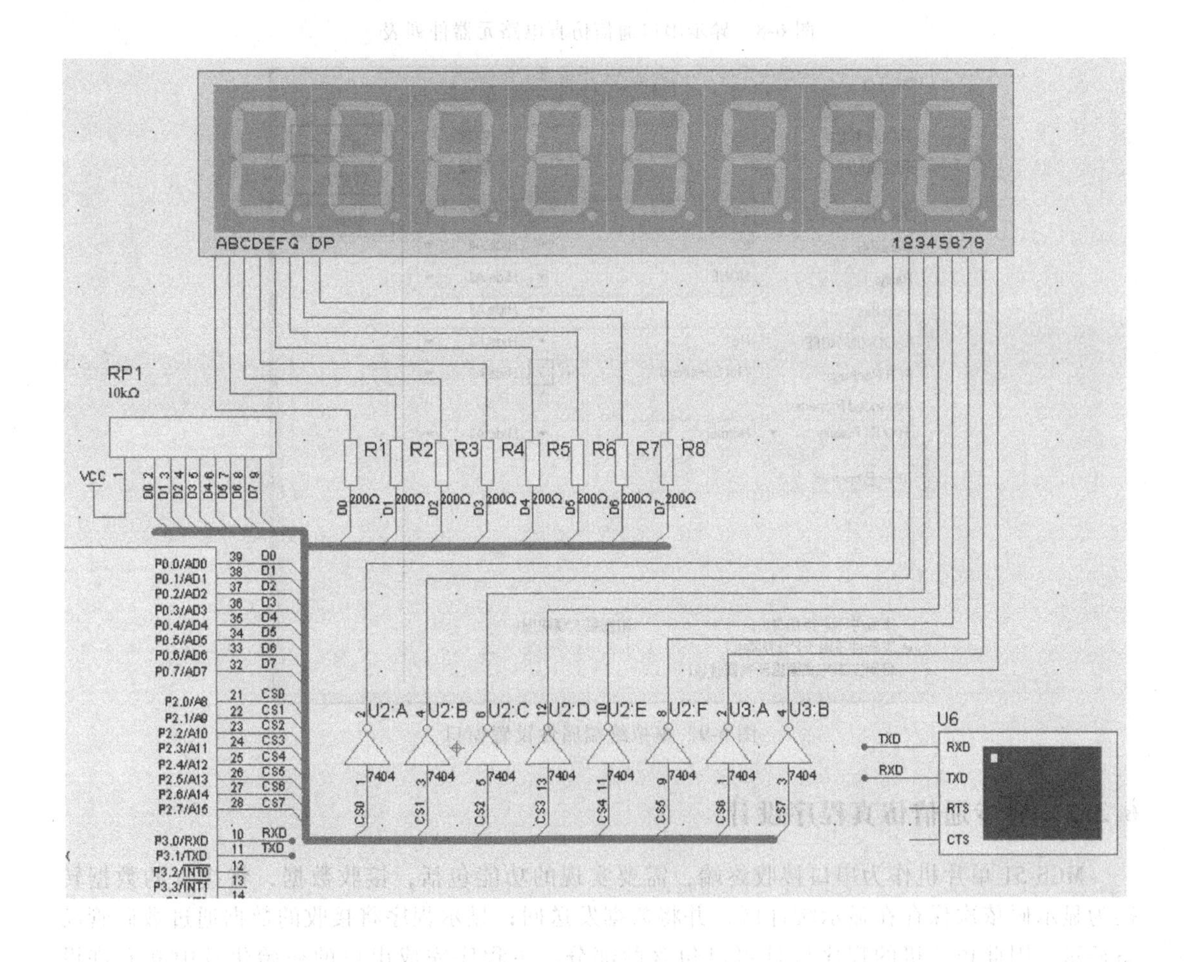

图 6-7　异步串口通信仿真电路

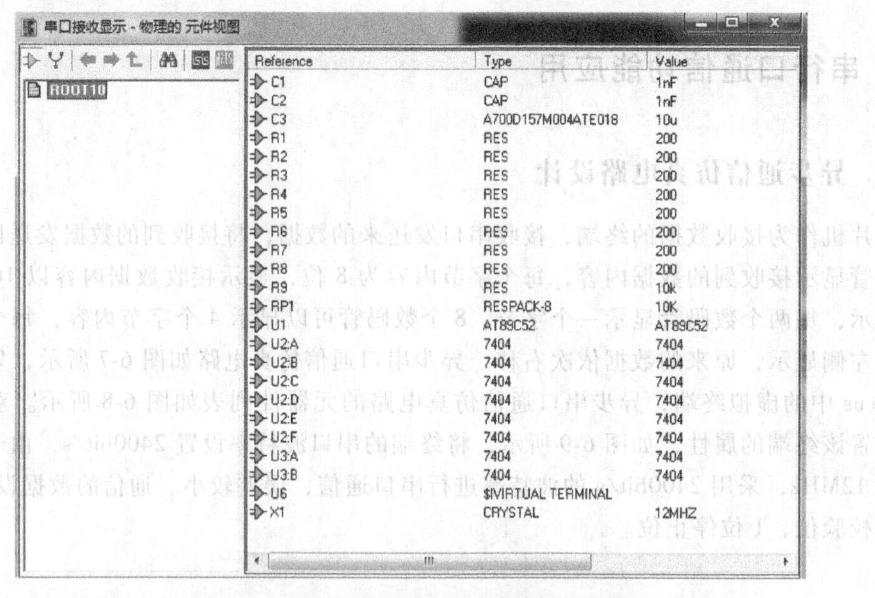

图 6-8　异步串口通信仿真电路元器件列表

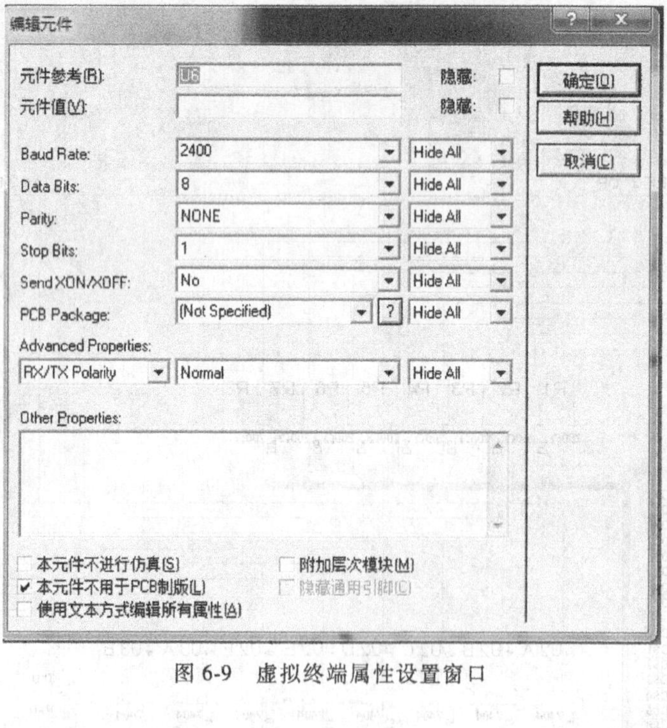

图 6-9　虚拟终端属性设置窗口

6.3.2　异步通信仿真程序设计

MCS-51 单片机作为串口接收终端，需要实现的功能包括，接收数据，将接收的数据转换为显示码依次保存在显示缓冲区，并将数据发送回；显示程序将接收的数据通过数码管动态显示。因此单片机的程序设计可以包含两部分，主程序完成串口的初始化及中断允许设置，主程序的主循环中将显示缓冲区的内容进行动态扫描显示，每个数码管显示的时间为 1ms，1ms 的时间采用延时函数获得。串口的中断程序完成数据的接收，并将接收到数据保存在显示缓冲区，原数据依次移出缓冲区；同时将接收到的数据发送回去。用户设计的“MAIN. H”内容如下：

```
//////////////////////////////////////////////////////////////////////////////
#ifndef MAIN_H
#define MAIN_H      1
//////////////////////////////////////////////////////////////////////////////
typedef unsigned char uchar;
typedef unsigned int uint;
unsigned char code distab[16] =
{0xc0,0xf9,0xa4,0xb0,0x99,0x92,0x82,0xf8,0x80,0x90,0x88,0x83,0xc6,0xa1,0x86,0x8e};
//共阳数码管的显示码表
unsigned char dis_buff[8] = {0xbf,0xbf,0xbf,0xbf,0xbf,0xbf,0xbf,0xbf};
///////////////////////////////数值及操作的宏定义///////////////////////////////
#define   PULSE_HEIGH             1
#define   PULSE_LOW               0
#define   TRUE                    1
#define   FALSE                   0
//////////////////////////////////函数声明//////////////////////////////////////
void Ini_Searial(void);
void Delay_Nms(unsigned int n);      //毫秒级延时函数
void Display(void);
#endif
//////////////////////////////////////////////////////////////////////////////
```

主函数及主要程序如下：

```
//////////////////////////////////////////////////////////////////////////////
#include"reg51.h"
#include"main.h"
//////////////////////////////////////////////////////////////////////////////
/*主函数
*功能:实现串口的初始化
*   主循环循完成动态显示功能
*输入参数:无
 返回参数:无
*/////////////////////////////////////////////////////////////////////////////
lvoid main(void)
{
  Ini_Searial();              //串口初始化
  while(1)
     {
```

```
        Display();
        Delay_Nms(1);
    }
}
////////////////////////////////////////////////////////////////////////////
/*数码管显示函数
 *功能:将显示缓冲区的数据送到8个共阳数码管显示
 *输入参数:无
  返回参数:无
*///////////////////////////////////////////////////////////////////////////
void Display(void)
{
    static unsigned char location=0;
    P2=0xFF;
    P0=dis_buff[location];
    P2=~(1<<location);
    if(location<7) location++;
    else            location=0;
}
////////////////////////////////////////////////////////////////////////////
/*串行口中断响应函数
 *功能:接收串口的收到的数据转换为显示码,并保存在显示缓冲区,并将接收到数据发
送回去
 *输入参数:无
  返回参数:无
*///////////////////////////////////////////////////////////////////////////
void Uart_Interrupt(void)   interrupt 4
{
    unsigned char i,temp;
    if(RI==TRUE)                        //接收到数据引起中断
    {
        temp=SBUF;
        RI=FALSE;
        for(i=7;i>=2;i--)               //调整移动显示缓冲区数据
        {
            dis_buff[i]=dis_buff[i-2];
        }
        dis_buff[1]=distab[temp%16]; //接收到新的数据转换为显示码并存储到缓冲区
        dis_buff[0]=distab[temp/16];
```

```
        SBUF=temp;
    }
    else if(TI= =TRUE)
    {
      TI=FALSE;
    }
}
/////////////////////////////////////////////////////////////////////////////
/*串行口初始化函数
 *功能:实现串口的初始化
 *将串口设置为方式 1, 晶振频率为 12MHz, 设定波特率为 2400bit/s, 8 位数据位, 一位启动, 一位停止无校验位
 *输入参数:无
  返回参数:无
*////////////////////////////////////////////////////////////////////////////
void Ini_Searial(void)
{
  SCON=SCON_MODE1+SCON_REN;
  TMOD=T1_WORK_MODE_2+T1_TIMER_MODE;
  TH1=TL1=0xF3;
  TR1=TRUE;
  IE=IE_EA+IE_ES;
}
/////////////////////////////////////////////////////////////////////////////
/*毫秒级的延时函数
 *功能:实现 n 的倍数的毫秒延时
 *输入参数:n,n 毫秒的延时
  返回参数:无
*////////////////////////////////////////////////////////////////////////////
void Delay_Nms(unsigned int n)
{
   unsigned char i,j;
   for( ;n>0;n--)
      for(i=2;i>0;i--)
         for(j=248;j>0;j--);
}
/////////////////////////////////////////////////////////////////////////////
```

将程序进行编译，加载到单片机仿真电路中，进行仿真，仿真调试界面如图 6-10 所示。仿真后单片机在未接收到数据时数码管显示内容为“-”，右键单击虚拟终端后，在弹出的

选项中选择“Virtual Terminal”。得到如图 6-11 所示的启动虚拟终端界面，在虚拟终端上单击右键设置为“Hex Display Mode”，显示十六进制数据格式，设置虚拟终端的数据显示格式如图 6-12 所示。

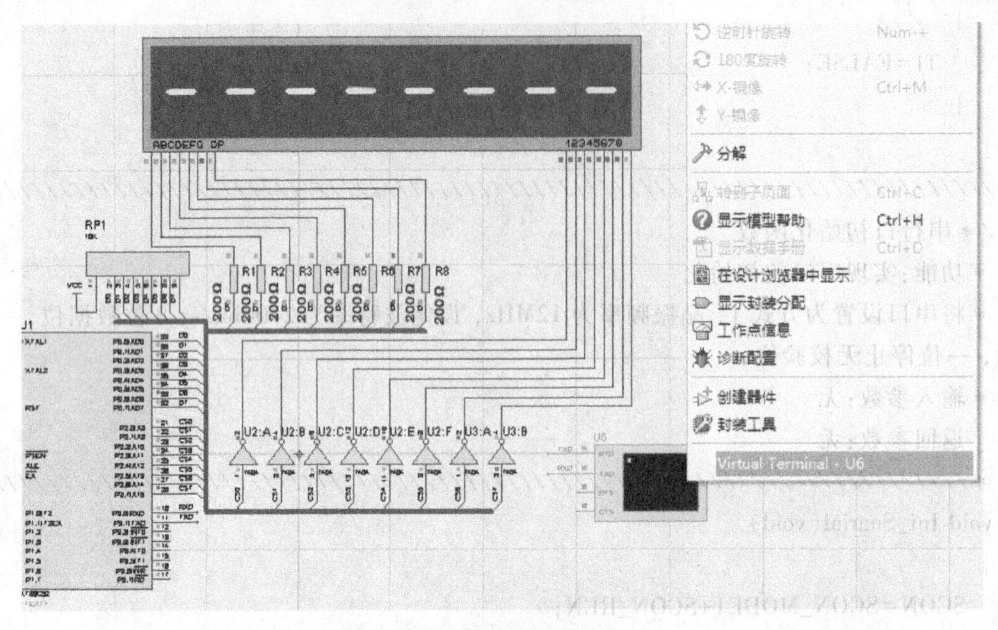

图 6-10　仿真调试界面

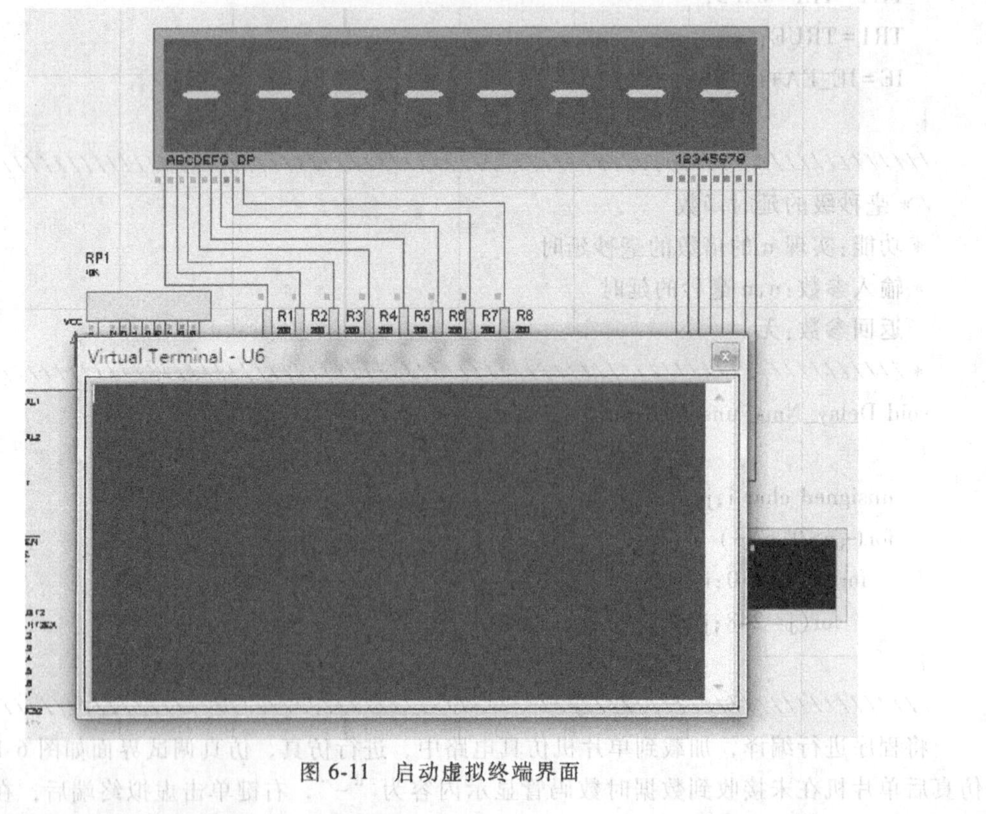

图 6-11　启动虚拟终端界面

在仿真调试中，通过键盘按下数字键<1>，仿真电路的数码管显示“31”，同时虚拟终端显示“31”，由于PC机的按键上按下数字键<1>，PC机键盘向主机发送“1”字符的ASC码，字符“1”的ASC码对应的十六进制数据为0x31，因此数码管显示的结果为“31”，同时单片机接收到数据后发送回虚拟终端，虚拟终端接收到数据以十六进制显示接收结果，因此虚拟终端显示的内容也为“31”，仿真调试按下数字键<1>的结果如图6-13所示。按下新的字符则仿真电路显示对应字符的十六进制数据结果。

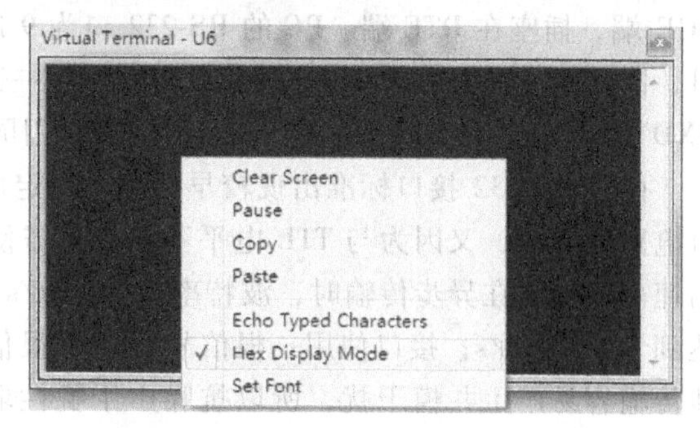

图6-12 设置虚拟终端的数据显示格式

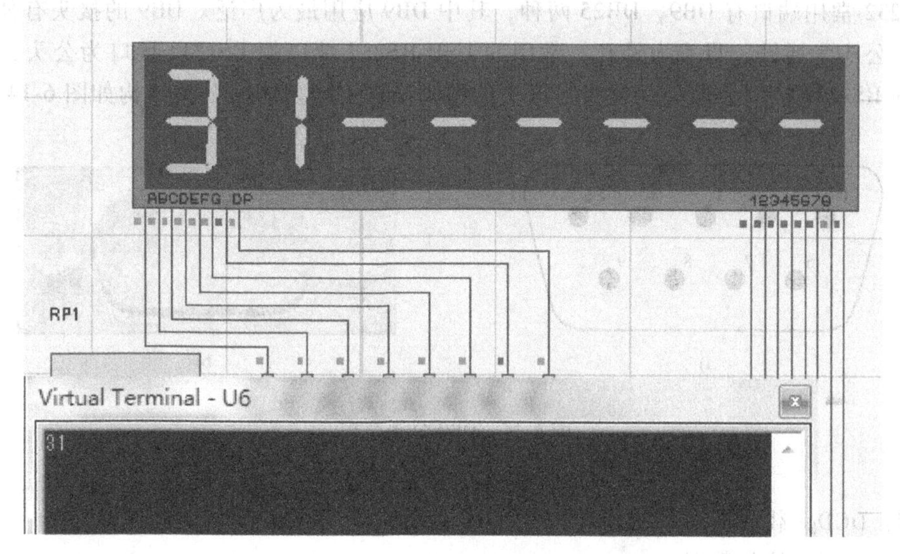

图6-13 仿真调试按下数字键<1>的结果

6.3.3 异步通信硬件电路设计

1. RS-232通信协议介绍

在串行通信时，要求通信双方都采用一个标准接口，使不同的设备可以方便地连接起来进行通信。RS-232-C接口（又称EIA RS-232-C）是目前最常用的一种串行通信接口。1970年由美国电子工业协会（EIA）联合贝尔系统、调制解调器厂家及计算机终端生产厂家共同制定的用于串行通信的标准。它的全名是“数据终端设备（DTE）和数据通信设备（DCE）之间串行二进制数据交换接口技术标准”该标准规定采用一个25个脚的DB-25连接器，对连接器的每个引脚的信号内容加以规定，还对各种信号的电平加以规定。后来IBM的PC机将RS232简化成了DB-9连接器，从而成为事实标准。而工业控制的RS-232口一般只使用RXD、TXD、GND三条线。

在RS-232-C中任何一条信号线的电压均为负逻辑关系。即：逻辑“1”为-3～-15V；逻辑“0”为+3～+15V。RS-232-C接口连接器一般使用型号为DB-9插头座，通常插头在

DCE 端，插座在 DTE 端。PC 的 RS-232 口为 9 芯针插座。一些设备与 PC 连接的 RS-232 接口，因为不使用对方的传送控制信号，只需要三条接口线，即“发送数据 TXD”“接收数据 RXD”和“信号地 GND”。RS-232 传输线采用屏蔽双绞线。

由于 RS-232 接口标准出现较早，存在一定的缺点，接口的信号电平值较高，易损坏接口电路的芯片，又因为与 TTL 电平不兼容故需使用电平转换电路方能与 TTL 电路连接；传输速率较低，在异步传输时，波特率为 20kbit/s。现在由于采用了新的 UART 芯片，波特率达到 115.2kbit/s；接口使用一根信号线和一根信号返回线而构成共地的传输形式，这种共地传输容易产生共模干扰，所以抗噪声干扰性弱；传输距离有限，最大传输距离标准值为 50m，实际上也只能用在 15m 左右；RS-232 只容许一对一的通信。但该协议结构简单，应用方便，因此该协议仍被广泛使用，尤其是短距离通信。

2. RS-232 通信接口

RS-232 常用端口有 DB9，DB25 两种，其中 DB9 应用最为广泛。DB9 的接头有公头和母头两种，公头为插针，母头为针孔，常用的 USB-RS232 端口的 RS-232 接口为公头，多数终端设备的 RS-232 接口为母头。公头与母头的引脚结构不同。DB9 公头结构如图 6-14 所示。

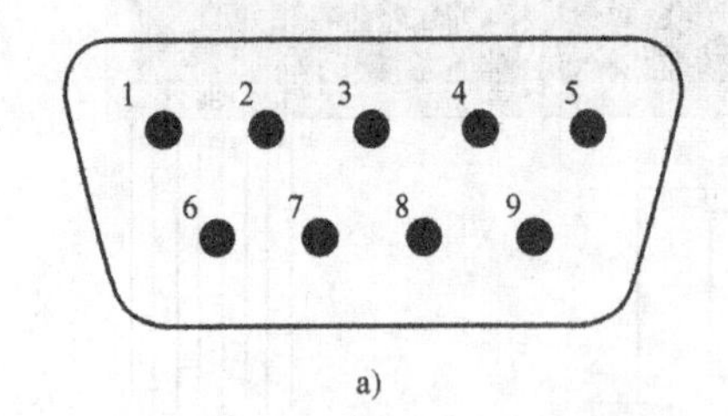

a)

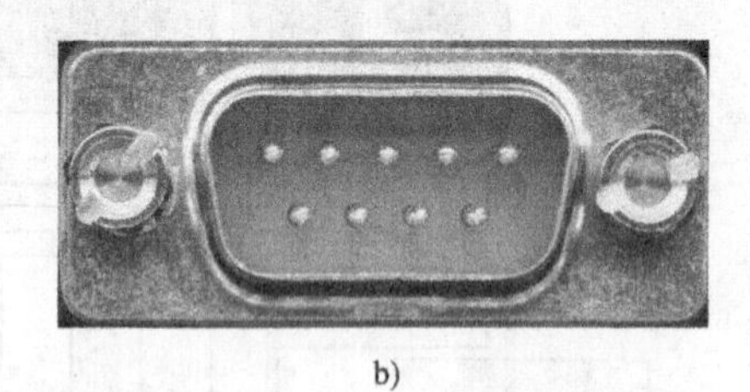
b)

图 6-14　DB9 公头结构
a）DB9 引脚顺序　b）DB9 端口

1 脚：DCD，载波检测。

2 脚：RXD，接收数据。

3 脚：TXD，发送数据。

4 脚：DTR，数据终端准备好。

5 脚：GND，信号地。

6 脚：DSR，通信设备准备好。

7 脚：RTS，请求发送。

8 脚：CTS，允许发送。

9 脚：RI，响铃指示器。

实际使用中经常使用的是两脚，3 脚及 5 脚。母头顺序与公头的顺序相对应，母头结构如图 6-15 所示。

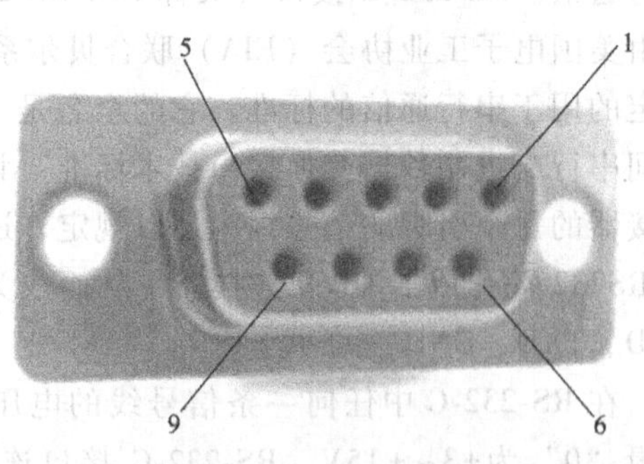

图 6-15　母头结构

由于单片机的接口串口通信逻辑电平采用 TLL 逻辑结构与 RS-232 的不同，不能直接进行通信，需要采用转接电路采用进行通信。常用的 RS-232 转 TTL 电平芯片为 MAX232，该器件采用单电源供电，外围器件简单可以实现两路 RS-232 转 TTL 电平逻辑转换功能。MAX232 结构与封装如图 6-16 所示。MAX232 电源为 5V，电容 C1、C2、C3、C4 的容量为 1μF，10 脚、11 脚为 TTL/CMOS 输入端，接单片机的 TXD，14 脚，7 脚接 RS-232 的 RXD；13 脚，8 脚为 RS-232 的输入端，接 RS-232 的 TXD，12 脚，9 脚接 TTL/CMOS 的 RXD。

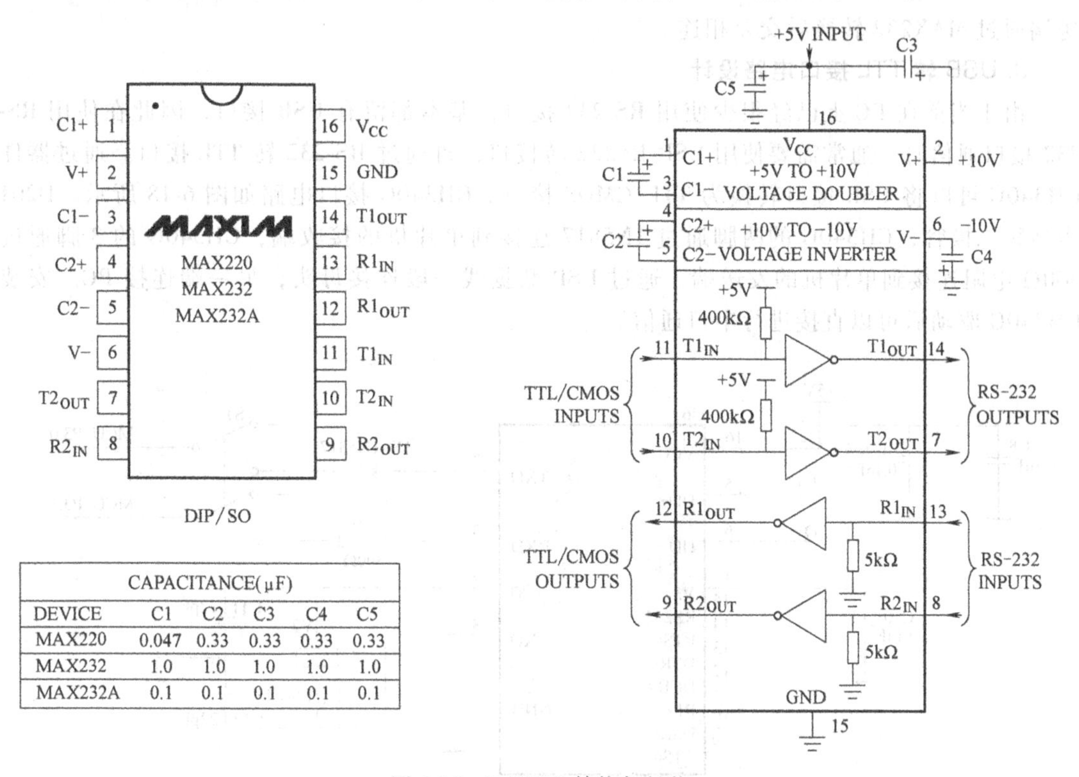

CAPACITANCE(μF)					
DEVICE	C1	C2	C3	C4	C5
MAX220	0.047	0.33	0.33	0.33	0.33
MAX232	1.0	1.0	1.0	1.0	1.0
MAX232A	0.1	0.1	0.1	0.1	0.1

图 6-16　MAX232 结构与封装

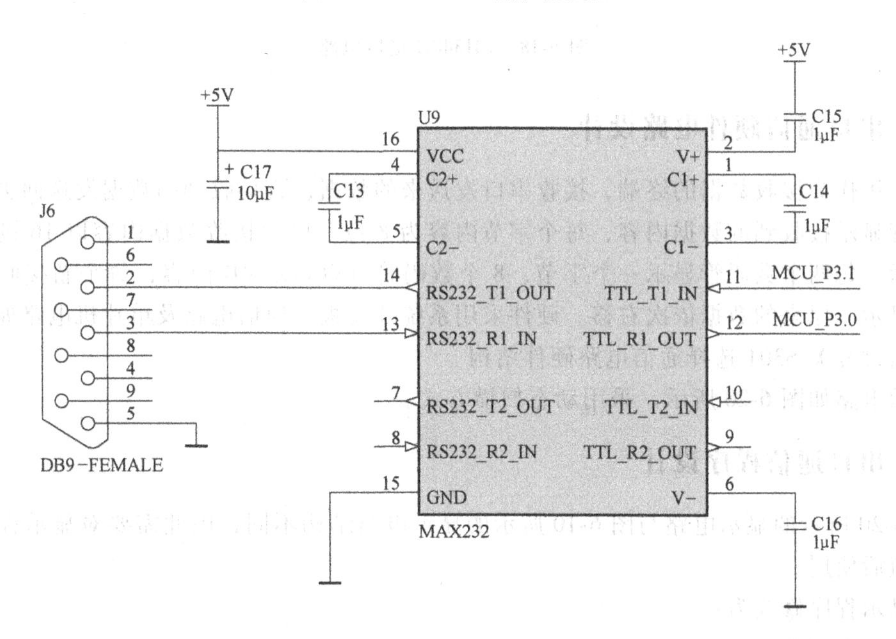

图 6-17　MAX232 构成的转接电路

MAX232 构成的转接电路如图 6-17 所示，J301 为 DB9 母头，3 脚为 RS-232 的发送端，对应 RS-232 转 TTL/CMOS 输出端为 MAX232 的 12 脚，引脚连接到 51 单片机的接收端；MCS-51 单片机的发送端连接到 MAX232 的 11 脚，对应 TTL/CMOS 转换 RS-232 的输出端为 MAX232 的 14 脚，该引脚连接 DB9 的 2 脚。DB9 的发送端、接收端与单片机的接收端、发送端通过 MAX232 转换后交差相连。

3. USB 转 TTL 接口电路设计

由于当前在 PC 上已经很少使用 RS-232 接口，基本都留有 USB 接口，因此在使用 RS-232 接口通信时，通常需要使用 USB-RS232 转接口，再通过 RS-232 转 TTL 接口。通过器件 CH340G 可以将 USB 接口转换为 TTL/CMOS 接口。CH340G 接口电路如图 6-18 所示。D201 为高频二极管，CH340G 的两脚通过 1N5817 连接到单片机的接收端，CH340G 的 3 脚通过 300Ω 电阻连接到单片机的发送端。通过 USB 数据线一段连接母头，另一端连接 PC。安装 CH340G 驱动后可以直接进行串口通信。

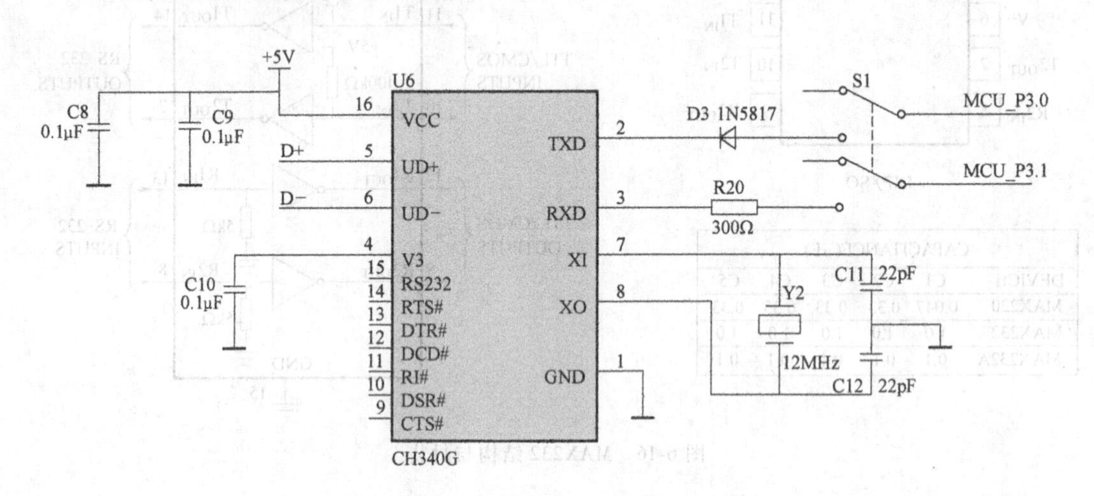

图 6-18　CH340G 接口电路

6.3.4　串口通信硬件电路设计

单片机作为接收数据的终端，接收串口发送来的数据，将接收到的数据发送回去，并通过数码管显示接收到的数据内容，每个字节内容为 8 位，显示接收数据内容以 16 进制数据进行显示，每两个数码管显示一个字节，8 个数码管可以显示 4B 内容，每个新接收的数据在左侧显示，原来的数据依次右移。硬件采用系统开发板，通信电路及单片机电路如图 6-19 所示。通过开关 S301 选择通信电路硬件结构。

显示电路如图 6-20 所示，采用动态扫描方式。

6.3.5　串口通信程序设计

图 6-20 所示的显示电路与图 6-10 所示的显示电路结构不同，因此需要对显示程序进行修改移植后使用。

将显示程序修改为：

```
#include" reg51. h"
```

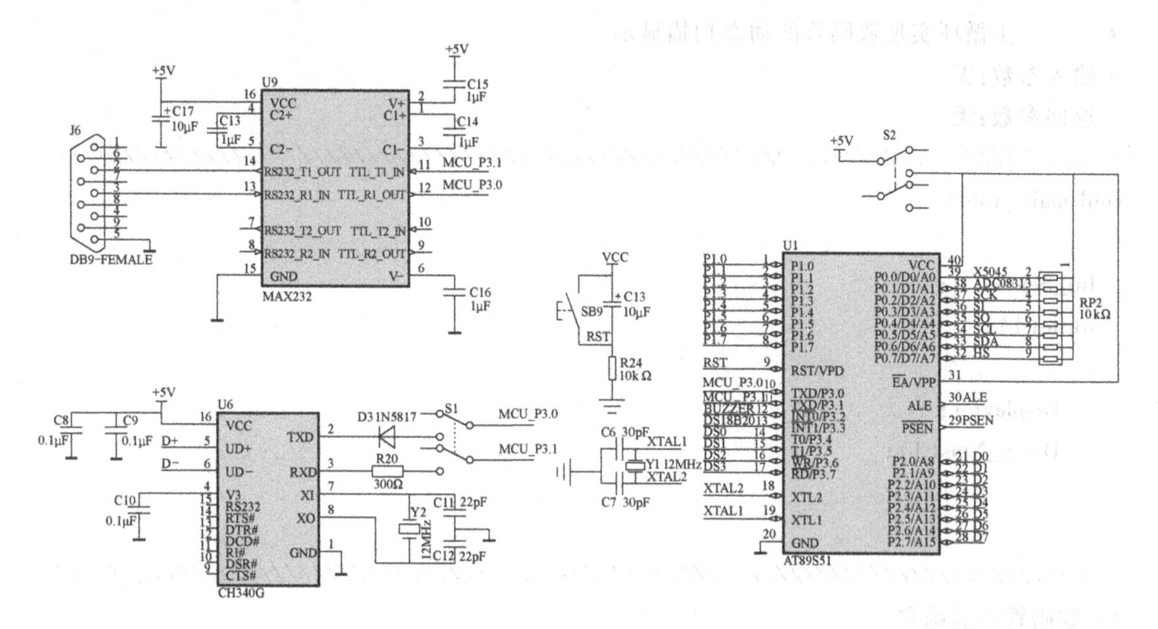

图 6-19 通信电路及单片机电路

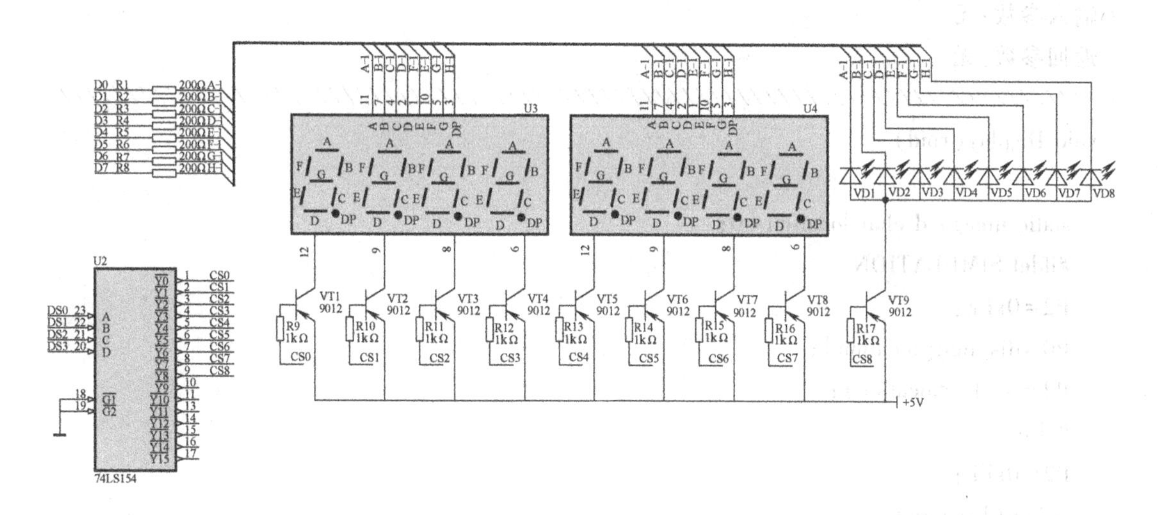

图 6-20 显示电路

```
#include"main.h"
//#define  SIMULATION
sbit  P34 =P3^4;
sbit  P35 =P3^5;
sbit  P36 =P3^6;
sbit  P37 =P3^7;
//////////////////////////////////////////////////////////////////////
/* 主函数
 * 功能:实现串口的初始化
```

```
*       主循环实现数码管的动态扫描显示
* 输入参数:无
  返回参数:无
*/////////////////////////////////////////////////////////////////////////////
void main(void)
{
  Ini_Searial();
  while(1)
  {
    Display();
    Delay_Nms(1);
  }
}
//////////////////////////////////////////////////////////////////////////////
/* 数码管显示函数
* 功能:将显示缓冲区的数据送到 8 个共阳数码管显示
* 输入参数:无
  返回参数:无
*/////////////////////////////////////////////////////////////////////////////
  void Display(void)
  {
    static unsigned char location=0;
    #ifdef SIMULATION
    P2=0xFF;
    P0=dis_buff[location];
    P2=~(1<<location);
    #else
    P2=0xFF;
    switch(location)
    {
    case 0:P34=0;
           P35=0;
           P36=0;
           P37=0;
           break;
    case 1:P34=1;
           P35=0;
           P36=0;
           P37=0;
```

```
            break;
    case 2:P34=0;
            P35=1;
            P36=0;
            P37=0;
            break;
    case 3:P34=1;
            P35=1;
            P36=0;
            P37=0;
            break;
    case 4:P34=0;
            P35=0;
            P36=1;
            P37=0;
            break;
    case 5:P34=1;
            P35=0;
            P36=1;
            P37=0;
            break;
    case 6:P34=0;
            P35=1;
            P36=1;
            P37=0;
            break;
    case 7:P34=1;
            P35=1;
            P36=1;
            P37=0;
            break;
    }
  P2=dis_buff[location];
  #endif
  if(location<7) location++;
  else       location=0;
}
////////////////////////////////////////////////////////////////////////////////
```

对原仿真电路程序进行修改，采用条件编译，如果硬件电路为仿真电路则，程序起始位置添加“#define　SIMULATION　1”，如果采用硬件电路调试则不添加该行程序。同时由于串行口使用P3.0、P3.1引脚，因此在进行显示时不能直接对P3端口进行整体的读写操作，因此只能单独对P3.4~P3.7进行操作，通过switch语句对P3.4~P3.7进行设置。将程序编译后，通过下载接口下载到单片机内。通过串口调试助手进行调试，如图6-21所示。发送数据后，接收到的数据与发送相同，同时在硬件的显示电路上可以看到显示的数据内容。

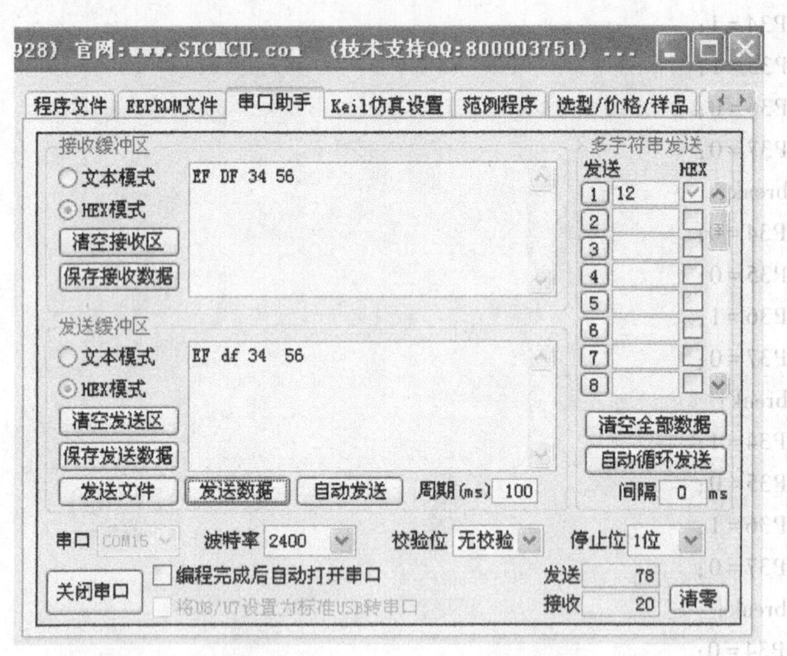

图6-21　串口助手进行发送调试

串口功能应用广泛，很多通信协议都是在RS-232或RS-485的通信协议基础上制定，如工业控制常用的ModBus协议等。

6.4　习题

1. MCS-51单片机的4种串口通信方式的特点各有哪些？

2. 串口通信与并口通信相比，优缺点各有哪些？

3. 串口通信方式1，晶振为11.0592MHz，波特率为9600bit/s，则定时器T1的初始值应设置为多少？

4. 如MCS-51单片机晶振为12MHz，串口通信方式为方式1，波特率为2400bit/s，则定时器T1的初始值应设置为多少，误差率为多少？

5. 设f_{soc}=11.0592MHz，试编写一段程序，其功能为对串行口初始化，使之工作于方式1，波特率为2400bit/s；并用查询串行口状态的方法，读出接收缓冲区的数据并回送到发送缓冲区。

第7章　数字电压表设计

教学导航

教	知识重点	1. A-D 转换的基本原理 2. A-DC0809 的功能 3. A-DC0831 的功能
	知识难点	1. A-D 转换的时序 2. A-D 转换结果的显示
	推荐教学方式	提出设计任务，分析设计方案，边讲解、边操作，现场编程调试
	建议学时	8 学时
学	推荐学习方法	根据设计任务，分步骤实现设计功能，先完成数据显示，再进行 A-D 转换，最后将测试结果通过数码管显示
	必须掌握的理论知识	A-D 转换的原理，A-DC0809、A-DC0831 的结构与功能
	必须掌握的技术能力	A-D 转换的时序分析与编程设计

在单片机控制系统中经常会用到传感器进行温度，湿度，压力等信号的检测，传感器的检测结果通常是电压或电流，经过转换电路进行放大处理后可以转换为 0~5V 的电压信号，通过检测电压信号的大小则可以获得测量的信号值。因此，A-D 转换经常被单片机控制系统中使用。

7.1　A-D 转换器的分类

常用的几种类型的 A-D 转换基本原理及特点：积分型、逐次逼近型、并行比较型/串并行型、Σ-Δ 调制型、电容阵列逐次比较型及压频变换型。

7.1.1　积分型

积分型 A-D 工作原理是将输入电压转换成时间（脉冲宽度信号）或频率（脉冲频率），然后由定时器/计数器获得数字值。其优点是用简单电路就能获得高分辨率，但缺点是由于转换精度依赖于积分时间，因此转换速率极低。初期的单片 A-D 转换器大多采用积分型，现在逐次比较型已逐步成为主流。

7.1.2　逐次比较型

逐次比较型 A-D 由一个比较器和 D-A 转换器通过逐次比较逻辑构成，从 MSB 开始，顺序地对每一位将输入电压与内置 D-A 转换器输出进行比较，经 n 次比较而输出数字值，其电路规模属于中等。其优点是速度较高、功耗低，在低分辨率（小于 12 位）时价格便宜，但高精度（大于 12 位）时价格很高。

7.1.3 并行比较型/串并行比较型

并行比较型 A-D 采用多个比较器，仅作一次比较而实行转换，又称 FLash（快速）型。由于转换速率极高，n 位的转换需要 2^{n-1} 个比较器，因此电路规模也极大，价格也高，只适用于视频 A-D 转换器等速度特别高的领域。

串并行比较型 A-D 结构上介于并行型和逐次比较型之间，最典型的是由两个 n/2 位的并行型 A-D 转换器配合 D-A 转换器组成，用两次比较实行转换，所以称为 Half flash（半快速）型。还有分成三步或多步实现 A-D 转换的叫作分级（Multistep/Subrangling）型 A-D，而从转换时序角度又可称为流水线（Pipelined）型 A-D，现代的分级型 A-D 中还加入了对多次转换结果作数字运算而修正特性等功能，这类 A-D 速度比逐次比较型高，电路规模比并行型小。

7.1.4 Σ-Δ 调制型

Σ-Δ 型 A-D 由积分器、比较器、1 位 D-A 转换器和数字滤波器等组成，原理上近似于积分型，将输入电压转换成时间（脉冲宽度）信号，用数字滤波器处理后得到数字值，电路的数字部分基本上容易单片化，因此容易做到高分辨率，主要用于音频和测量。

7.1.5 电容阵列逐次比较型

电容阵列逐次比较型 A-D 在内置 D-A 转换器中采用电容矩阵方式，也可称为电荷再分配型。一般的电阻阵列 D-A 转换器中多数电阻的值必须一致，在单芯片上生成高精度的电阻并不容易。如果用电容阵列取代电阻阵列，可以用低廉成本制成高精度单片 A-D 转换器。

7.1.6 压频变换型

压频变换型（Voltage-Frequency Converter）是通过间接转换方式实现模数转换的。其原理是首先将输入的模拟信号转换成频率，然后用计数器将频率转换成数字量。从理论上讲这种 A-D 的分辨率几乎可以无限增加，只要采样的时间能够满足输出频率分辨率要求的累积脉冲个数的宽度。其优点是分辨率高、功耗低、价格低，但是需要外部计数电路共同完成 A-D 转换。

7.2 A-D 转换器的主要技术指标

7.2.1 分辨率

分辨率（Resolution）是指数字量变化一个最小量时模拟信号的变化量，定义为满刻度与 2^n 的比值。分辨率又称精度，通常以数字信号的位数来表示。

7.2.2 转换率

转换速率（Conversion Rate）是指完成一次从模拟转换到数字的 A-D 转换所需的时间的

倒数。积分型 A-D 的转换时间是毫秒级属低速 A-D，逐次比较型 A-D 是微秒级属中速 A-D，全并行/串并行型 A-D 可达到纳秒级。采样时间则是另外一个概念，是指两次转换的间隔。为了保证转换的正确完成，采样速率（Sample Rate）必须小于或等于转换速率。常用单位是 kS/s 和 MS/s，表示采样千次每秒和百万次每秒。

7.2.3 量化误差

量化误差是由于 A-D 的有限分辨率而引起的误差，即有限分辨率 A-D 的阶梯状转移特性曲线与无限分辨率 A-D（理想 A-D）的转移特性曲线（直线）之间的最大偏差。通常是 1 个或半个最小数字量的模拟变化量，表示为 1LSB、1/2LSB。

7.2.4 偏移误差

偏移误差（Offset Error）输入信号为零时输出信号不为零的值，可外接电位器调至最小。

7.2.5 满刻度误差

满刻度误差（Full Scale Error）满度输出时对应的输入信号与理想输入信号值之差。

7.2.6 线性度

线性度（Linearity）实际转换器的转移函数与理想直线的最大偏移。

7.3 A-DC0808 的数字电压表设计

7.3.1 常用并行 A-D 转换器件的设计结构特点

为了满足多种需要，目前国内外各半导体器件生产厂家设计并生产出了多种多样的 A-DC 芯片。仅美国 A-D 公司的 A-DC 产品就有几十个系列、近百种型号之多。从性能上讲，它们有的精度高、速度快，有的则价格低廉。从功能上讲，有的不仅具有 A-D 转换的基本功能，还包括内部放大器和三态输出锁存器；有的甚至还包括多路开关、采样保持器等，已发展为一个单片的小型数据采集系统。

尽管 A-DC 芯片的品种、型号很多，其内部功能强弱、转换速度快慢、转换精度高低有很大差别，但从用户最关心的外特性看，无论哪种芯片，都必不可少地要包括以下四种基本信号引脚端：模拟信号输入端（单极性或双极性）；数字量输出端（并行或串行）；转换启动信号输入端；转换结束信号输出端。除此之外，各种不同型号的芯片可能还会有一些其他各不相同的控制信号端。选用 A-DC 芯片时，除了必须考虑各种技术要求外，通常还需了解芯片以下两方面的特性：

1）数字输出的方式是否有可控三态输出。有可控三态输出的 A-DC 芯片允许输出线与微型计算机系统的数据总线直接相连，并在转换结束后利用读数信号 RD 选通三态门，将转换结果送上总线。没有可控三态输出（包括内部根本没有输出三态门和虽有三态门、但外部不可控两种情况）的 A-DC 芯片则不允许数据输出线与系统的数据总线直接相连，而必须通过 I/O 接口与 MPU 交换信息。

2）启动转换的控制方式是脉冲控制式还是电平控制式。对脉冲启动转换的 A-DC 芯片，只要在其启动转换引脚上施加一个宽度符合芯片要求的脉冲信号，就能启动转换并自动完成。一般能和 MPU 配套使用的芯片，MPU 的 I/O 写脉冲都能满足 A-DC 芯片对启动脉冲的要求。对电平启动转换的 A-DC 芯片，在转换过程中启动信号必须保持规定的电平不变，否则，如中途撤销规定的电平，就会停止转换而可能得到错误的结果。为此，必须用 D 触发器或可编程并行 I/O 接口芯片的某一位来锁存这个电平，或用单稳等电路来对启动信号进行定时变换。

7.3.2 常用并行 A-D 转换器件 A-DC0808、A-DC0809

A-DC0808 和 A-DC0809 除精度略有差别外（前者精度为 8 位、后者精度为 7 位），其余各方面完全相同。它们都是 CMOS 器件，不仅包括一个 8 位的逐次逼近型的 A-DC 部分，而且还提供一个 8 通道的模拟多路开关和通道寻址逻辑，因而有理由把它作为简单的“数据采集系统”。利用它可直接输入 8 个单端的模拟信号分时进行 A-D 转换，在多点巡回检测和过程控制、运动控制中应用十分广泛。

1. 主要技术指标和特性

1）分辨率：8 位。

2）总的不可调误差：A-DC0808 为$\pm\frac{1}{2}$LSB，A-DC0809 为±1LSB。

3）转换时间：取决于芯片时钟频率，如 CLK=500kHz 时，$T_{CONV}=128\mu s$。

4）单一电源：+5V。

5）模拟输入电压范围：单极性 0~5V；双极性±5V、±10V（需外加一定电路）。

6）具有可控三态输出缓存器。

7）启动转换控制为脉冲式（正脉冲），上升沿使所有内部寄存器清零，下降沿使 A-D 转换开始。

8）使用时不需进行零点和满刻度调节。

2. 内部结构和外部引脚

A-DC0808/0809 的内部结构框图和外部引脚图分别如图 7-1 和图 7-2 所示。内部各部分的作用和工作原理在内部结构图中所示，下面仅对各引脚定义分述如下：

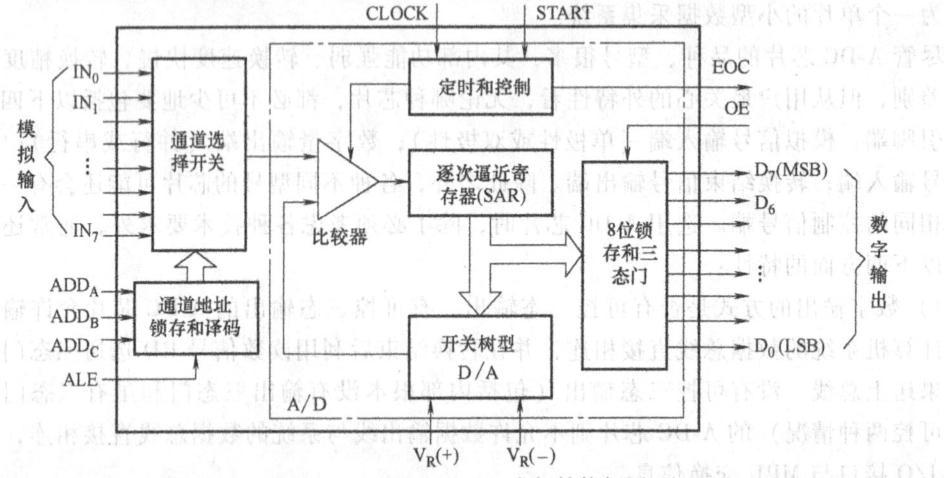

图 7-1 A-DC0808/0809 内部结构框图

1) $IN_0 \sim IN_7$：8 路模拟输入，通过 3 根地址译码线 $A\text{-}DD_A$、$A\text{-}DD_B$、$A\text{-}DD_C$ 来选通 8 路信号中的一路作为 A-D 转换的输入通道。

2) $D_7 \sim D_0$：A-D 转换后的数据输出端，为三态可控输出，故可直接和微处理器数据线连接。8 位排列顺序是 D_7 为最高位，D_0 为最低位。

3) $A\text{-}DD_A$、$A\text{-}DD_B$、$A\text{-}DD_C$：模拟通道选择地址信号，$A\text{-}DD_A$ 为低位，$A\text{-}DD_C$ 为高位。地址信号与选中通道对应关系如表 7-1 所示。

4) $V_R(+)$、$V_R(-)$：正、负参考电压输入端，用于提供片内 D-AC 电阻网络的基准电压。在单极性输入时，$V_R(+)=5V$，$V_R(-)=0V$；双极性输入时，$V_R(+)$、$V_R(-)$ 分别接正、负极性的参考电压。

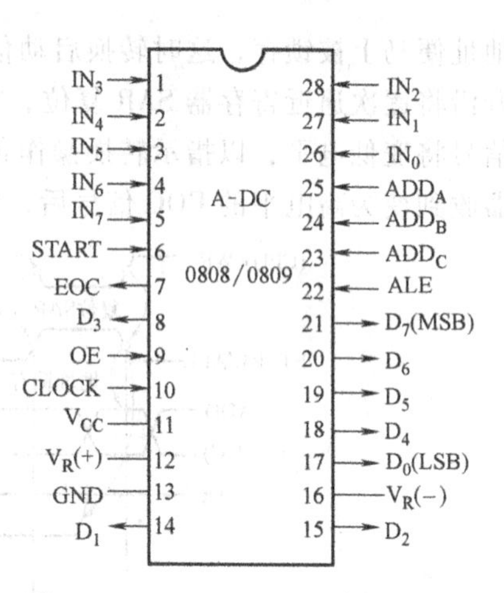

图 7-2 A-DC0808/0809 外部引脚图

表 7-1 地址信号与选中通道对应关系

地址			选中通道
$A\text{-}DD_C$	$A\text{-}DD_B$	$A\text{-}DD_A$	
0	0	0	IN_0
0	0	1	IN_1
0	1	0	IN_2
0	1	1	IN_3
1	0	0	IN_4
1	0	1	IN_5
1	1	0	IN_6
1	1	1	IN_7

5) ALE：地址锁存允许信号，高电平有效。当此信号有效时，A、B、C 三位地址信号被锁存，译码选通对应模拟通道。在使用时，该信号常和 START 信号连在一起，以便同时锁存通道地址和启动 A-D 转换。

6) START：A-D 转换启动信号，正脉冲有效。加于该端的脉冲的上升沿使逐次逼近寄存器清零，下降沿开始 A-D 转换。如正在进行转换时又接到新的启动脉冲，则原来的转换进程被中止，重新从头开始转换。

7) EOC：转换结束信号，高电平有效。该信号在 A-D 转换过程中为低电平，其余时间为高电平。该信号可作为被 CPU 查询的状态信号，也可作为对 CPU 的中断请求信号。在需要对某个模拟量不断采样、转换的情况下，EOC 也可作为启动信号反馈接到 START 端，但在刚加电时需由外电路第一次启动。

8) OE：输出允许信号，高电平有效。当微处理器送出该信号时，A-DC0808/0809 的输出三态门被打开，使转换结果通过数据总线被读走。在中断工作方式下，该信号往往是 CPU 发出的中断请求响应信号。

3. 工作时序与使用说明

A-DC0808/0809 的工作时序如图 7-3 所示。当通道选择地址有效时，ALE 信号一出现，地址便马上被锁存，这时转换启动信号紧随 ALE 之后（或与 ALE 同时）出现。START 的上升沿将逐次逼近寄存器 SAR 复位，在该上升沿之后的 2μs 加 8 个时钟周期内（不定），EOC 信号将变低电平，以指示转换操作正在进行中，直到转换完成后 EOC 再变高电平。微处理器收到变为高电平的 EOC 信号后，便立即送出 OE 信号，打开三态门，读取转换结果。

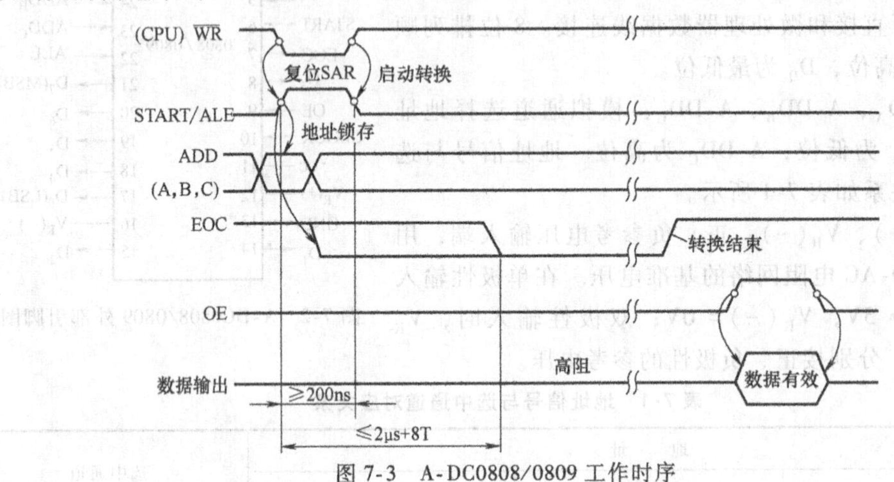

图 7-3　A-DC0808/0809 工作时序

7.3.3　仿真电路设计

采用 Proteus 绘制仿真电路。

数字电压表仿真电路如图 7-4 所示。

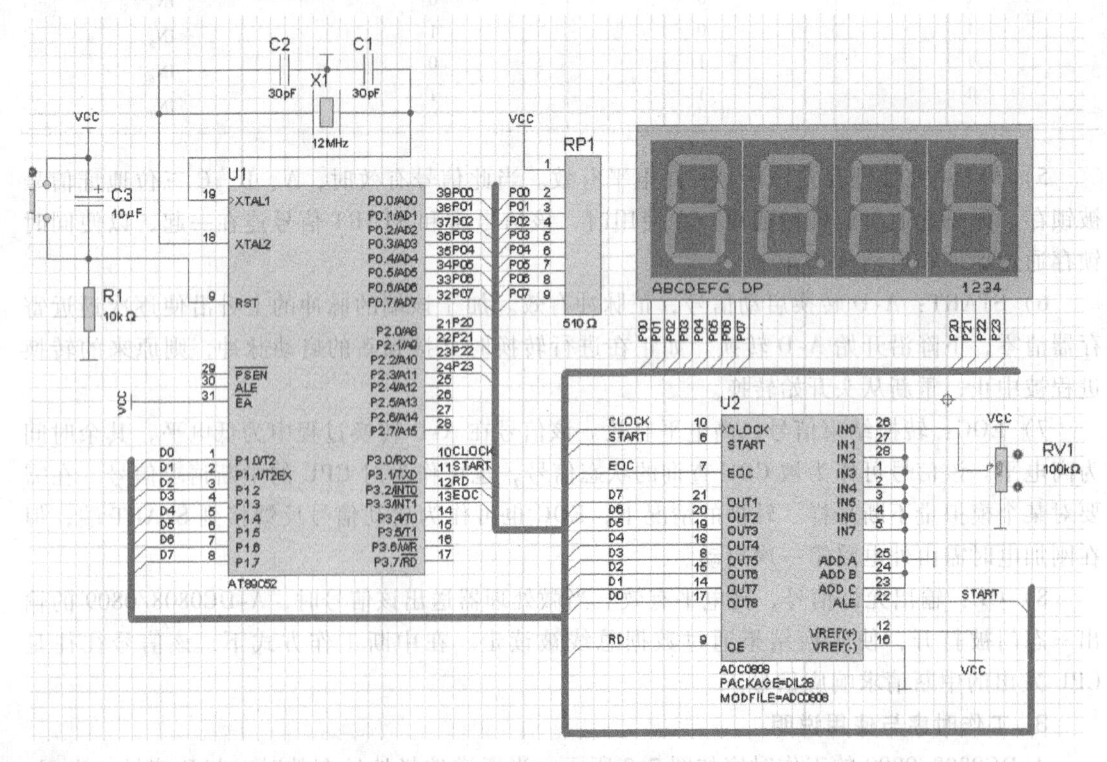

图 7-4　数字电压表仿真电路

图 7-4 中数码管采用 4 并联的共阴数码管，A-D 转换器采用 A-DC0808，OUT0 为输出高位，OUT7 为输出低位，模拟量电压采用电位器输出。P0 口接上拉电阻。元器件属性设置如图 7-5 所示。

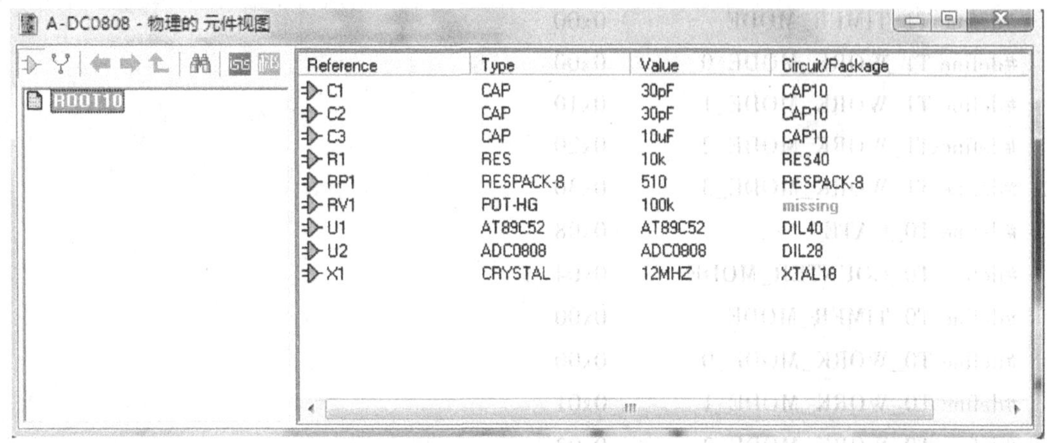

图 7-5　元器件属性设置

7.3.4　A-DC0808 的数字电压表程序设计

A-DC0808 数字电压表程序包括 A-D 转换函数，数码管显示函数，A-D 结果转换为显示码函数，主函数，T0 中断响应函数。

T0 中断函数实现 A-DC0808A-D 转换的时钟脉冲信号，T0 每次溢出后将时钟端取反，当 T0 溢出 20 次后调用一次数码管显示函数。

根据硬件电路连接关系，对控制引脚进行设置。

通过对头文件“REG51. H”进行修改，增加宏定义设置。

```
////////////////////////////////////TCON 寄存器定义////////////////////////////////
#define TCON_TF1          0x80
#define TCON_TR1          0x40
#define TCON_TF0          0x20
#define TCON_TR0          0x10
#define TCON_IE1          0x08
#define TCON_IT1          0x04
#define TCON_IE0          0x02
#define TCON_IT0          0x01
/////////////////////////////////////IE 寄存器定义/////////////////////////////////
#define IE_EA           0x80
#define IE_ES           0x10
#define IE_ET1          0x08
#define IE_EX1          0x04
#define IE_ET0          0x02
#define IE_EX0          0x01
```

```
/////////////////////////////////TMOD 寄存器定义//////////////////////////////////
    #define T1_GATE                  0x80
    #define T1_COUNTER_MODE          0x40
    #define T1_TIMER_MODE            0x00
    #define T1_WORK_MODE_0           0x00
    #define T1_WORK_MODE_1           0x10
    #define T1_WORK_MODE_2           0x20
    #define T1_WORK_MODE_3           0x30
    #define T0_GATE                  0x08
    #define T0_COUNTER_MODE          0x04
    #define T0_TIMER_MODE            0x00
    #define T0_WORK_MODE_0           0x00
    #define T0_WORK_MODE_1           0x01
    #define T0_WORK_MODE_2           0x02
    #define T0_WORK_MODE_3           0x03
//////////////////////////////////IP 寄存器定义////////////////////////////////////
    #define   IP_PS                  0x10
    #define   IP_PT1                 0x08
    #define   IP_PX1                 0x04
    #define   IP_PT0                 0x02
    #define   IP_PX0                 0x01
    ///////////////////////////////////////////////////////////////////////////////
```

通过增加系统提供的头文件内容，在进行编程时可以不需要查看硬件寄存器的具体内容，可以提高编程效率，并可以实现程序的快速移植。

编写自定义的头文件“MAIN. H”，将宏定义，声明等内容保存在该头文件中。

```
    #ifndef MAIN_H
    #define MAIN_H      1
//////////////////////////////////////////////////////////////////////////////////
    typedef unsigned char uchar;
    typedef unsigned int uint;
////////////////////////////////硬件端口的宏定义////////////////////////////////////
    sbit CLOCK=P3^0;
    sbit START=P3^1;
    sbit R_D   =P3^2;
    sbit EOC   =P3^3;
    #define DISPLAY_SEGMENT              P0
    #define DISPLAY_LOCAL                P2
    #define AD-DATA                      P1
```

```
///////////////////////////////////数值及操作的宏定义///////////////////////////////
    #define TIMER0_INI_VALUE              252
    #define TIMER0_TIME_COUNT             20
    #define TIMER0_RUN                    TR0=1
    #define TIMER0_STOP                   TR0=0
    #define PULSE_HEIGH                   1
    #define PULSE_LOW                     0
    #define TRUE                          1
    #define FALSE                         0
    #define  DISPLAY_LAST_NUMBER          3
    #define  DISPLAY_FIRST_NUMBER         0
    #define  DISPLAY_MAX_NUMBER           4
//////////////////////////////////////内部函数声明//////////////////////////////////
    void              Delay_Nms(unsigned int  n);
    unsigned char     AD_Detect(void);
    void              AD_Treat(unsigned char AD-value);
    void              Ini_Timer0(void);
    void              Display(void);
///////////////////////////////////////全局变量定义/////////////////////////////////
    unsigned char AD_result=0;
    unsigned char code
    distab[10]={0x3f,0x06,0x5b,0x4f,0x66,0x6d,0x7d,0x07,0x7f,0x6f};
    //共阴数码管显示码
    unsigned char dis_buff[4],timer0_counter=TIMER0_TIME_COUNT;
////////////////////////////////////////////////////////////////////////////////////
    #endif
```

根据电路的结构分析，采用的数码管为共阴结构，因此显示码定义为共阴显示码。

```
unsigned char code
distab[10]={0x3f,0x06,0x5b,0x4f,0x66,0x6d,0x7d,0x07,0x7f,0x6f};
```

定义全局变量。

将 A-D 转换的函数及主函数保存在“MAIN. C”源文件中，并在源文件起始位置加入包含的头文件。

```
#include" reg51. h"
#include"main. h"
```

由于两个文件是用户修改过的文件或自己建立的文件，两个文件保存在用户文件里，因此包含格式用双引号。

定时器 T0 中断响应程序。该程序产生了 A-D 转换所需要的时钟信号，每个时钟信号的周期为 8 个机器周期。同时每 160 个机器周期切换一个数码管的显示功能，实现 A-D 转换结果的显示。

```
/////////////////////////////////////////////////////////////////////////////////
/*定时器 T0 中断响应函数
 *功能:定时 1ms,并调用显示函数,实现数码管的显示
 *输入参数:无
 *返回参数:无
*////////////////////////////////////////////////////////////////////////////////
    void Timer0(void) interrupt 1
    {
      CLOCK=~CLOCK;
      timer0_counter--;
      if(timer0_counter==0)
      {
        timer0_counter=TIMER0_TIME_COUNT;
        Display();
      }
/////////////////////////////////////////////////////////////////////////////////
```

A-D 转换函数进行 A-D 转换控制,A-D 转换结束后返回 A-D 转换值。

```
/////////////////////////////////////////////////////////////////////////////////
/*A-D 转换函数
 *功能:实现 A-DC0808 的 A-D 转换功能
 *输入参数:无
 *返回参数:无符号字符型
*////////////////////////////////////////////////////////////////////////////////
unsigned char AD_Detect(void)
{
   unsigned char i,result;
   START=PULSE_LOW;
   START=PULSE_HEIGH;
   for(i=10;i>0;i--);
   START=PULSE_LOW;
   EOC=PULSE_HEIGH;
   for(i=255;i>0;i--);
   while(EOC==PULSE_LOW);
   for(i=255;i>0;i--);
   R_D  =PULSE_HEIGH;
   for(i=100;i>0;i--);
   result=AD_DATA;
   R_D  =PULSE_LOW;
   return(result);
}
```

```
////////////////////////////////////////////////////////////////////////////////
```

将 A-D 转换显示码后才能进行硬件的显示操作。由于 A-D 转换的结果是 0~255，对应的电压输入范围为 0~5V。由于单片机的数据处理能力较差，因此在数据处理过程中将数据以整形的方式进行处理，处理后 A-D 值 0~255 被转换为 0~500，显示时将第一位数据显示的同时显示对应的小数点，则对应结果显示为“0.00U~05.00U”。

```
////////////////////////////////////////////////////////////////////////////////
/* 转换功能函数
 * 功能:      实现将 A-D 转换结果转换为电压值,并保存在显示缓冲区
 * 输入参数:无
 * 返回参数:无
*////////////////////////////////////////////////////////////////////////////////
   voidA-D_Treat( unsigned char A-Dvalue)
   {
     unsigned   int temp;
     unsigned char temp1;
     temp=( unsigned   int ) A-Dvalue * 196;
     temp1=temp%100;
     temp=temp/100;
     if(temp1>50) temp++;                        //余数大于 50 则结果加 1
     dis_buff[0]=distab[temp/100]+0x80;
     dis_buff[1]=distab[temp%10];
     dis_buff[2]=distab[(temp/10)%10];
     dis_buff[3]=0x3e;       //显示"U"
   }
////////////////////////////////////////////////////////////////////////////////
```

数码管显示函数实现数码管的显示功能。

```
////////////////////////////////////////////////////////////////////////////////
/* 显示函数
 * 功能:实现数码管的动态显示,该数码管为共阴极结构,电路结构
 * 决定最多驱动 8 个数码管显示
 * 输入参数:无
 *  返回参数:无
*///////////////////////////////////////////////////////////////////////////////
void Display(void)
 {
  static unsigned char display_local=0;
  DISPLAY_LOCAL =   0xff;                           //熄灭数码管
  DISPLAY_SEGMENT = dis_buff[display_local];        //显示数据
  DISPLAY_LOCAL    = ~(1<<display_local);           //切换显示位置
```

```
++display_local;
if(display_local = =DISPLAY_MAX_NUMBER)      //修改显示位置参数
display_local=DISPLAY_FIRST_NUMBER;
}
////////////////////////////////////////////////////////////////////////////
```

初始函数完成对定时器 T0 的初始化。

```
////////////////////////////////////////////////////////////////////////////
/*定时器 T0 的初始化函数
 *功能:实现定时器 T0 定时功能,溢出时间为 4 个机器周期,从而实现时钟的功能
 *        CLOCK 的输出周期为 8 个时钟周期
 * 输入参数:无
 * 返回参数:无
*////////////////////////////////////////////////////////////////////////////
void Ini_Timer0(void)
{
   TMOD=T0_WORK_MODE_2;
   IE   =IE_EA+IE_ET0;
   TH0  =TIMER0_INI_VALUE;
   TL0  =TIMER0_INI_VALUE;
   IP=IP_PX0;
   TIMER0_RUN;
}
////////////////////////////////////////////////////////////////////////////
```

主程序实现定时器中断的初始化后调用 A-D 转换函数及 A-D 转换结果转换为显示码函数。

```
////////////////////////////////////////////////////////////////////////////
/*主函数
 *功能:实现定时器 T0 定时初始化
 *        主循环实现 A-D 转换结果的读取,A-D 转换结果转换为显示码
 *        显示功能在 T0 中断响应程序中完成
 * 输入参数:无
 * 返回参数:无
*////////////////////////////////////////////////////////////////////////////
void main()
{
  unsigned char AD_value=0;
  Ini_Timer0();
  while(TRUE)
  {
    AD_value= AD_Detect();
```

```
    AD_Treat(AD_value);
  }
}
////////////////////////////////////////////////////////////////////////
```

7.3.5 A-DC0808 的数字电压表仿真调试

将程序编译通过后，在 Proteus 中，添加编译后的文件，并进行调试，通过调整电位器的电位，观察显示结果，使用 A-DC0808 仿真结果如图 7-6 所示。

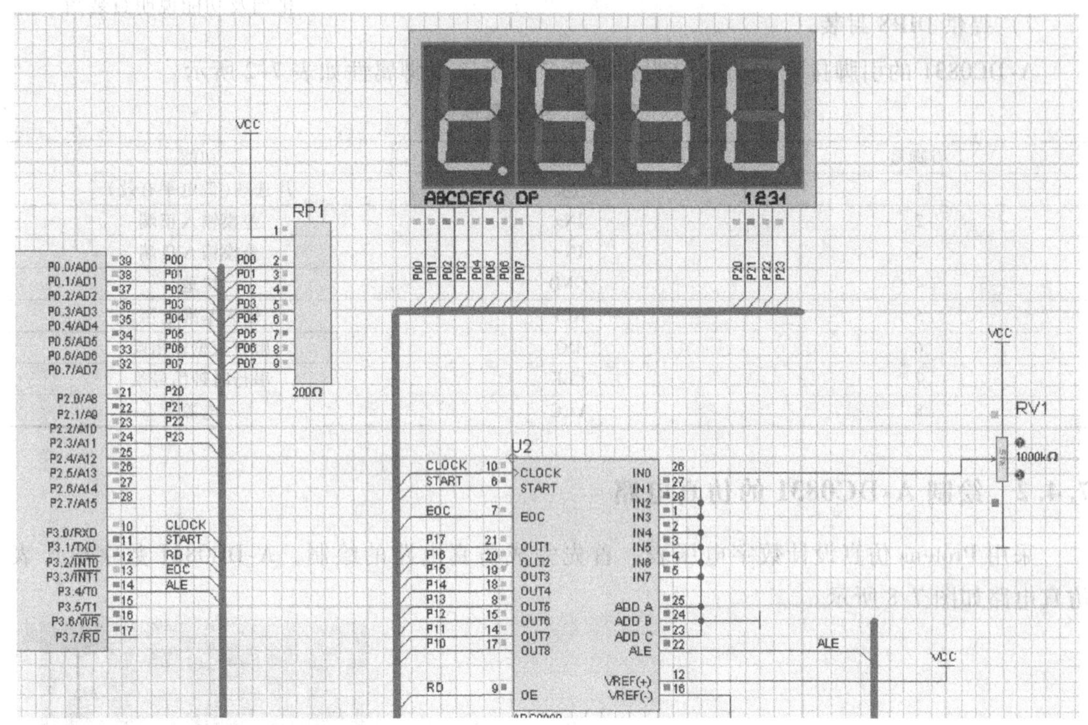

图 7-6 使用 A-DC0808 仿真结果

7.4 Proteus 仿真设计基于 A-DC0831 的数字电压表

并行 A-D 转换占用单片机较多的 I/O 端口，而采用串行口通信的芯片则占用较少的单片机 I/O 端口资源。A-DC0831 只需要两根数据线即可实现通信。

7.4.1 串行 A-D 转换 A-DC0831 介绍

A-D 转换芯片 A-DC0831 是八位逐次逼近式 A-D 转换器，它有一个差分输入通道，串行输出配置为与标准移位寄存器或微处理器兼容的 Microwire 总线接口，极性设置固定，不需寻址。其内部有一采样数据比较器将输入的模拟信号微分比较后转换为数字信号。模拟电压的差分输入方式有利于抑制共模信号和减少或消除转换的偏移误差，而且电压基准输入可调，使得小范围模拟电压信号转化时的分辨率更高。由于标准移位寄存器或微处理器将时间变化的数字信号分配到串口输出，当 IN−接地时为单端工作，此时 IN+为输入，也可将信号差分后输入到 IN+与 IN-之间，此时器件处于双端工作状态。

其特点如下：

1）8 位分辨率；

2）单通道差输入；

3）5V 的电源提供 0~5V 可调基准电压；

4）输入和输出可与 TTL 和 CMOS 电平兼容；

5）时钟频率为 250kHz 下，转换时间为 32μs；

6）总失调误差为 1LSB；

7）提供 DIP8 封装。

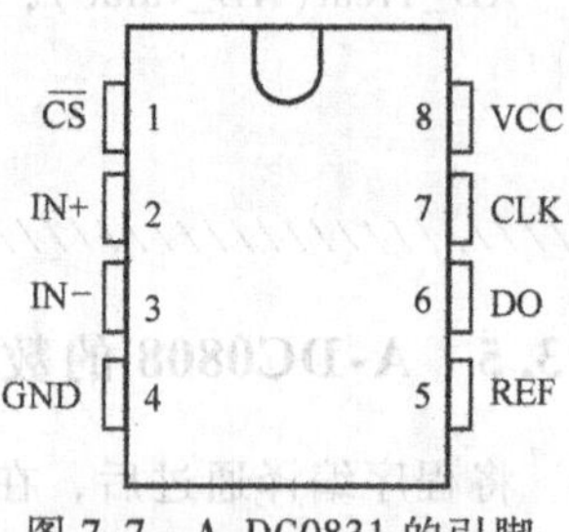

图 7-7 A-DC0831 的引脚排列及功能说明封装图

A-DC0831 的引脚排列及功能说明如图 7-7 所示。引脚属性如表 7-2 所示。

表 7-2 引脚属性

引脚号	符号	功能
1	$\overline{CS}$	片选端(低电平有效)
2	IN+	差模输入正端
3	IN−	差模输入负端
4	GND	接地
5	REF	输入基准电压
6	DO	串行数据输出端
7	CLK	串行时钟信号端
8	VCC	电源

7.4.2 绘制 A-DC0831 的仿真电路

采用 Proteus 仿真设计数字电压表，首先完成仿真电路的绘制，A-DC0831 数字电压表仿真电路如图 7-8 所示。

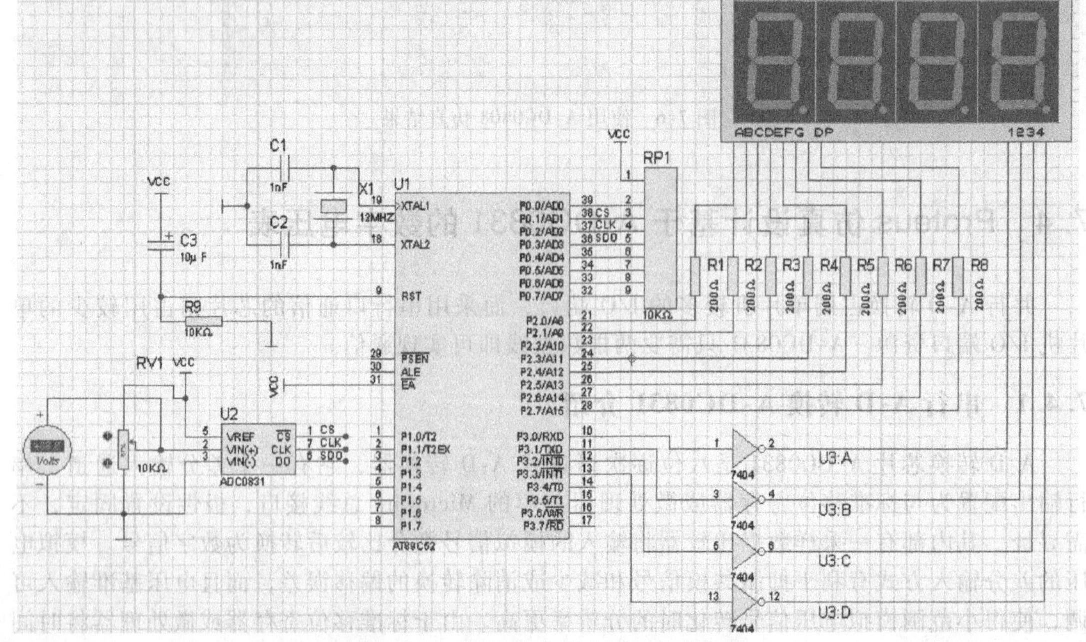

图 7-8 A-DC0831 数字电压表仿真电路

仿真电路的元器件属性如图 7-9 所示。

数字电压表 - 物理的 元件视图

ROOT10

Reference	Type	Value	Circuit/Package
C1	CAP	1nF	CAP10
C2	CAP	1nF	CAP10
C3	A700D157M004ATE018	10u	CAPMP7343X310
R1	RES	200	RES40
R2	RES	200	RES40
R3	RES	200	RES40
R4	RES	200	RES40
R5	RES	200	RES40
R6	RES	200	RES40
R7	RES	200	RES40
R8	RES	200	RES40
R9	RES	10k	RES40
RP1	RESPACK-8	10K	RESPACK-8
RV1	POT-HG	1k	missing
U1	AT89C52	AT89C52	DIL40
U2	ADC0831	ADC0831	DIL08
U3:A	7404	7404	DIL14
U3:B	7404	7404	DIL14
U3:C	7404	7404	DIL14
U3:D	7404	7404	DIL14
X1	CRYSTAL	12MHZ	XTAL18

图 7-9　仿真电路的元器件属性

7.4.3　设计基于 A-DC0831 数字电压表的仿真程序

根据电路连接关系，在设计项目中的“MAIN. H”文件中定义引脚。

```
#ifndef MAIN_H
#define MAIN_H      1
////////////////////////////////////////////////////////////////////////////
typedef unsigned char uchar;
typedef unsigned int uint;
/////////////////////////////////////硬件端口的宏定义/////////////////////////////
sbit AD_CLK   =   P0^2;
sbit AD_CS    =   P0^1;
sbit AD_DO    =   P0^3;
#define DISPLAY_SEGMENT              P2
#define DISPLAY_LOCAL                P3
////////////////////////////////////数值及操作的宏定义/////////////////////////////
#define TH0_VALUE                (65536-1000)/256
#define TL0_VALUE                (65536-1000)%256
#define TIMER0_RUN               TR0=1
#define TIMER0_STOP              TR0=0
#define PULSE_HEIGH              1
#define PULSE_LOW                0
#define TRUE                     1
```

```
#define FALSE                          0
#define  DISPLAY_LAST_NUMBER           3
#define  DISPLAY_FIRST_NUMBER          0
#define  DISPLAY_MAX_NUMBER            4
//////////////////////////////////内部函数声明//////////////////////////////////
unsigned char     AD_Detect(void);
void              AD_Treat(unsigned char AD_value);
void              Ini_Timer0(void);
void              Display(void);
void              Delay(void);
///////////////////////////////////全局变量定义/////////////////////////////////
   unsigned char code distab[10] = {0xc0,0xf9,0xa4,0xb0,0x99,0x92,0x82,0xf8,0x80,0x90};
   //共阳数码管 unsigned char data dis_buff[4];
   unsigned char AD_result;
#endif
//////////////////////////////////////////////////////////////////////////////
```

数字电压表的设计程序主要包括 A-D 转换程序，A-D 转换结果转换为显示码程序，显示程序。通过定时器 T0 定时 1ms，每次溢出切换一个数码管的显示，一共 4 个数码管，显示周期为 4ms，刷新频率为 125Hz，因此看不到闪烁，显示程序的调用，在 T0 中断响应程序中完成。A-D 转换程序和 A-D 结果转换为显示码程序在主程序的循环中，主程序的循环中加入延时 1ms 的延时程序。主要函数保存在“MAIN. C”源文件中。

```
#include "reg51.h"
#include "main.h"
//////////////////////////////////////////////////////////////////////////////
/*主函数
 *功能:实现定时器 T0 定时初始化
 *       主循环实现 A-D 转换结果的读取,A-D 转换结果转换为显示码
 *       显示功能在 T0 中断响应程序中完成
 *输入参数:无
  返回参数:无
*/////////////////////////////////////////////////////////////////////////////
void main()
{
   Ini_Timer0();
   while(TRUE)
   {
     AD_result=AD_Detect();
     AD_Treat(AD_result);
     Delay();
```

```
    }
}
////////////////////////////////////////////////////////////////////////////////
/*    定时器 T0 中断响应函数
 *    功能:定时 1ms,并调用显示函数,实现数码管的显示
 *    输入参数:无
      返回参数:无
*////////////////////////////////////////////////////////////////////////////////
void   timer0(void) interrupt 1
{
  TH0=TH0_VALUE;
  TL0=TL0_VALUE;
  Display();
}
////////////////////////////////////////////////////////////////////////////////
```

根据 A-DC0831 的时序波形编写 A-D 转换程序，在 CS=0 后的第一个时钟信号后完成转换，读出数据的顺序是先输出高位，最后输出低位，在时钟的低电平区间输出 A-D 转换结果。A-DC0831 转换时序如图 7-10 所示。

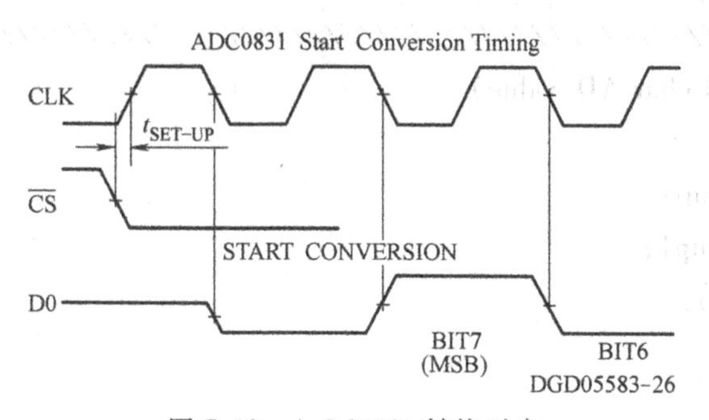

图 7-10　A-DC0831 转换时序

```
////////////////////////////////////////////////////////////////////////////////
/*    A-D 转换函数
 *    功能:实现 A-DC0831 的 A-D 转换功能
 *    输入参数:无
 *    返回参数:无符号字符型
*////////////////////////////////////////////////////////////////////////////////
unsigned char AD_Detect()
{
    unsigned char data AD_value=0;
    unsigned char i;
     AD_DO    =PULSE_HEIGH;
     AD_CLK=PULSE_LOW;
```

```
    AD_CS   = PULSE_LOW;
    AD_CLK= PULSE_HEIGH;
    AD_CLK=PULSE_LOW;
    for(i=0;i<8;i++)
      {
        AD_CLK = PULSE_HEIGH;
        AD_CLK = PULSE_LOW;
        AD_value = AD_value<<1 ;
        if(AD_DO)   AD_value = AD_value++;
      }
    AD_CS = PULSE_HEIGH;
    return(AD_value);
}
//////////////////////////////////////////////////////////////////////////////
/*   转换功能函数
 *   功能:   实现将 A-D 转换结果转换为电压值,并保存在显示缓冲区
 *   输入参数:无
     返回参数:无
*/////////////////////////////////////////////////////////////////////////////
void AD_Treat(unsigned char AD_value)
{
  unsigned long data temp;
  unsigned char data temp1;
  temp=AD_value * 196;
  temp1=temp%100;
  temp=temp/100;
  if(temp1>50) temp++;
  dis_buff[2]=distab[temp%10];
  dis_buff[1]=distab[temp/10%10];
  dis_buff[0]=distab[temp/100]-0x80;
  dis_buff[3]=0xc1;    //显示"U"
}
//////////////////////////////////////////////////////////////////////////////
/*   显示函数
 *   功能:实现数码管的动态显示,该数码管为共阳极结构,电路结构
 *   决定最多驱动 8 个数码管显示
 *   输入参数:无
 *   返回参数:无
*/////////////////////////////////////////////////////////////////////////////
```

```
void Display(void)
{
 static uchar location=0;
 DISPLAY_SEGMENT=0xff;
 DISPLAY_LOCAL=~(1<<location);
 DISPLAY_SEGMENT=dis_buff[location];
 location++;
 if(location==DISPLAY_MAX_NUMBER) location=DISPLAY_FIRST_NUMBER;
}
////////////////////////////////////////////////////////////////////////////////////
/*   延时函数
 *   功能:延时时间大约 1ms
 *   输入参数:无
 *   返回参数:无
*///////////////////////////////////////////////////////////////////////////////////
void Delay(void)
{
 uchar i,j;
 for(i=2;i>0;i--)
 for(j=250;j>0;j--);
}
////////////////////////////////////////////////////////////////////////////////////
/*   定时器 T0 的初始化函数
 *   功能:实现定时器 T0 定时功能,定时时间为 1ms
 *   输入参数:无
     返回参数:无
*///////////////////////////////////////////////////////////////////////////////////
void Ini_Timer0(void)
{
    TMOD = T0_WORK_MODE_1;
    IE   = IE_EA+IE_ET0;
    TH0  = TH0_VALUE;
    TL0  = TL0_VALUE;
    TIMER0_RUN;
}
////////////////////////////////////////////////////////////////////////////////////
```

7.4.4 仿真调试 A-DC0831 的数字电压表

将程序编译后添加到 Proteus 仿真电路的单片机中，进行调试，仿真调试 A-DC0831 数字电压表如图 7-11 所示。通过观察比较数码管显示的电压值与仿真电路中的数字电压表显示结果相同。

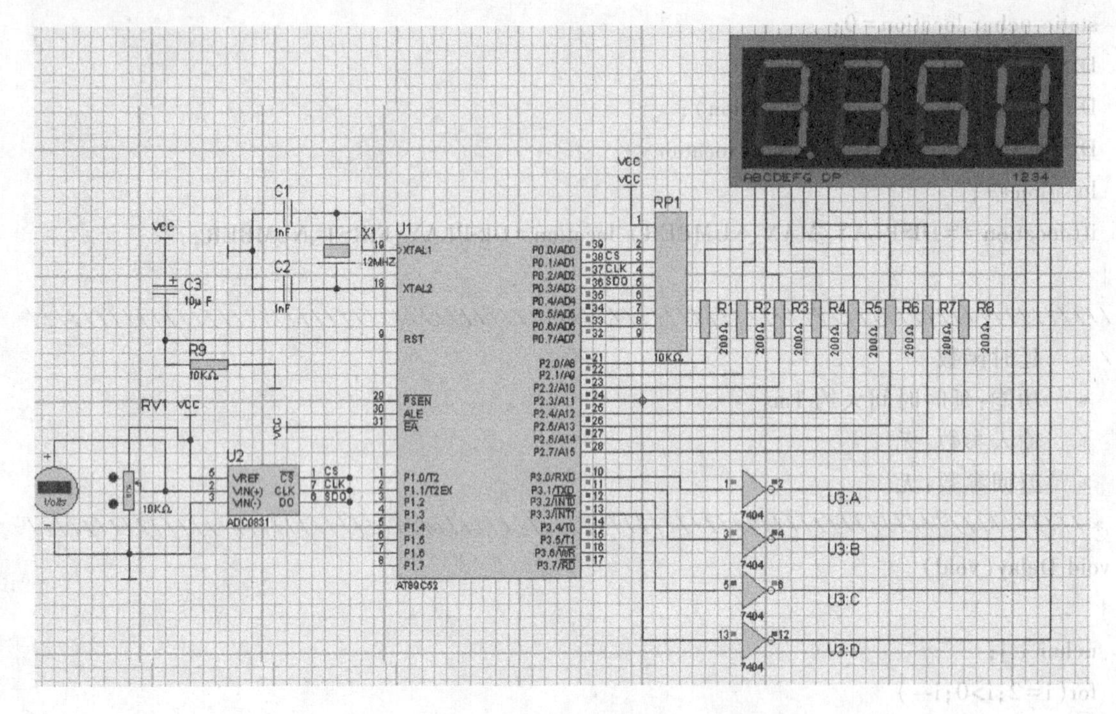

图 7-11　仿真调试 A-DC0831 数字电压表

7.5　采用系统开发板设计数字电压表

系统开发板单片机硬件电路板连接的电路如图 7-12 和图 7-13 所示。与仿真电路的端口连接相同，因此仿真电路的 A-D 转换程序可以直接移植过来使用。

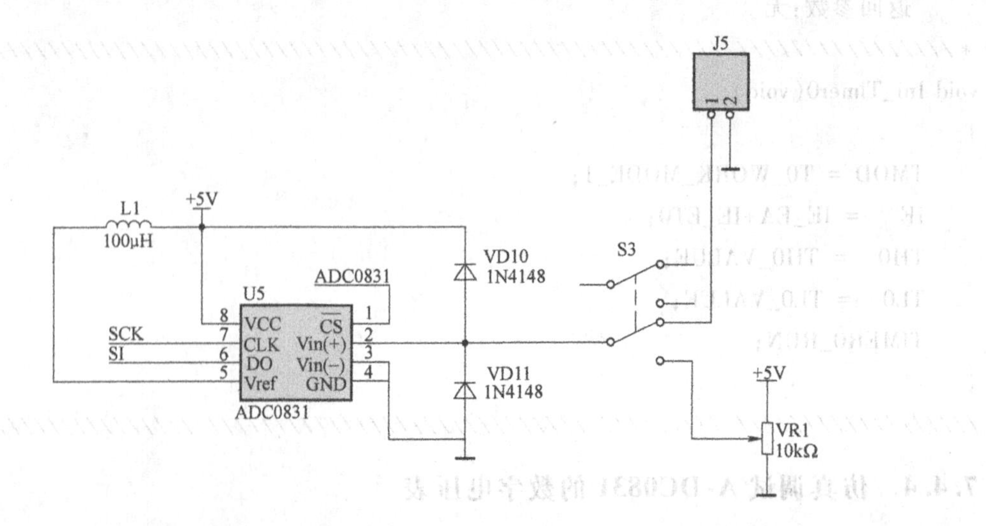

图 7-12　A-DC0831 电路

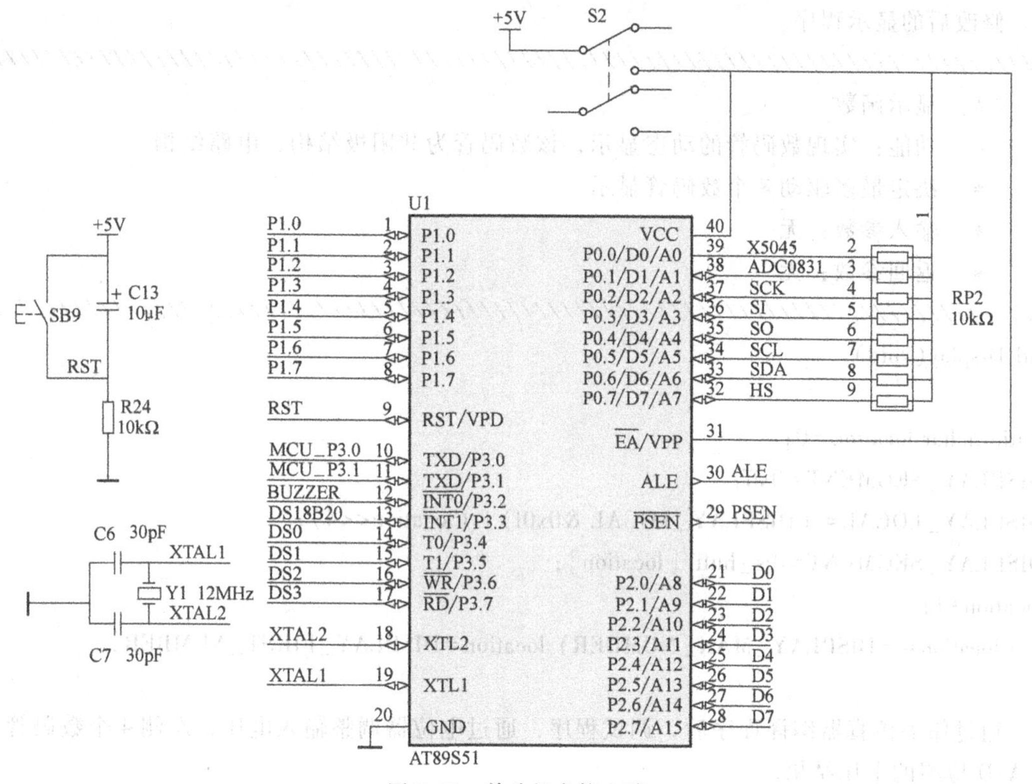

图 7-13 单片机主控电路

数码管显示电路如图 7-14 所示。数码管的笔段驱动端由 P2 驱动，显示的位置选择由 P3 口的 P3.4~P3.7 选择，通过该显示电路显示 A-D 转换结果，需要修改显示程序，由于系统板有 8 个数码管，而作为数字电压表使用，仅需要使用 4 个数码管，而且仅使用右边的四个。

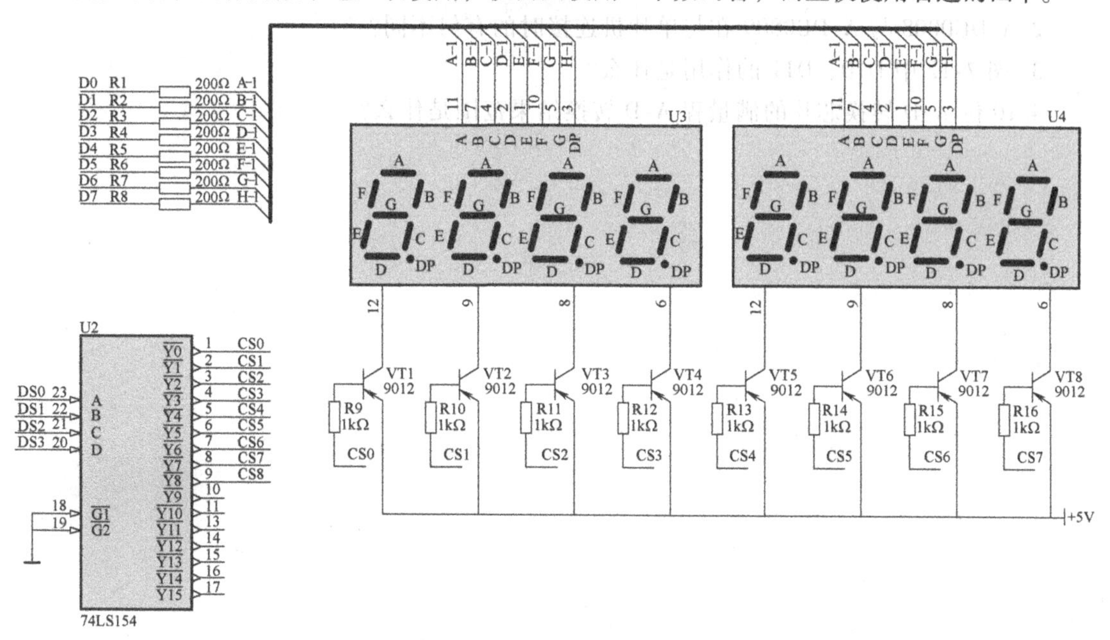

图 7-14 数码管显示电路

修改后的显示程序。

```
//////////////////////////////////////////////////////////////////////////
    /*   显示函数
     *   功能：实现数码管的动态显示，该数码管为共阳极结构，电路结构
     *   决定最多驱动8个数码管显示
     *   输入参数：无
     *   返回参数：无
*/////////////////////////////////////////////////////////////////////////
void Display(void)
{
 static uchar location=0;
 DISPLAY_SEGMENT=0xff;
 DISPLAY_LOCAL=(DISPLAY_LOCAL &0x0f) | (location<<4);
 DISPLAY_SEGMENT=dis_buff[location];
 location++;
 if (location= =DISPLAY_MAX_NUMBER) location=DISPLAY_FIRST_NUMBER;
}
```

通过伟福仿真器编译程序后，调试程序，通过电位器调整输入电压，左侧4个数码管显示A-D检测的电压结果。

7.6 习题

1. 试述A-D转换器的种类和特点。

2. A-DC0808与A-DC0809在与单片机连接时的有何不同？

3. 图7-12中D10、D11的作用是什么？

4. 10位A-D转换芯片的满量程A-D转换结果范围是什么？

第8章　数字温度计设计

教学导航

教	知识重点	1. 单总线协议 2. DS18B20的结构 3. DS18B20的时序
	知识难点	1. DS18B20的读写时序 2. DS18B20的读写编程操作
	推荐教学方式	提出设计任务，分析设计方案，讲解DS18B20的结构，DS18B20的命令，DS18B20的复位、读、写时序，根据时序编写复位程序，读、写程序。编写读温度程序、显示温度程序
	建议学时	8学时
学	推荐学习方法	根据设计任务，分步骤实现设计功能，先完成数据显示程序设计，编写调试DS18B20的读写程序，调试正确后编写温度读取程序，最后将温度检测结果通过数码管显示
	必须掌握的理论知识	DS18B20的结构，DS18B20的复位、读、写时序
	必须掌握的技术能力	根据器件时序图及命令编写复位、读、写程序操作

8.1　DS18B20的介绍

在单片机控制系统中，经常会需要温度检测，如蔬菜大棚的环境温度检测、水温检测等。温度传感器的种类众多，DALLAS（达拉斯）公司生产的DS18B20温度传感器以其超小的体积、超低的硬件开销、抗干扰能力强、精度高、附加功能强等优势被广泛应用。该器件采用单总线协议访问，被广泛应用于气体、液体等温度检测。

8.1.1　DS18B20的主要特征

1. DS18B20的特点

DS18B20温度传感器采用全数字温度转换及输出；先进的单总线数据通信方式通信；最高可以达到12位分辨率，精度可达±0.5℃，12位分辨率时的最大工作周期为750ms；可选择寄生工作方式工作；检测温度范围为-55～+125℃（-67～+257℉）；内置E^2PROM，具有限温报警功能；64 位光刻 ROM，内置产品序列号，方便多机挂接；多样封装形式，适应不同硬件系统。

DS18B20 外部引脚结构图如图 8-1 所示。

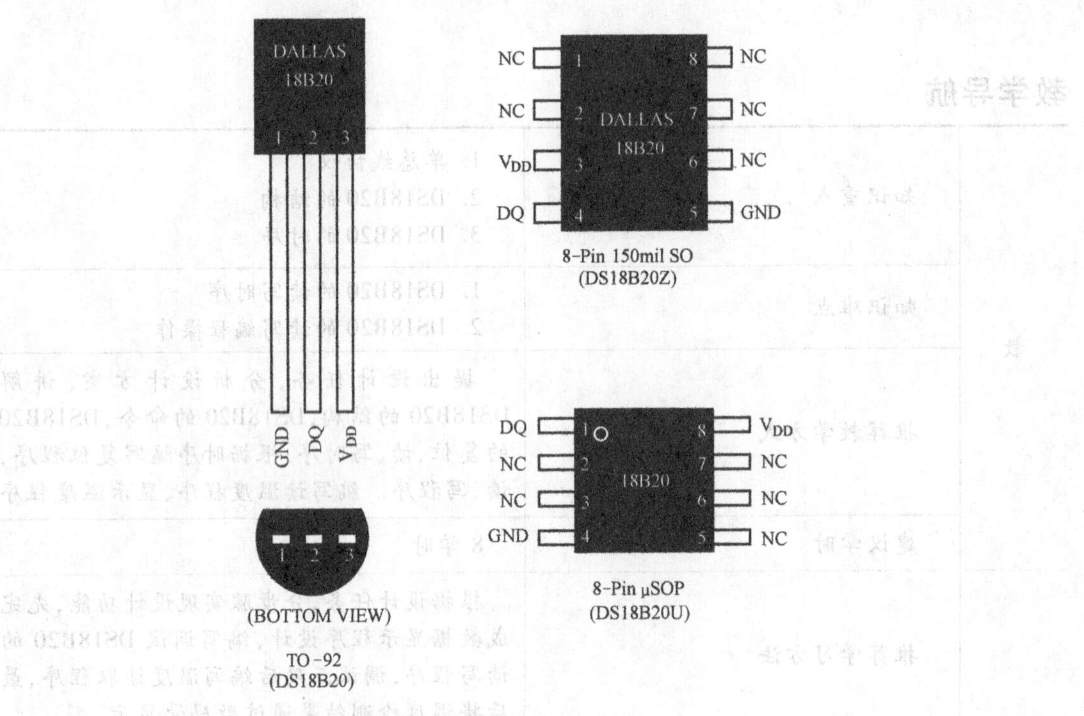

图 8-1　DS18B20 外部引脚结构图

DS18B20 内部结构图如图 8-2 所示。

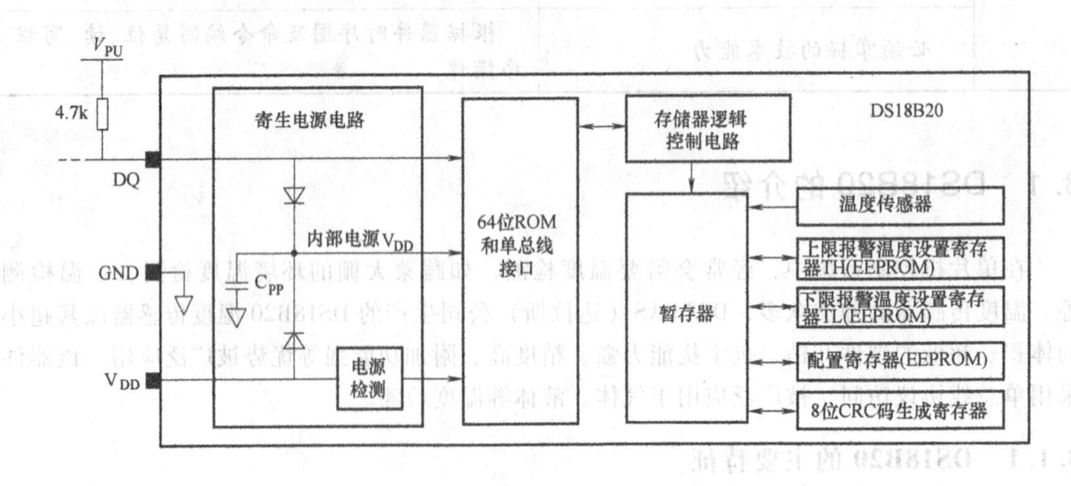

图 8-2　DS18B20 内部结构图

2. DS18B20 引脚功能

GND：电压地端口。

DQ：单数据总线端口。

VDD：电源电压端口。

NC：空置引脚。

3. DS18B20 工作原理及应用

DS18B20 的温度检测与数字数据输出全集成于一个芯片之上，从而抗干扰力更强。其一个工作周期可分为两个部分，即温度检测和数据处理。DS18B20 共有三种形态的存储器资源，它们分别是：

1）ROM 只读存储器。用于存放 DS18B20ID 编码，其前 8 位是单线系列编码（DS18B20 的编码是 19H），后面 48 位是芯片唯一的序列号，最后 8 位是前 56 位的 CRC 码（冗余校验）。数据在出产时设置不由用户更改。DS18B20 共 64 位 ROM，DS18B20 存储器格式如图 8-3 所示。

2）RAM 数据暂存器。用于内部计算和数据存取，数据在掉电后丢失，DS18B20 共 9BRAM，每个字节为 8 位。第 1、2B 是温度转换后的数据值信息，第 3、4B 是用户 E^2PROM（常用于温度报警值储存）的镜像。在上电复位时其值将被刷新。第 5B 则是用户第 3 个 E^2PROM 的镜像。第 6、7、8B 为计数寄存器，是为了让用户得到更高的温度分辨率而设计的，同样也是内部温度转换、计算的暂存单元。第 9B 为前 8B 的 CRC 码。

3）E^2PROM 非易失性记忆体。用于存放长期需要保存的数据，上下限温度报警值和校验数据，DS18B20 共 3 位 E^2PROM，并在 RAM 都存在镜像，以方便用户操作。

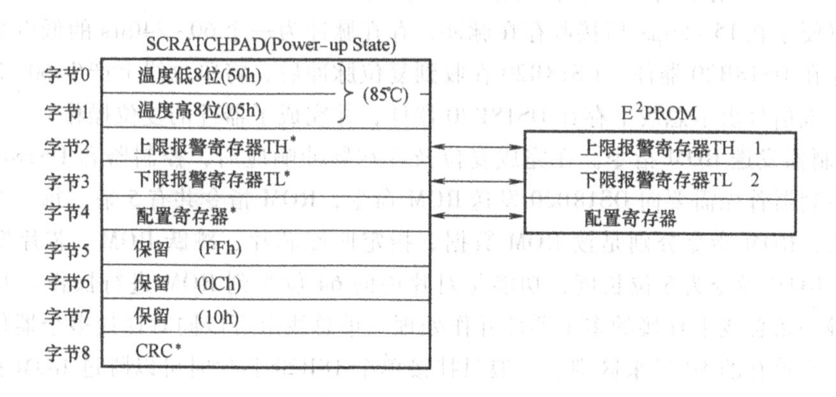

图 8-3　DS18B20 存储器格式

4. 温度寄存器格式

温度寄存器的数据格式如图 8-4 所示。其中高 8 位的高 5 位为符号，为“1”指示检测温度为零下，数据以补码形式保存，温度数据关系表如表 8-1 所示。

	7	6	5	4	3	2	1	0
低8位	2^3	2^2	2^1	2^0	2^{-1}	2^{-2}	2^{-3}	2^{-4}

	15	14	13	12	11	10	9	8
高8位	S	S	S	S	S	2^6	2^5	2^4

图 8-4　温度寄存器的数据格式

表 8-1 温度数据关系表

温度值	二进制数	十六进制数
+125℃	0000 0111 1101 0000	07D0
+85℃	0000 0101 0101 0000	0550
+25. 0625℃	0000 0001 1001 0001	0191
+10. 125℃	0000 0000 1010 0010	00A2
+0. 5℃	0000 0000 0000 1000	0008
0℃	0000 0000 0000 0000	0000
-0. 5℃	1111 1111 1111 1000	FFF8
-10. 125℃	1111 1111 0101 1110	FF5E
-25. 0625℃	1111 1110 0110 1111	FE6F
-55℃	1111 1100 1001 0000	FC90

8.1.2 控制器对 DS18B20 操作流程

1）复位操作。对 DS18B20 的操作首先必须对 DS18B20 芯片进行复位，复位操作需要由控制器（单片机）对 DS18B20 单总线提供至少 480μs 的低电平信号。当 DS18B20 接到此复位信号后则会在 15~60μs 后回发一个芯片的存在脉冲。

2）DS18B20 的存在脉冲。在控制器发出的复位电平结束之后，控制器需要将单总线电平拉高，以便于在 15~60μs 后接收存在脉冲，存在脉冲为一个 60~240μs 的低电平信号，当单总线上存在 DS18B20 器件，DS18B20 在收到复位脉冲后，将单总线上产生 60~240μs 的低电平信号，该信号表示总线上存在 DS18B20 器件，并完成了器件的复位操作。

3）控制器发送 ROM 指令。在完成复位及存在脉冲响应后，控制器和 DS18B20 可以进行通信，控制器首先需要向 DS18B20 发送 ROM 命令，ROM 指令共有 5 条，每一个工作周期只能发一条，ROM 指令分别是读 ROM 数据、指定匹配芯片、跳跃 ROM、芯片搜索、报警芯片搜索。ROM 指令为 8 位长度，功能是对片内的 64 位光刻 ROM 进行操作。其主要目的是为了分辨一条总线上挂接的多个器件并作处理。单总线上可以同时挂接多个器件，并通过每个器件上所独有的 ID 号来区别，一般只挂接单个 18B20 芯片时可以跳过 ROM 指令。

4）控制器发送存储器操作指令。在 ROM 指令发送给 DS18B20 之后，紧接着（不间断）就是发送存储器操作指令。操作指令为 8 位，共 6 条，存储器操作指令分别是写 RAM 数据、读 RAM 数据、将 RAM 数据复制到 E^2PROM、温度转换、将 E^2PROM 中的报警值复制到 RAM、工作方式切换。存储器操作指令的功能是命令 DS18B20 做什么样的工作，是芯片控制的关键。

5）执行或数据读写。一个存储器操作指令结束后则将进行指令执行或数据的读写，具体操作内容要根据存储器操作指令而定。如执行温度转换指令则控制器（单片机）必须等待 DS18B20 执行其指令，一般转换时间为 500μs。如执行数据读写指令则需要严格遵循 DS18B20 的读写时序来操作。

6）数据总线上仅一个 DS18B20 的访问。如果单总线上只有一个 DS18B20，若要读出当前的温度数据则需要执行两次工作周期，第一个周期为：复位、跳过 ROM 指令［CCH］、执行温度转换存储器操作指令［44H］、等待500μs温度转换时间。紧接着执行第二个周期为：复位、跳过ROM指令［CCH］、执行读RAM的存储器操作指令［BEH］、读数据（最多为9B，中途可停止，只读取检测温度值则读前两个字节即可）。

7）DS28B20芯片ROM指令。

① Read ROM（读ROM）［33H］。

这个命令允许总线控制器读到DS18B20的64位ROM。只有当总线上只存在一个DS18B20的时候才可以使用此指令，如果挂接的DS18B20不止一个时，当通信时将会发生数据冲突。

② Match ROM（指定匹配芯片）［55H］。

这个指令后面紧跟着由控制器发出的64位序列号，当总线上有多只DS18B20时，只有与控制发出的序列号相同的芯片才可以做出反应，其他芯片将等待下一次复位。这条指令适应单芯片和多芯片挂接。

③ Skip ROM（跳跃ROM指令）［CCH］。

这条指令使芯片不对ROM编码做出反应，在单芯片的情况之下，为了节省时间则可以选用此指令。如果在多芯片挂接时使用此指令将会出现数据冲突，导致错误出现。

④ Search ROM（搜索芯片）［F0H］。

在芯片初始化后，搜索指令允许总线上挂接多芯片时用排除法识别所有器件的64位ROM。

⑤ Alarm Search（报警芯片搜索）［ECH］。

在多芯片挂接的情况下，报警芯片搜索指令只对符合温度高于TH或小于TL报警条件的芯片做出反应。只要芯片不掉电，报警状态将被保持，直到再一次测得温度达不到报警条件为止。

8）DS28B20芯片存储器操作指令。

① Write Scratchpad（向RAM中写数据）［4EH］。

该指令功能为向RAM中写入数据的指令，随后写入的两个字节的数据将会被存到地址2（报警RAM之TH）和地址3（报警RAM之TL）。写入过程中可以用复位信号中止写入。

② Read Scratchpad（从RAM中读数据）［BEH］。

此指令将从RAM中读数据，读地址从地址0开始，一直可以读到地址9，完成整个RAM数据的读出。芯片允许在读过程中用复位信号中止读取，即可以不读后面不需要的字节以减少读取时间。

③ Copy Scratchpad（将RAM数据复制到E^2PROM中）［48H］。

此指令将RAM中的数据存入E^2PROM中，以使数据掉电不丢失。此后由于芯片忙于E^2PROM储存处理，当控制器发一个读时间隙时，总线上输出“0”，当储存工作完成时，总线将输出“1”。在寄生工作方式时必须在发出此指令后立刻用电阻上拉电平并至少保持10ms，来维持芯片工作。

④ Convert Temperature（温度转换）［44H］。

收到此指令后芯片将进行一次温度转换，将转换的温度值放入RAM的第1、2地址。此后由于芯片忙于温度转换处理，当控制器发一个读时间隙时，总线上输出“0”，当储存工作完成时，总线将输出“1”。在寄生工作方式时必须在发出此指令后立刻用强上拉方式将电平拉至高电平，并至少保持500ms，来维持芯片工作。

⑤ Recall E^2PROM（将 E^2PROM 中的报警值复制到 RAM）[B8H]。

此指令将 E^2PROM 中的报警值复制到 RAM 中的第 3、4 个字节里。由于芯片忙于复制处理，当控制器发一个读时间隙时，总线上输出“0”，当储存工作完成时，总线将输出“1”。另外，此指令将在芯片上电复位时将被自动执行。这样 RAM 中的两个报警字节位将始终为 E^2PROM 中数据的镜像。

⑥ Read Power Supply（工作方式切换）[B4H]。

此指令发出后发出读时间隙，芯片会返回它的电源状态字，“0”为寄生电源状态，“1”为外部电源状态。

8.1.3 单片机对 DS18B20 的基本操作

1. 复位

首先必须对 DS18B20 芯片进行复位，复位就是由控制器（单片机）给 DS18B20 单总线至少 480μs 的低电平信号。当 DS18B20 接收到此复位信号后在复位脉冲结束后在 15~60μs 后回发一个芯片的存在脉冲。在复位电平结束之后，控制器应该将数据单总线拉高，以便于在 15~60μs 后接收存在脉冲，存在脉冲为一个 60~240μs 的低电平信号。至此，通信双方已经达成了基本的协议，接下来则是控制器与 DS18B20 间的数据通信。如果复位低电平的时间不足或是单总线的电路断路控制器都不会接到存在脉冲。DS18B20 的复位时序如图 8-5 所示。

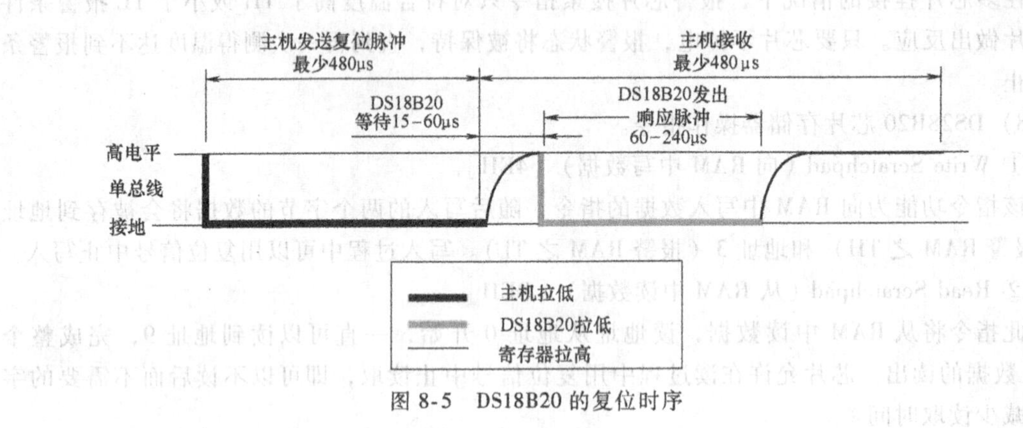

图 8-5　DS18B20 的复位时序

DS18B20 的复位时序如下：

1）单片机拉低总线 480~950μs，然后释放总线，拉高为高点平。

2）如果 DS18B20 存在，则会拉低总线，大约为 60~240μs 表示应答。

3）DS18B20 拉低总线的时间为 60~240μs，单片机读取总线的电平，如果为低则表示复位成功。

4）DS18B20 拉低总线 60~240μs 之后，会释放总线。

DS18B20 的数据读写是通过时间隙处理位和命令字来确认信息交换的。

2. DS18B20 的读、写操作

写时间隙分为写“0”和写“1”，DS18B20 的读写时序如图 8-6 所示。在写数据时间隙的前 15μs 总线需要被控制器拉置低电平，而后则将是芯片对总线数据的采样时间，采样时间在 15~60μs，采样时间内如果控制器将总线拉高则表示写“1”，如果控制器将总线拉低则表示写“0”。每一位的发送都应该有一个至少 15μs 的低电平起始位，随后的数据“0”或“1”应该在 45μs 内完成。整个位的发送时间应该保持在 60~120μs，否则不能保证通信的正常。

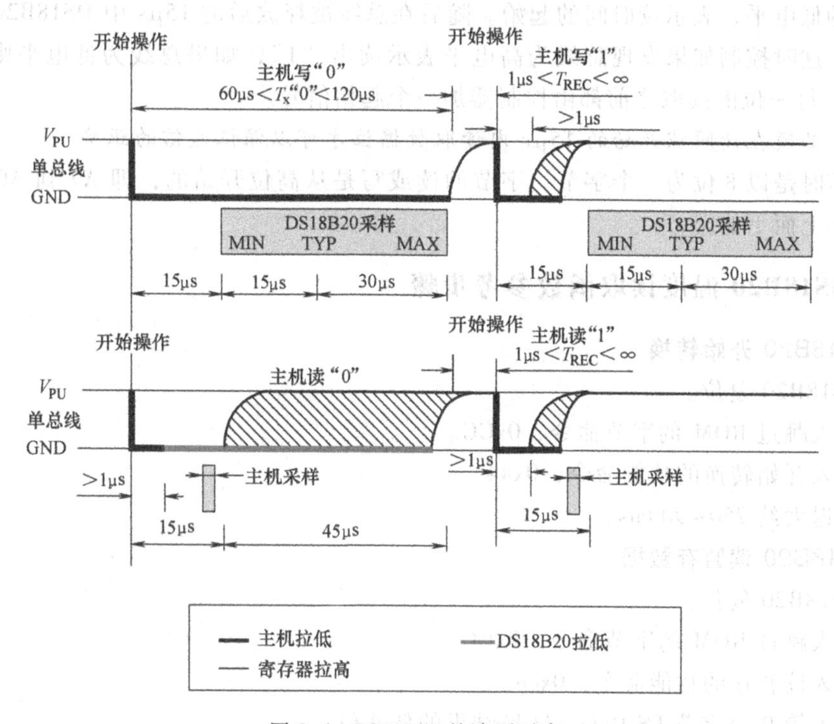

图 8-6　DS18B20 的读写时序

DS18B20 写“0”逻辑如下：

1）单片机拉低总线大约 10~15μs。

2）单片机持续拉低总线大约 20~45μs。

3）单片机释放总线，总线拉高。

DS18B20 写“1”逻辑如下：

1）单片机拉低总线大约 10~15μs。

2）单片机持续拉高总线大约 20~45μs。

3）单片机释放总线，总线拉高。

读 DS18B20 的“0”逻辑如下：

1）在读取 DS18B20 时，单片机拉低总线大约 1μs。

2）单片机释放总线，然后读取总线上的电平。

3）DS18B20 写“0”信号到总线上。

4）单片机读取逻辑电平后延时大约 40~45μs。

读 DS18B20 的“1”逻辑如下：

1）在读取 DS18B20 时，单片机拉低总线大约 1μs。

2）单片机释放总线，然后读取总线上的电平。

3）DS18B20 写“1”信号到总线上。

4）单片机读取逻辑电平后延时大约 40~45μs。

读时时序图如图 8-6 所示。

读时间隙时控制时的采样时间应该更加的精确才行，读时间隙时也是必须先由主机产生至少 1μs 的低电平，表示读时间的起始。随后在总线被释放后的 15μs 中 DS18B20 会发送内部数据位，这时控制如果发现总线为高电平表示读出“1”，如果总线为低电平则表示读出数据“0”。每一位的读取之前都由控制器加一个起始信号。

注意： *必须在读间隙开始的 15μs 内读取数据位才可以保证通信的正确。*

在通信时是以 8 位为一个字节，字节的读或写是从高位开始的，即 A7 到 A0 字节的读写顺序也是上而下的。

8.1.4 DS18B20 温度读取函数参考步骤

1. DS18B20 开始转换

1）DS18B20 复位。

2）写入跳过 ROM 的字节命令，0xCC。

3）写入开始转换的功能命令，0x44。

4）延迟大约 750~900ms。

2. DS18B20 读暂存数据

1）DS18B20 复位。

2）写入跳过 ROM 的字节命令，0xCC。

3）写入读暂存的功能命令，0xee。

4）读入第 0 个字节 LS Byte，转换结果的低八位。

5）读入第 1 个字节 MS Byte，转换结果的高八位。

6）DS18B20 复位，表示读取暂存结束。

3. 数据求出十进制

1）整合 LS Byte 和 MS Byte 的数据。

2）判断是否为正负数（可选）。

3）求得十进制值。正数乘以 0.0625，一位小数点乘以 0.625，二位小数点乘以 6.25。

4）十进制的“个位”求出。

每一次通信之前必须进行复位，复位的时间、等待时间、回应时间应严格按时序编程。

8.2 Proteus 仿真数字温度计设计

8.2.1 数字温度计仿真电路设计

在没有硬件电路板的情况下，可以采用 Proteus 软件进行仿真操作，绘制 Proteus 仿真电路，如图 8-7 所示。

元器件属性表如图 8-8 所示。

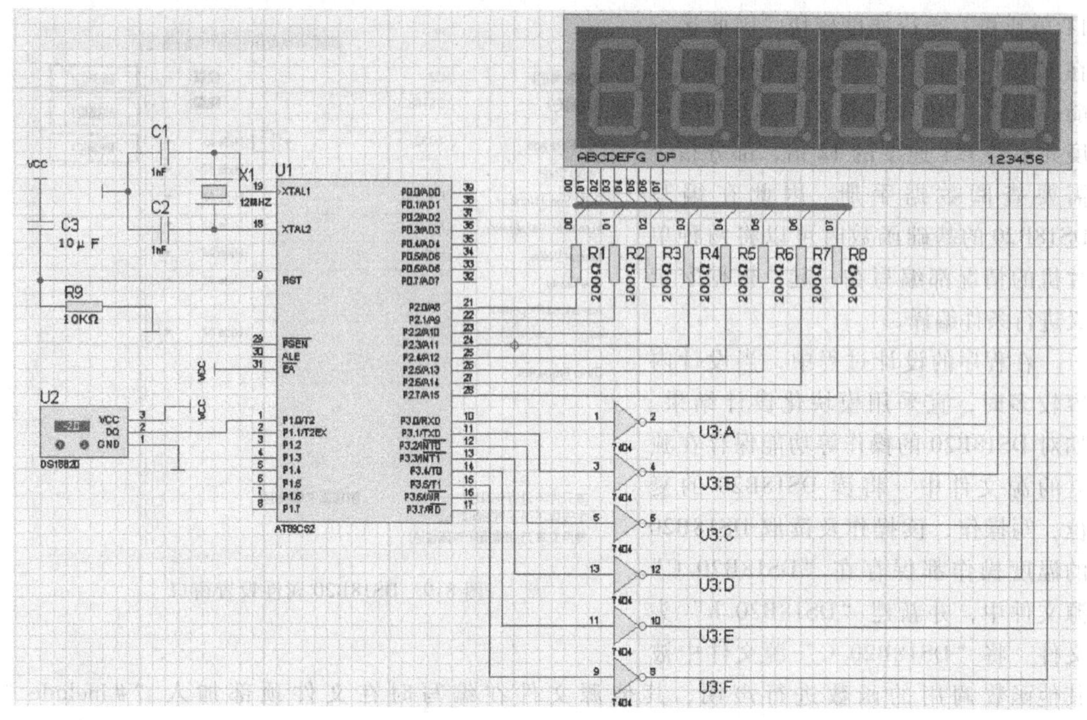

图 8-7　数字电压表仿真电路

LED显示数字温度计 - 物理的 元件视图

ROOT10

Reference	Type	Value	Circuit/Package
C1	CAP	1nF	CAP10
C2	CAP	1nF	CAP10
C3	A700D157M004ATE018	10u	CAPMP7343X310
R1	RES	200	RES40
R2	RES	200	RES40
R3	RES	200	RES40
R4	RES	200	RES40
R5	RES	200	RES40
R6	RES	200	RES40
R7	RES	200	RES40
R8	RES	200	RES40
R9	RES	10k	RES40
U1	AT89C52	AT89C52	DIL40
U2	DS18B20	DS18B20	TO92
U3:A	7404	7404	DIL14
U3:B	7404	7404	DIL14
U3:C	7404	7404	DIL14
U3:D	7404	7404	DIL14
U3:E	7404	7404	DIL14
U3:F	7404	7404	DIL14
X1	CRYSTAL	12MHZ	XTAL18

图 8-8　元器件属性表

编辑 DS18B20 的属性，在图 8-9 所示的窗口中，设置“Advanced Properties”选项，将“Time Slot”设置为“100μs”，防止在仿真调试中出错。

8.2.2　DS18B20 的读写程序设计

由于 DS18B20 对时序有着非常严格的要求，因此在编写读写函数时，要准确的计算出大概的时序时间。51 单片机的晶振频率，需要根据晶振调整延时时间，同时由于 STC 单片机是

1T 单片机，运行速度较快，因此运行在 12T 下的单片机程序需要移植后才能应用到 1T 单片机中，1T 单片机的速度并不是 12T 速度的 12 倍，部分指令需要查阅数据手册。因此在编写 DS18B20 的基础函数时可以将两种单片机的情况都编写在一起，根据宏定义进行条件编译。

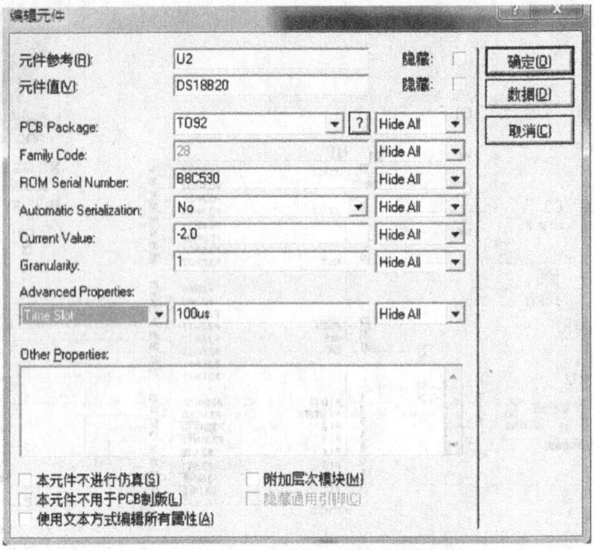

图 8-9　DS18B20 属性设置窗口

在程序的设计过程中，当设计内容较多时，宜采用模块化设计结果。如对 DS18B20 的操作等功能保存在独立的源文件中。将读 DS18B20 的复位，写操作，读操作及读取 DS18B20 的温度操作都保存在“DS18B20. C”源文件中，并新建“DS18B20. h”头文件，将“DS18B20. C”源文件中被其他函数调用的函数进行声明，其他源文件在编写时在文件顶部加入“# include ”DS18B20. H””即可。DS18B20 项目结构如图 8-10 所示。并在“DS18B20. h”中对其他源文件访问的函数“Read_ Temperature（）”进行声明，DS18B20 头文件的声明如图 8-11 所示。

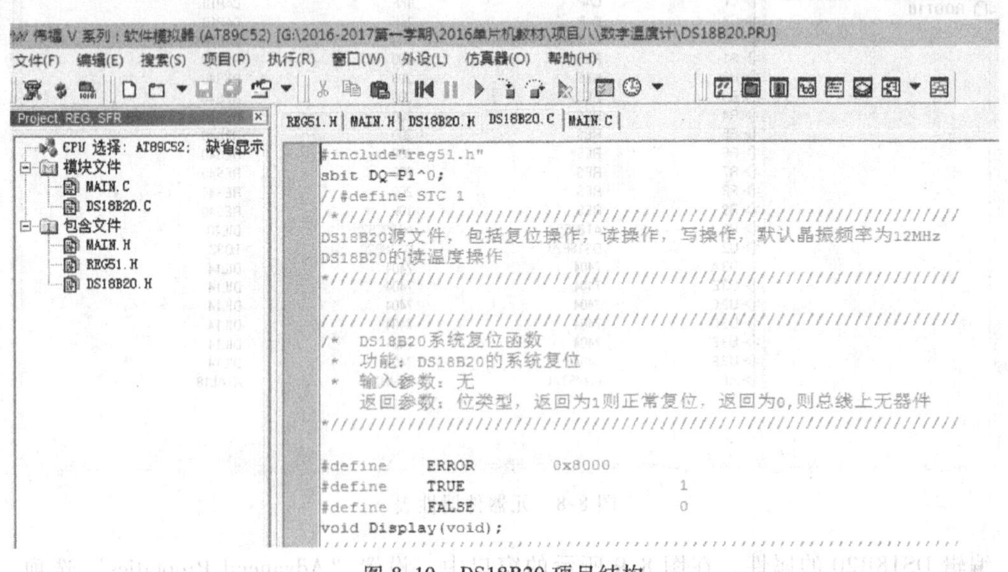

图 8-10　DS18B20 项目结构

根据 DS18B20 的操作时序，编写 DS18B20 的操作函数。先对端口定义，及函数的声明。仿真电路中 DS18B20 连接到了 P1.0，同时由于仿真操作中的单片机是 12T 单片机，因此将 STC 的宏定义删除。由于显示电路采用数码管动态扫描实现，每个数码管的显示时间要合适，否则会出现闪烁或显示不清的情况，由于 DS18B20 的读取温度周期较长，会影响数码

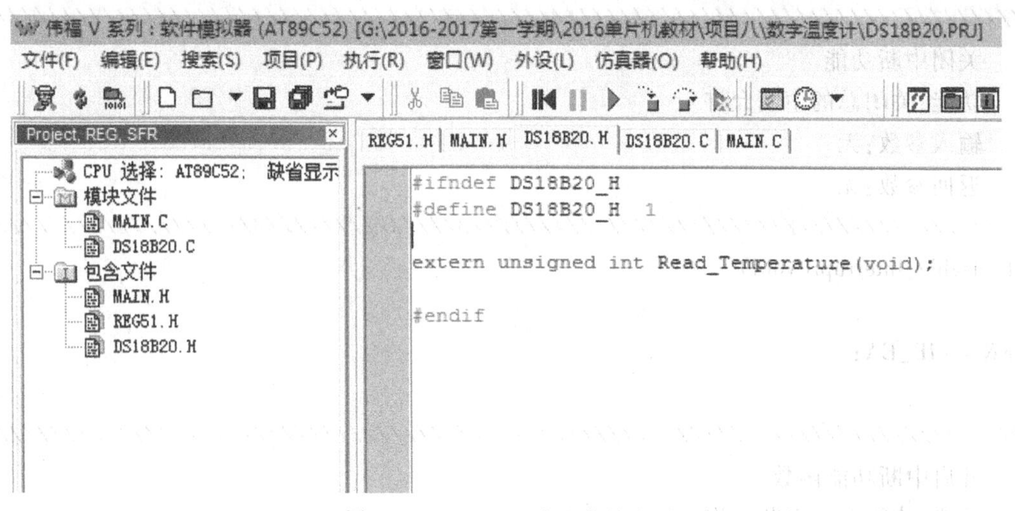

图 8-11 DS18B20 头文件的声明

管的显示，因此在读取 DS18B20 的温度过程中，调用显示函数“Display ( )”，因此在 DS18B20 的源文件中需要对外部的函数“Display ( )”进行声明。

```
////////////////////////////////////////////////////////////////////////////////
#include"reg51.h"
sbit DQ=P1^0;
//#define STC 1
/*//////////////////////////////////////////////////////////////////////////////
DS18B20 源文件,包括复位操作,读操作,写操作,默认晶振频率为 12MHz
DS18B20 的读温度操作
*//////////////////////////////////////////////////////////////////////////////
/*    DS18B20 系统复位函数
 *    功能:DS18B20 的系统复位
 *    输入参数:无
      返回参数:位类型,返回为 1 则正常复位,返回为 0,则总线上无器件
*//////////////////////////////////////////////////////////////////////////////
#define     ERROR                      0x8000
#define     TRUE                       1
#define     FALSE                      0
#define     CONVERT_TEMPERATURE        0x44
#define     SKIP_ROM                   0xcc
#define     READ_TEMPERATURE           0xbe
void Display(void);
////////////////////////////////////////////////////////////////////////////////
```

由于 DS18B20 的操作对时序具有严格的要求,因此在对 DS18B20 的操作过程中需要关闭中断,操作介绍后再次开启中断,因此需要设计开启、关闭中断的函数。

```
////////////////////////////////////////////////////////////////////////////////
/*   关闭中断功能
 *   功能:关闭总的中断允许
 *   输入参数:无
     返回参数:无
*///////////////////////////////////////////////////////////////////////////////
void Disable_Interrupt(void)
{
  IE& = ~IE_EA;
}
////////////////////////////////////////////////////////////////////////////////
/*   开启中断功能函数
 *   功能:使能总的中断允许
 *   输入参数:无
 *   返回参数:无
*///////////////////////////////////////////////////////////////////////////////
void Enable_Interrupt(void)
{
  IE| =IE_EA;
}
////////////////////////////////////////////////////////////////////////////////
/*   复位 DS18B20 操作
 *   功能:使 DS18B20 器件进行复位
 *   输入参数:无
 *   返回参数:位类型,当返回值为 1,则复位成功,返回为 0 则复位失败
*///////////////////////////////////////////////////////////////////////////////
bit Reset_DS18B20(void)
{
  unsigned char i,j;
  bit state=1;
  DQ=0;
  #ifndef STC
       for(i=22;i>0;i--);
         for(i=255;i>0;i--);          //低电平保持时间最小:480μs
                                      //低电平保持时间最小:480μs
  #else
      for(j=230;j>0;j--)
      for(i=12;i>0;i--);              //低电平保持时间最小:480μs       //STC
  #endif
```

```
  DQ = 1;
  #ifndef STC
      for(i=66;i>0;i--);              //总线释放时间最小:15μs,最长:60μs
  #else
      for(j=50;j>0;j--)
      for(i=4;i>0;i--);
  #endif
    if(DQ==0)
    {
      state=0;
    }
    else  state=1;
    while(DQ==0);
    return(~state);
}
////////////////////////////////////////////////////////////////////////////////
/*   DS18B20 写操作函数
 *   功能:向 DS18B20 写入 8 位数据
 *   输入参数:无
 *   返回参数:无
*///////////////////////////////////////////////////////////////////////////////
void Write_Command_To_Ds18b20(unsigned char command)
{
  unsigned char i;
  unsigned char j,k;
  for(i=0;i<8;i++)
    {
      if((command & 0x01)==0)
        {                              //写 0 操作
          DQ=0;
          #ifndef STC
            for(j=31;j>0;j--);    //写时隙需要大约 15~75μs
                DQ=1;
              #else
                for(k=6;k>0;k--)
                for(j=31;j>0;j--);
                DQ=1;
                for(j=30;j>0;j--);
```

```
            #endif
          }
        else
          {                                          //写 1 操作
            DQ = 0;
                #ifndef STC
             for( j = 2;j>0;j-- );                   //大约 2μs
            #else
                for( k = 1;k>0;k-- )
                for( j = 12;j>0;j-- );               //大约 2μs
            #endif
            DQ = 1;
                #ifndef STC
                for( j = 25;j>0;j-- );               //大约 13μs
            #else
                for( k = 6;k>0;k-- )
                   for( j = 25;j>0;j-- );            //大约 13μs
            #endif
          }
        command >>= 1;
    }
}
////////////////////////////////////////////////////////////////////////////////
/*   DS18B20 读操作函数
 *   功能:从 DS18B20 读取 8 位数据
 *   输入参数:无
 *   返回参数:8 位字符型数据
*///////////////////////////////////////////////////////////////////////////////
unsigned char Read_Data_From_Ds18b20( void)
{
  unsigned char i;
  unsigned char j,k;
  unsigned char temp;
  temp = 0;
  for( i = 0;i<8;i++)      //读时隙需 15~60μs ,且在两次独立的读时隙之间至少需要 1μs
                               //读时隙起始于单片机拉低总线至少 1μs。
                               //DS18B20 在读时隙开始 15μs 后开始采样总线电平
  {
      temp >>= 1;
```

```
        DQ=0;
        #ifndef STC
        for(k=1;k>0;k--);
        #else
            for(k=6;k>0;k--);
        #endif
        DQ=1;
        #ifndef STC
            for(j=10;j>0;j--);       //大约 15μs
        #else
            for(j=6;j>0;j--)
            for(k=10;k>0;k--);
        #endif
        if(DQ==1)
        {
            temp=temp | 0x80;
        }
        else
        {
            temp=temp | 0x00;
        }
         #ifndef     STC
              for(j=60;j>0;j--);       //大约 60μs
          #else
              for(j=6;j>0;j--)
              for(k=60;k>0;k--);    //大约 60μs
          #endif
    }
  return(temp);
}
//////////////////////////////////////////////////////////////////////////////////
/*   DS18B20 读温度函数
  *   功能:从 DS18B20 读取检测的温度值
  *   输入参数:无
  *   返回参数:16 位无符号整形数据
*/////////////////////////////////////////////////////////////////////////////////
unsigned int Read_Temperature(void)
{
    volatile unsigned char temp1;
```

```
    volatile    unsigned int    temp2;
    Disable_Interrupt( );
    if( Reset_DS18B20( ) = = FALSE)
    {
        Enable_Interrupt( );
        return( ERROR);
//复位操作无反映则返回一个不可能出现的数据表示硬件系统错误
     }
     Display( );
     Write_Command_To_Ds18b20( SKIP_ROM);
     Display( );
        Write_Command_To_Ds18b20( READ_TEMPERATURE);
        Display( );
        temp1 = Read_Data_From_Ds18b20( );   //读取第 1 个存放测量温度值
        temp2 = ( unsigned int) temp1;
        Display( );
        temp1 = Read_Data_From_Ds18b20( );   //读取 0 个存放测量温度值
        temp2+ = ( unsigned int) temp1<<8;
        Display( );
        if( Reset_DS18B20( ) = = FALSE)
        {
            Enable_Interrupt( );
            return( ERROR);
        //复位无反映则返回一个不可能出现的数据表示硬件系统错误
        }
        Display( );
        Write_Command_To_Ds18b20( SKIP_ROM);
        Display( );
        Write_Command_To_Ds18b20( CONVERT_TEMPERATURE);
        //启动温度转换操作
        Display( );
        Enable_Interrupt( );
        return( temp2);
}
//////////////////////////////////////////////////////////////////////////////////////
```

对 DS18B20 的温度读取及温度值转换为显示码、结果的显示操作由主程序来实现，由于 DS18B20 的转换时间大约需要 500ms，因此大约每 500ms 进行一次温度读取操作，而数码管的显示需要的间隔周期较短，因此将定时器 T0 定时为 1ms，每次溢出切换数码管的显示，定时器定时 500 次读取一次 DS18B20 的温度。因此设置两个标志“flag_1ms”，“flag_500ms”。定时溢出后根据条件更新标志位，主程序中查询标志位状态进行显示及温度读取操作。

定义头文件“main.h”，定义全局变量，进行宏定义，函数及变量声明等操作。

```
#ifndef MAIN_H
#define MAIN_H      1
//////////////////////////////////////////////////////////////////////////////////
typedef unsigned charu char;
typedef unsigned int uint;
/////////////////////////////////硬件端口的宏定义/////////////////////////////////
#define DISPLAY_SEGMENT                P2
#define DISPLAY_LOCAL                  P3
/////////////////////////////////数值及操作的宏定义///////////////////////////////
#define   TH0_VALUE                    (65536-1000)/256
#define   TL0_VALUE                    (65536-1000)%256
#define   TIMER0_RUN                   TR0=1
#define   TIMER0_STOP                  TR0=0
#define   PULSE_HEIGH                  1
#define   PULSE_LOW                    0
#define   TRUE                          1
#define   FALSE                        0
#define   DISPLAY_LAST_NUMBER          5
#define   DISPLAY_FIRST_NUMBER         0
#define   DISPLAY_MAX_NUMBER           6
#define   ERROR                        0x8000
#define   COUNTTER_FOR_1S              1000
//////////////////////////////////内部函数声明////////////////////////////////////
void          Temperature_Treat(void);
void          Ini_Timer0(void);
void          Display(void);
//////////////////////////////////全局变量定义////////////////////////////////////
unsigned char codedistab[10] = {0xc0,0xf9,0xa4,0xb0,0x99,0x92,0x82,0xf8,0x80,0x90};
//共阳数码管的显示码表
unsigned char code dis_error[ ] = {0x86,0x88,0x88,0xA3,0x88};
code unsigned char
temperature_tab[16] = {0,6,13,19,25,31,38,44,50,56,62,69,75,81,88,94};
//温度小数部分码表
unsigned char data dis_buff[6];
unsigned int  temperature;
bit   flag_1ms = FALSE;
bit   flag_1s = FALSE;
```

```
#endif
////////////////////////////////////////////////////////////////////////////////
```

将主要函数及"main()"保存在"main.c"源文件中。

```
#include"reg51.h"
#include"main.h"
#include"ds18b20.h"
////////////////////////////////////////////////////////////////////////////////
/*主函数
 *功能:实现定时器T0定时初始化
 *主循环实现温度检测转换结果的读取,并将温度检测结果转换为显示码转换结果转换为显示码
   *输入参数:无
   *返回参数:无
*///////////////////////////////////////////////////////////////////////////////
void main()
{
  Ini_Timer0();
  while(TRUE)
  {
    if(flag_1s==TRUE)
    {
         flag_1s=FALSE;
         temperature=Read_Temperature();
         Temperature_Treat();
    }
    if(flag_1ms==TRUE)
    {
         flag_1ms=FALSE;
         Display();
    }
  }
}
////////////////////////////////////////////////////////////////////////////////
```

定时器T0中断响应函数,实现1ms及1s的标志位更新。

```
////////////////////////////////////////////////////////////////////////////////
/*定时器T0中断响应函数
 *功能:定时1ms,每1ms切换一个数码管的显示,
      实现1s定时功能,每1s检测一次温度
 *输入参数:无
```

```
    返回参数:无
*////////////////////////////////////////////////////////////////////////////////
void   timer0(void) interrupt 1
{
  static unsigned int counter_1s=COUNTTER_FOR_1s;
  TH0=TH0_VALUE;
  TL0=TL0_VALUE;
  flag_1ms=TRUE;
  counter_1s--;
  if(counter_1s==0)
  {
    counter_1s=COUNTTER_FOR_1s;
    flag_1s=TRUE;
  }
}
/////////////////////////////////////////////////////////////////////////////////
/*   显示函数
  *  功能:实现数码管的动态显示,该数码管为共阳极结构,电路结构
  *  决定最多驱动8个数码管显示
  *  输入参数:无
  *  返回参数:无
*////////////////////////////////////////////////////////////////////////////////
void Display(void)
{
   static uchar location= DISPLAY_FIRST_NUMBER;
   DISPLAY_SEGMENT=0xff;
   DISPLAY_LOCAL=~(1<<location);
   DISPLAY_SEGMENT=dis_buff[location];
   location++;
   if(location==DISPLAY_MAX_NUMBER) location=DISPLAY_FIRST_NUMBER;
}
/////////////////////////////////////////////////////////////////////////////////
/*   定时器T0的初始化函数
  *  功能:实现定时器T0定时功能,定时时间为1ms
  *  输入参数:无
  *  返回参数:无
*////////////////////////////////////////////////////////////////////////////////
void Ini_Timer0(void)
{
```

```
    TMOD=T0_WORK_MODE_1;
    IE   = IE_EA+IE_ET0;
    TH0  = TH0_VALUE;
    TL0  = TL0_VALUE;
    TIMER0_RUN;
}
////////////////////////////////////////////////////////////////////////////////
```

温度转换为显示码函数，根据温度的检测结果进行转换，当温度值为“ERROR”时，说明硬件有错误，通过数码管显示“ERROR”。当温度为零下时，温度值的最高位为1，将数据先转换为源码，并将最左端的数码管显示“-”，在零上时有效数字最多为5位，而零下时有效数字最多为4位，因此6个数码管已经能够实现显示功能，而数码管的最后一位显示“C”。温度的小数部分在计算过程中，数据处理较为烦琐，因此采用查表的方式，将温度的小数部分通过查表获得数值后在进行显示的处理。

```
////////////////////////////////////////////////////////////////////////////////
/*  温度转换为显示码功能函数
 *  功能:温度检测的结果分为错误显示,零下温度显示,零上温度显示
 *  输入参数:无
 *  返回参数:无
*///////////////////////////////////////////////////////////////////////////////
void Temperature_Treat(void)
{
    unsigned char i,temp1;
    unsigned int temp;
    temp=temperature;
    if(temp= =ERROR)                                        //硬件错误,显示 ERROR
    {
        for(i=0;i<5;i++)
        dis_buff[i]=dis_error[i];
        return;
    }
    else if((temp&0x8000)! =0)                              //数字温度检测结果为零下
                {
                        temp=temp-1;
                        temp=~temp;
                        temp1=temperature_tab[(unsigned char)(temp%16)];
                                                            //小数部分
                        dis_buff[4]=distab[temp1%10];       //显示小数点后第二位
                        dis_buff[3]=distab[temp1/10];       //显示小数点后第一位
                        temp=temp>>4;
                        temp1=temp%10;
```

```
    dis_buff[2]=distab[temp1]-0x80;          //显示小数点及个位
    temp=temp/10;
    if(temp==0)
    {
        dis_buff[1]=0xbf;                    //显示为"-"
        dis_buff[0]=0xff;                    //熄灭
    }
    else
    {
      dis_buff[1]=distab[temp];              //显示十位
      dis_buff[0]=0xbf;                      //显示为"-"
    }
    dis_buff[5]=0xc6;                        //显示"C "
  }
  else                                       //温度检测结果为零上
  {
  temp1=temperature_tab[(unsigned char)(temp%16)];
                                             //小数部分
  dis_buff[4]=distab[temp1%10];              //显示小数点后第二位
  dis_buff[3]=distab[temp1/10];              //显示小数点后第一位
  temp=temp>>4;
  temp1=temp%10;
  dis_buff[2]=distab[temp1]-0x80;            //显示小数点及个位
  temp=temp/10;
  if(temp==0)                                //十位、百位为0则不显示
  {
      dis_buff[1]=0xff;
      dis_buff[0]=0xff;
  }
   else
   {
   temp1=temperature_tab[(unsigned char)(temp%16)];
                                             //小数部分
   dis_buff[4]=distab[temp1%10];             //显示小数点后第二位
   dis_buff[3]=distab[temp1/10];             //显示小数点后第一位
   temp=temp>>4;
   temp1=temp%10;
   dis_buff[2]=distab[temp1]-0x80;           //显示小数点及个位
   temp=temp/10;
   if(temp==0)                               //十位、百位为0则不显示
   {
```

```
                dis_buff[1]=0xff;
                dis_buff[0]=0xff;
            }
            else
            {
                temp1=temp%10;                              //显示十位
                dis_buff[1]=distab[temp1];
                temp=temp/10;
                if(temp==0) dis_buff[0]=0xff;               //如果百位为0则不显示
                else        dis_buff[0]=distab[temp];
            }
                dis_buff[5]=0xc6;                           //显示"C "
        }
}
////////////////////////////////////////////////////////////////////////////////
```

8.2.3 数字温度计的仿真调试

将程序编译调试后，下载到仿真电路的单片机中，进行调试。数字电压表仿真调试如图8-12所示。

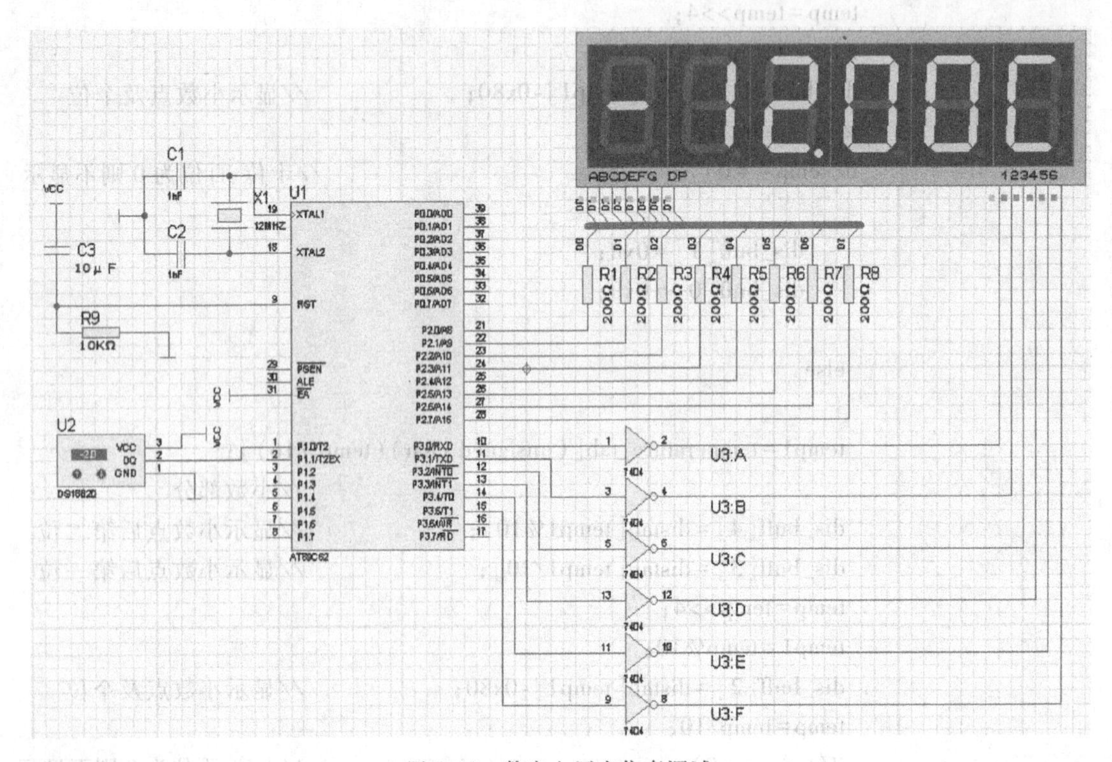

图8-12 数字电压表仿真调试

8.3 采用系统实验室板设计数字温度计

采用单片机硬件电路开发板设计数字温度计，数码管动态显示电路如图 8-13 所示，DS18B20 连接到了 P3.3 端口，显示电路如图中所示，设计数字温度计只需要 6 个数码管就可以完成显示功能。因此可以将仿真过的设计程序进行移植，当使用 STC 单片机时，需要在“DS18B20.C”设计文件顶部通过宏定义“STC”。将 DS18B20 端口定义为 P3.3，同时在 main.c 文件中修改显示程序。

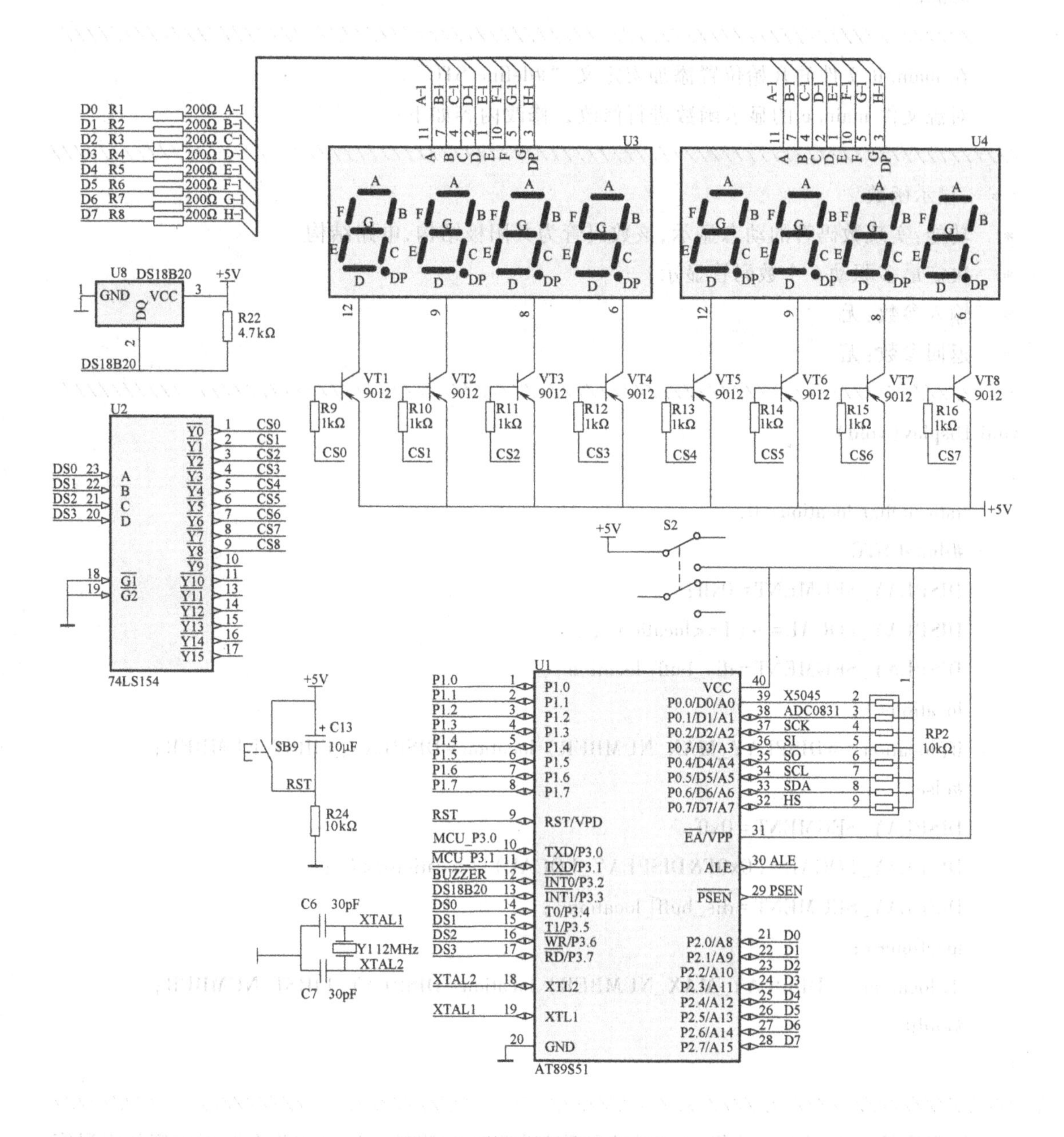

图 8-13 数码管动态显示电路

对“DS18B20.C”源文件进行修改，修改内容如下：

```
//////////////////////////////////////////////////////////////////////////////
#define STC
#ifndef STC
  sbit DQ=P1^0;
#else
  sbit DQ=P3^3;
#endif
//////////////////////////////////////////////////////////////////////////////
```

在 main.h 文件的开始位置添加宏定义“#define STC”。

对源文件 main.c 的显示函数进行修改，修改内容如下：

```
/////////////////////////////////////////////////////////////////////////////////
/*  显示函数
*   功能:实现数码管的动态显示,该数码管为共阳极结构,电路结构
*   决定最多驱动6个数码管显示
*   输入参数:无
*   返回参数:无
*////////////////////////////////////////////////////////////////////////////////
void Display(void)
{
    static uchar location=0;
     #ifndef STC
     DISPLAY_SEGMENT=0xff;
     DISPLAY_LOCAL=~(1<<location);
     DISPLAY_SEGMENT=dis_buff[location];
     location++;
     if(location==DISPLAY_MAX_NUMBER) location=DISPLAY_FIRST_NUMBER;
     #else
     DISPLAY_SEGMENT=0xff;
     DISPLAY_LOCAL=(0x0F&DISPLAY_LOCAL)|(location<<4);
     DISPLAY_SEGMENT=dis_buff[location];
     location++;
     if(location==DISPLAY_MAX_NUMBER) location=DISPLAY_FIRST_NUMBER;
     #endif
}
/////////////////////////////////////////////////////////////////////////////////
```

将程序编译后写入单片机中，可以实现室内温度的测量，通过实验电路板实现数字温度

计的功能。

8.4 习题

1. 如何判断单总线上是否有 DS18B20 存在？
2. DS18B20 的复位脉冲时间为多少？
3. 如何判断检测温度的正负？
4. 系统上电后第一次读取 DS18B20，读取的温度值是多少？
5. DS18B20 完成一次温度检测需要多少时间？

第9章　正弦波信号发生器设计

教学导航

<table>
<tr><td rowspan="4">教</td><td>知识重点</td><td>1. D-A 转换的基本原理
2. D-AC0832 的功能
3. D-A 转换电路的设计</td></tr>
<tr><td>知识难点</td><td>1. D-A 转换的原理
2. D-A 转换的应用</td></tr>
<tr><td>推荐教学方式</td><td>提出设计任务，分析设计方案，边讲解、边操作，现场编程调试</td></tr>
<tr><td>建议学时</td><td>4 学时</td></tr>
<tr><td rowspan="3">学</td><td>推荐学习方法</td><td>根据设计任务，寻找解决方案，D-A 转换功能学习，D-A 转换产生正弦波、方波、三角波</td></tr>
<tr><td>必须掌握的理论知识</td><td>D-A 转换的原理，D-AC0832 的结构与功能，Proteus 的 D-A 转换电路设计</td></tr>
<tr><td>必须掌握的技术能力</td><td>D-A 转换的时序分析与编程设计</td></tr>
</table>

9.1　D-A 转换的原理

在工业控制中，经常采用模拟量来控制各种被控对象，如采用调整直流输出电压方式调整输出音量功能，而计算机只能输出数字信号，D-A 转换器的功能为将计算机输出的数字信号量转换为模拟信号的电压或电流去控制执行机构。D-A 转换器实际上是作为计算机的一个输出设备使用。

D-A 转换电路方法主要采用 T 型电阻网络 D-A 转换法。

1. D-A 转换的性能指标

1）分辨率：最小非零电压输出与最大电压输出的比值。

2）线性度：理想的输入输/出特性偏差与满刻度输出的百分比。

3）转换精度：以最大静态转化误差的形式给出。

4）建立时间：完成一次从最小到最大 D-A 转换的时间。

5）温度系数：温度系数反映 D-A 转换输出随温度的变化情况，在满量程下，每升高一度，输出变化相对于满量程的百分比。

6）电源抑制比：满量程的电压变化的百分数与电压变化的百分数之比称为电源抑制比。

7）输入形式：二进制或 BCD 码。

8）输出形式：电流输出和电压输出。

2. D-A 转换

T 型电阻网络，如图 9-1 所示。

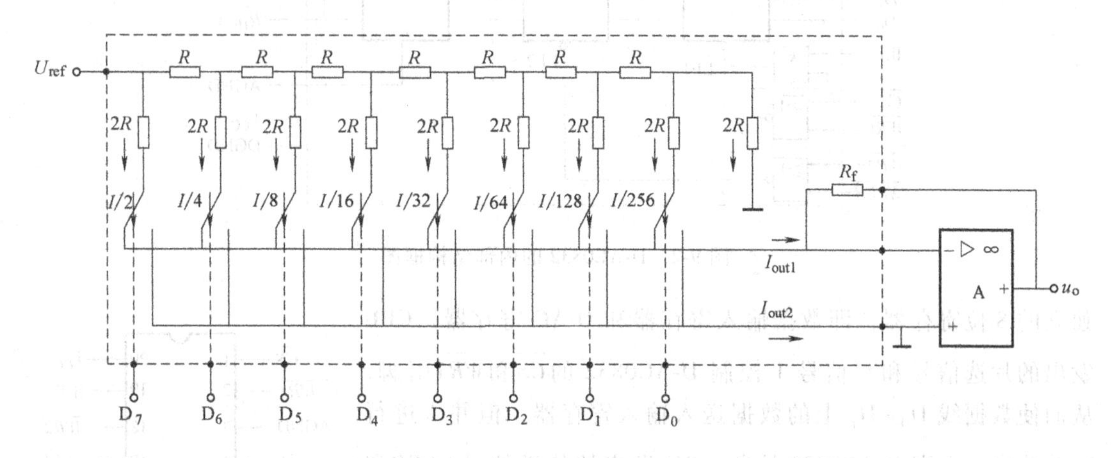

图 9-1　T 型电阻网络

根据电路结构分析可得：

$$I_{out1}=\frac{1}{2}I\times D_7+\frac{1}{4}I\times D_6+\frac{1}{8}\times D_5+\frac{1}{16}I\times D_4+\frac{1}{32}I\times D_3+\frac{1}{64}\times D_2\ \frac{1}{128}I\times D_1+\frac{1}{256}I\times D_0 \tag{9-1}$$

$I_{out1}+I_{out2}=I$；常数

当 D_0-D_7 输入全为 1 时：

$$I_{out1}=\frac{255}{256}I=\frac{255}{256}\times\frac{U_{ref}}{R} \tag{9-2}$$

$$U_o=-\frac{255}{256}\times\frac{U_{ref}}{R}\times R_f=-\frac{255}{256}\times\frac{R_f}{R}\times U_{ref}$$

取$\frac{255}{256}\times\frac{R_f}{R}=1$，则最大输出电压为$-U_{ref}$，式（9-3）输出最小电压为 0，最小有效电压为$\frac{1}{255}U_{ref}$，则 D-A 转换的精度为$\frac{1}{255}$。

9.2　典型 D-A 转换器芯片 D-AC0832 简介

1. D-AC0832 8 位 D-A 转换器的结构与功能

D-AC0832 为一个 8 位 D-A 转换器，单电源供电，在+5～+15V 范围内均可正常工作。基准电压的范围为±10V，电流建立时间为 1μs，CMOS 工艺，低功耗 20mW。D-AC0832 的内部结构框图如图 9-2 所示，D-AC0832 引脚封装图如图 9-3 所示。

D-AC0832 是最为常用的 8 位 D-A 转换器，其结构框图如图 9-2 所示。片内设置了两个

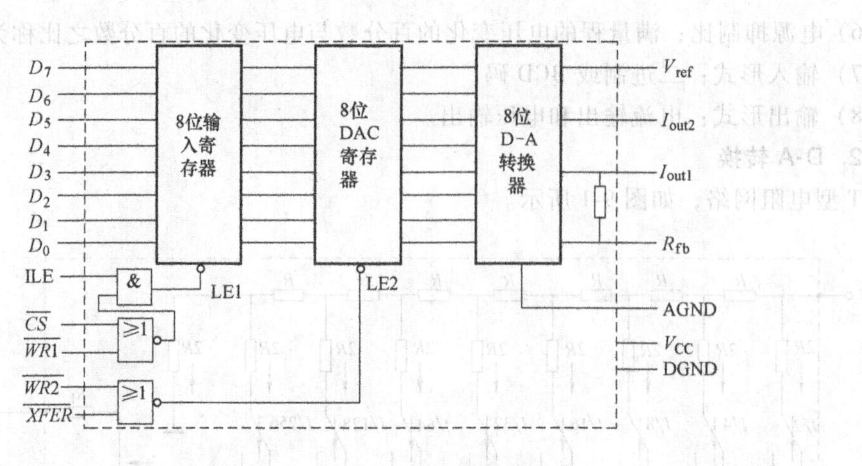

图 9-2 D-AC0832 的内部结构框图

独立的 8 位寄存器，即数据输入寄存器和 D-AC 寄存器。CPU 发出的片选信号和写信号 1 控制 D-AC0832 的$\overline{CS}$和$\overline{WR1}$引脚，从而使数据线 $D_0 \sim D_7$ 上的数据送入输入寄存器，但并未进行 D-A 转换。而当 D-AC0832 接收 CPU 发出的传送信号$\overline{XFER}$和写信号 2（$\overline{WR2}$）时，才把输入寄存器中的数据传送给 D-AC 寄存器，并随即由 D-A 转换器进行转换，变成模拟（电流）信号输出，再由运算放大器变成电压信号。0832 其余引脚的含义为：V_{ref}基准电压输入端；R_{fb}反馈信号输入端，反馈电阻在片内：I_{OUT1}和I_{OUT2}是电流输出端，$I_{OUT1}+I_{OUT2}=$常数，I_{OUT1}随 D-AC 的内容线性变化，当 D-AC 寄存器的内容为 0xFF 时，I_{OUT1}电流最大。ILE 为输入数据锁存允许；V_{CC}为 D-AC0832 的主电源（+5V～+15V），AGND 为模拟地；DGND 为数字地。

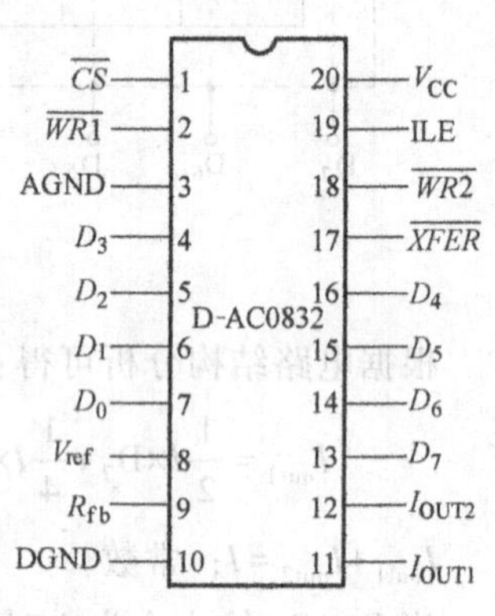

图 9-3 D-AC0832 引脚封装图

2. D-AC0832 D-A 转换器的工作方式

D-AC0832 D-A 可以有三种工作方式：直通方式、单缓冲方式和双缓冲方式。

1）直通方式。

这时两个 8 位寄存器都处于数据接收状态，即 LE1 和 LE2 都为 1，输入寄存器和 D-AC 寄存器的内容随数据输入端 $D_0 \sim D_7$ 的状态变化。因此 ILE=1，而$\overline{CS}$、$\overline{WR1}$、$\overline{WR2}$、$\overline{XFER}$都为 0，输入数据直接送到内部 D-A 转换器进行转换。这种方式主要用于不带微型计算机的电路中。

2）单缓冲方式。

这时两个 8 位寄存器中仅有一个处于数据接收状态，另一个则受 CPU 送来的控制信号控制。

3）双缓冲方式。

这时两个 8 位寄存器都不处于数据接收状态，CPU 必须送两次写信号才能完成一次 D-A 转换。D-A 转换器是计算机控制系统中常用的接口器件，它可以直接控制被控对象，例如控制伺服电动机或其他执行机构。它也可以很方便地产生各种输出波形，如矩形波、三角波、阶梯波、锯齿波、梯形波、正弦波及余弦波等。

9.3 Proteus 仿真 D-AC0832 D-A 转换电路设计

D-A 转换输出电路原理图如图 9-4 所示，元器件属性文件如图 9-5 所示。D-A 转换输出

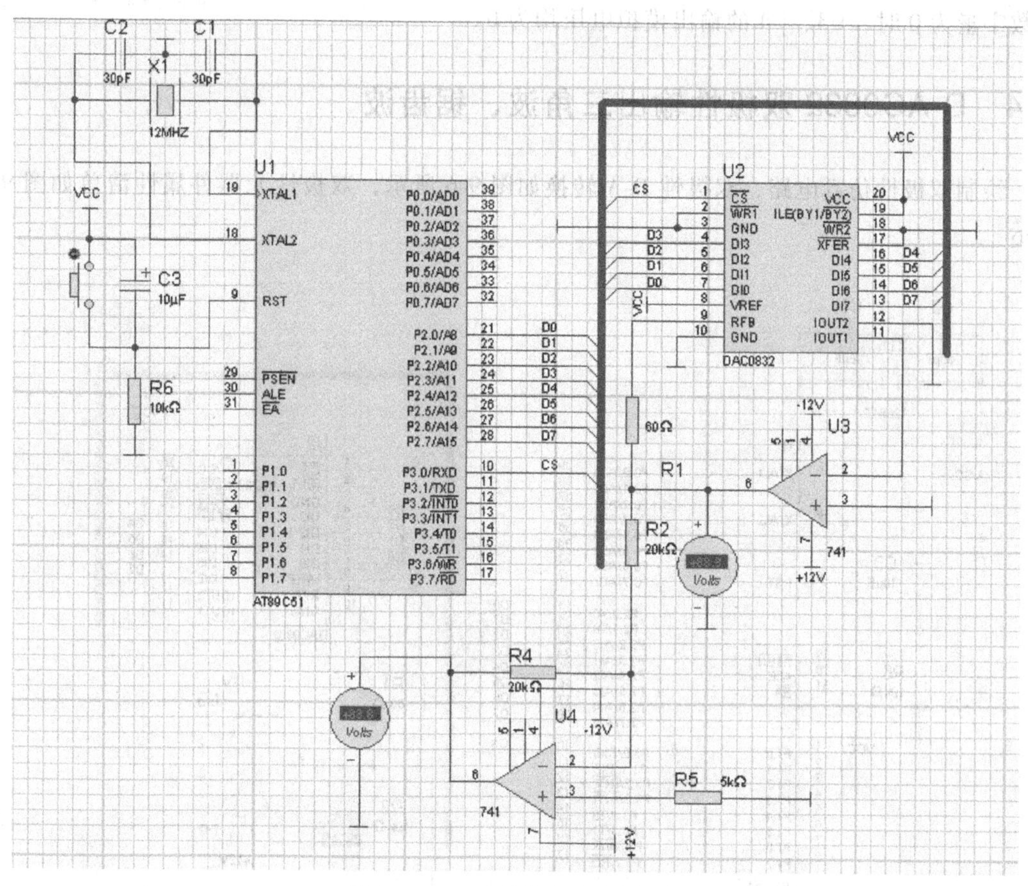

图 9-4　D-A 转换输出电路原理图

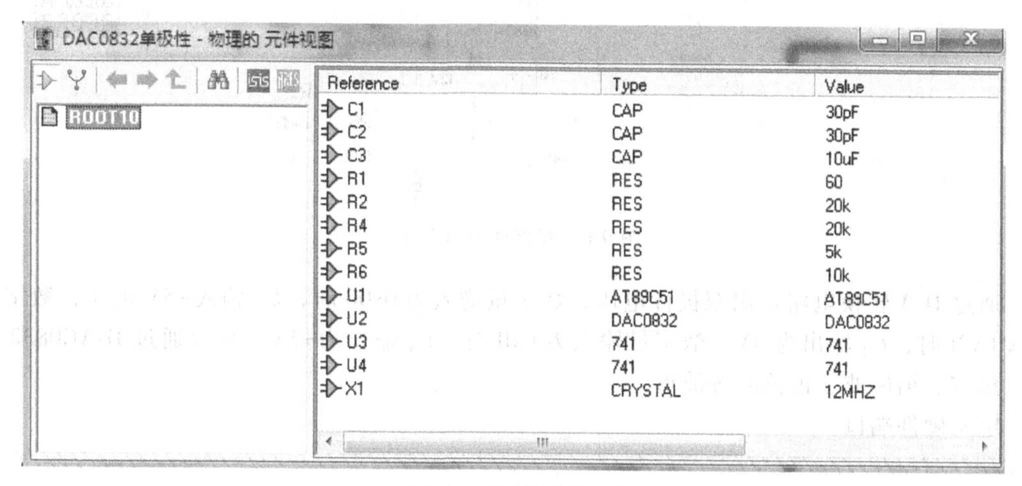

DAC0832单极性 - 物理的 元件视图

ROOT10

Reference	Type	Value
C1	CAP	30pF
C2	CAP	30pF
C3	CAP	10uF
R1	RES	60
R2	RES	20k
R4	RES	20k
R5	RES	5k
R6	RES	10k
U1	AT89C51	AT89C51
U2	DAC0832	DAC0832
U3	741	741
U4	741	741
X1	CRYSTAL	12MHZ

图 9-5　元器件属性文件

需要通过放大电路进行放大后进行输出，仿真电路中采用放大器741进行放大，U3为输出值为反向输出值，U4为同向输出值。通过输入不同的D-A值，可以观察输出的结果。

D-AC0832参考电压为5V，电阻R1为补偿反馈电阻，当D-A转换输入为0xff时，D-A输出电压值为参考电压值。当输入数字量为0xff时，U3输出为-5V，而U4输出为+5V。输入数字量为0时，U3、U4的输出模拟电压均为0。

9.4 D-AC0832双极性输出三角波、锯齿波

绘制双极性仿真电路，双极性D-A转换如图9-6所示，双极性元器件属性清单如图9-7所示。

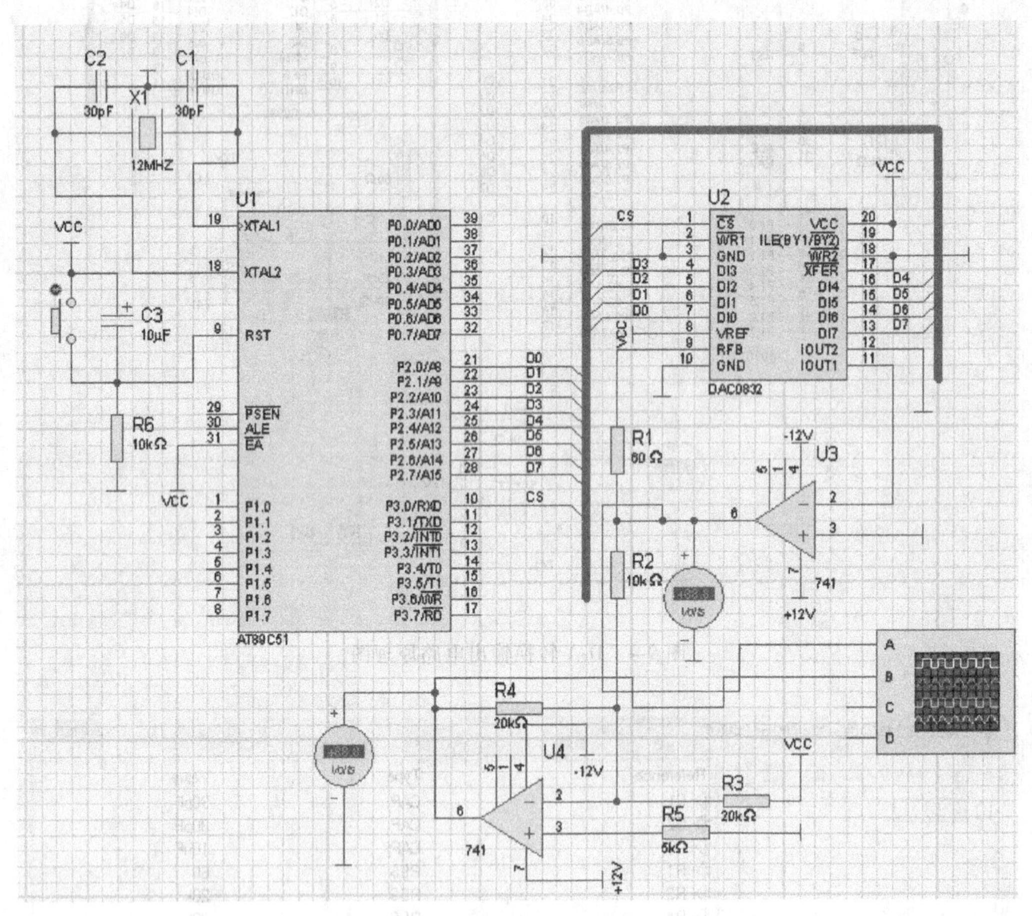

图9-6 双极性D-A转换

通过D-A转换电路输出双极性电压，数字量输入为0x00时，U_4输入-5V电压，数字量输入0x7f时，U_4输出为0V，数字量输入为0xff时，U_4输出为+5V。可以通过D-AC0832输出三角波、锯齿波、正弦波等波形。

定义硬件端口。

```
///////////////////////////////////////////////////////////////////////////

sbit CS=P3^0;
```

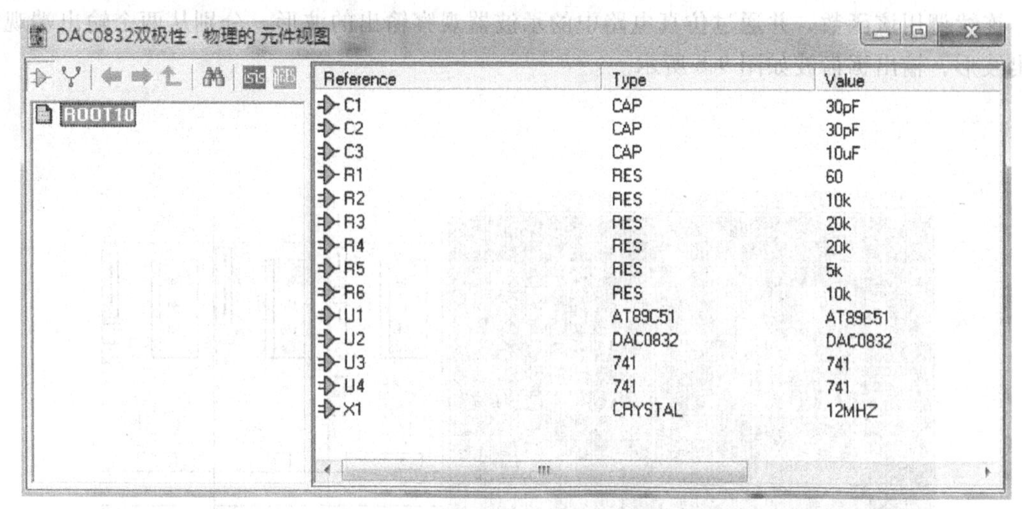

图 9-7　双极性元器件属性清单

```
    #define DAC082_DATA                P2
////////////////////////////////////////////////////////////////////////////////////////////////////
/ * 锯齿波函数
 * 功能:每调用一次将产生一个锯齿波波形
 *    输入参数:无
 *    返回参数:无
////////////////////////////////////////////////////////////////////////////////////////////////////
void  Sawtooth(void)
{
    unsigned char data i;
    for(i=0;i<255;i++)
    {
      DAC082_DATA=i;
      CS=PULSE_LOW;
      CS=PULSE_HEIGH;
     _nop_();
    }
    DAC082_DATA=i;
    CS=PULSE_LOW;
    CS=PULSE_HEIGH;
    DAC082_DATA=0;
    CS=PULSE_LOW;
    CS=PULSE_HEIGH;
}
////////////////////////////////////////////////////////////////////////////////////////////////////
```

连续调用该函数，并通过仿真电路中的示波器观察输出的波形，分别从两个输出端观察输出波形，输出锯齿波如图 9-8 所示。

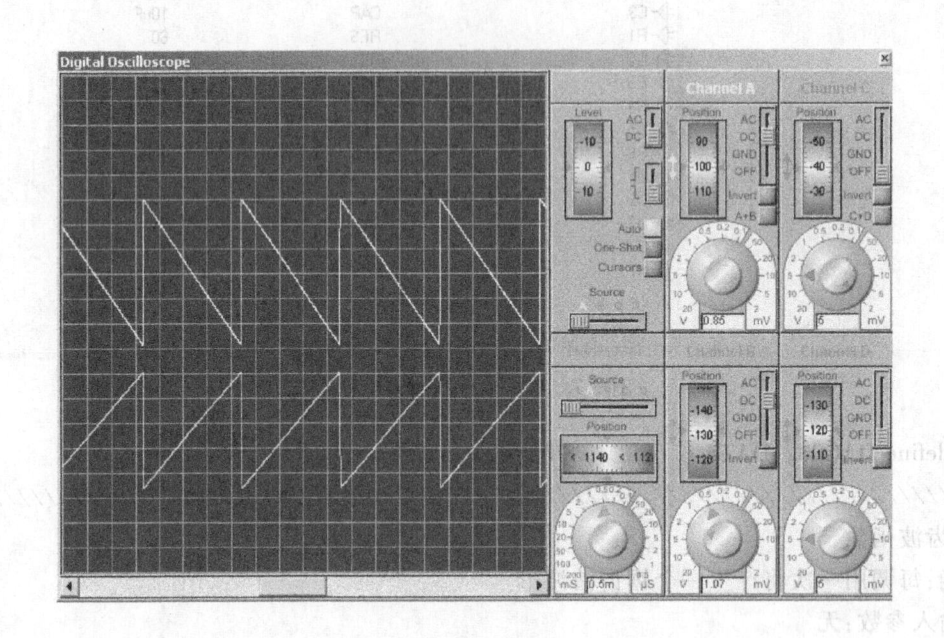

图 9-8　输出锯齿波

```
//////////////////////////////////////////////////////////////////////////////
/*三角波函数
*功能:每调用一次将产生一个三角波波形
*   输入参数:无
*   返回参数:无
//////////////////////////////////////////////////////////////////////////////
void  Triangle(void)
{
    unsigned char data i;
    for(i=0;i<255;i++)
    {
      DAC082_DATA=i;
      CS=PULSE_LOW;
      CS=PULSE_HEIGH;
    _nop_();
    }
    for(i=255;i>0;i--)
    {
```

```
        DAC082_DATA=i;
        CS=PULSE_LOW;
        CS=PULSE_HEIGH;
        _nop_();
    }
    DAC082_DATA=0;
    CS=PULSE_LOW;
    CS=PULSE_HEIGH;
}
/////////////////////////////////////////////////////////////////////////////
```

通过仿真电路中的示波器观察仿真结果，连续调用三角板函数，输出三角波如图 9-9 所示。

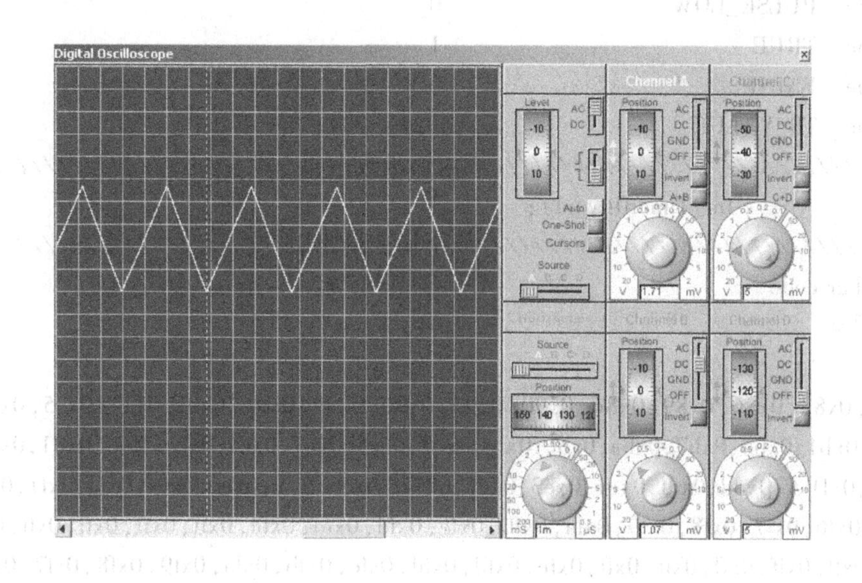

图 9-9 输出三角波

9.5 输出正弦波

单片机的晶振为 12MHz，机器周期为 1μs，输出正弦频率为 50Hz，则周期为 20ms，每个周期输出 256 个点，因此每个点的间隔周期为 78 个机器周期，采用定时器 T0 来定时，工作在方式 2，每次溢出的周期为 78 个机器周期，则初始值为 256-78=178。定时器工作在方式 1。定时器 T0 每次溢出后切换输出的内容。

编写自定义头文件“main. h”，定义变量，宏定义，声明等内容。

```
////////////////////////////////////////////////////////////////////////////////
#ifndef MAIN_H
#define MAIN_H      1
////////////////////////////////////////////////////////////////////////////////
typedef unsigned char uchar;
typedef unsigned int uint;
//////////////////////////////////硬件端口的宏定义//////////////////////////////
sbit CS=P3^0;
#define DAC082_DATA             P2
//////////////////////////////////////数值及操作的宏定义//////////////////////////
#define  TIMER0_RUN                    TR0=1
#define  TIMER0_STOP                   TR0=0
#define  PULSE_HEIGH                   1
#define  PULSE_LOW                     0
#define  TRUE                          1
#define  FALSE                         0
#define  T0_VALUE                      (256-78)
//////////////////////////////////////内部函数声明////////////////////////////////
void            Ini_Timer0(void);
//////////////////////////////////////全局变量定义////////////////////////////////
unsigned char code
dosin[256]=
{
    0x80,0x83,0x86,0x89,0x8d,0x90,0x93,0x96,0x99,0x9c,0x9f,0xa2,0xa5,0xa8,0xab,
    0xae,0xb1,0xb4,0xb7,0xba,0xbc,0xbf,0xc2,0xc5,0xc7,0xca,0xcc,0xcf,0xd1,0xd4,0xd6,
    0xd8,0xD-A,0xdd,0xdf,0xe1,0xe3,0xe5,0xe7,0xe9,0xea,0xec,0xee,0xef,0xf1,0xf2,0xf4,
    0xf5,0xf6,0xf7,0xf8,0xf9,0xfa,0xfb,0xfc,0xfd,0xfd,0xfe,0xff,0xff,0xff,0xff,0xff,0xff,
    0xff,0xff,0xff,0xff,0xff,0xff,0xfe,0xfd,0xfd,0xfc,0xfb,0xfa,0xf9,0xf8,0xf7,0xf6,0xf5,
    0xf4,0xf2,0xf1,0xef,0xee,0xec,0xea,0xe9,0xe7,0xe5,0xe3,0xe1,0xde,0xdd,0xD-A,
    0xd8,0xd6,0xd4,0xd1,0xcf,0xcc,0xca,0xc7,0xc5,0xc2,0xbf,0xbc,0xba,0xb7,0xb4,
    0xb1,0xae,0xab,0xa8,0xa5,0xa2,0x9f,0x9c,0x99,0x96,0x93,0x90,0x8d,0x89,0x86,
    0x83,0x80,0x80,0x7c,0x79,0x76,0x72,0x6f,0x6c,0x69,0x66,0x63,0x60,0x5d,0x5a,
    0x57,0x55,0x51,0x4e,0x4c,0x48,0x45,0x43,0x40,0x3d,0x3a,0x38,0x35,0x33,0x30,
    0x2e,0x2b,0x29,0x27,0x25,0x22,0x20,0x1e,0x1c,0x1a,0x18,0x16,0x15,0x13,0x11,
    0x10,0x0e,0x0d,0x0b,0x0a,0x09,0x08,0x07,0x06,0x05,0x04,0x03,0x02,0x02,0x01,
    0x00,0x00,0x00,0x00,0x00,0x00,0x00,0x00,0x00,0x00,0x00,0x00,0x01,0x02,0x02,
    0x03,0x04,0x05,0x06,0x07,0x08,0x09,0x0a,0x0b,0x0d,0x0e,0x10,0x11,0x13,0x15,
    0x16,0x18,0x1a,0x1c,0x1e,0x20,0x22,0x25,0x27,0x29,0x2b,0x2e,0x30,0x33,0x35,
    0x38,0x3a,0x3d,0x40,0x43,0x45,0x48,0x4c,0x4e,0x51,0x55,0x57,0x5a,0x5d,0x60,
    0x63,0x66 ,0x69,0x6c,0x6f,0x72,0x76,0x79,0x7c,0x80
```

```
};
    #endif
/////////////////////////////////////////////////////////////////////////////
```

将主要函数保存在“main. c”文件中，并包含相关的头文件。

```
/////////////////////////////////////////////////////////////////////////////
    #include"reg51.h"
    #include<intrins.h>
    #include"main.h"
/////////////////////////////////////////////////////////////////////////////
    /*  定时器 T0 的初始化函数
     *  功能:实现定时器 T0 定时功能,定时时间为 78μs
     *  输入参数:无
     *   返回参数:无
*/////////////////////////////////////////////////////////////////////////////
    void Ini_Timer0(void)
    {
        TMOD = T0_WORK_MODE_2;
        IE    = IE_EA+IE_ET0;
        TH0   = T0_VALUE;
        TL0   = T0_VALUE;
        TIMER0_RUN;
    }
/////////////////////////////////////////////////////////////////////////////
    /* 主函数
     * 功能:实现定时器 T0 定时初始化
     * 输入参数:无
     * 返回参数:无
*/////////////////////////////////////////////////////////////////////////////
    void main()
    {
       Ini_Timer0();
       while(TRUE)
    {
       }
    }
/////////////////////////////////////////////////////////////////////////////
```

仿真调试输出正弦波如图 9-10 所示。

正弦波的周期在示波器上横坐标为 4 格，每格代表时间宽度为 5ms，则正弦波的周期为 20ms，频率为 50Hz。垂直坐标为 5 格，每格代表幅值 1V，峰峰压值为 5V。

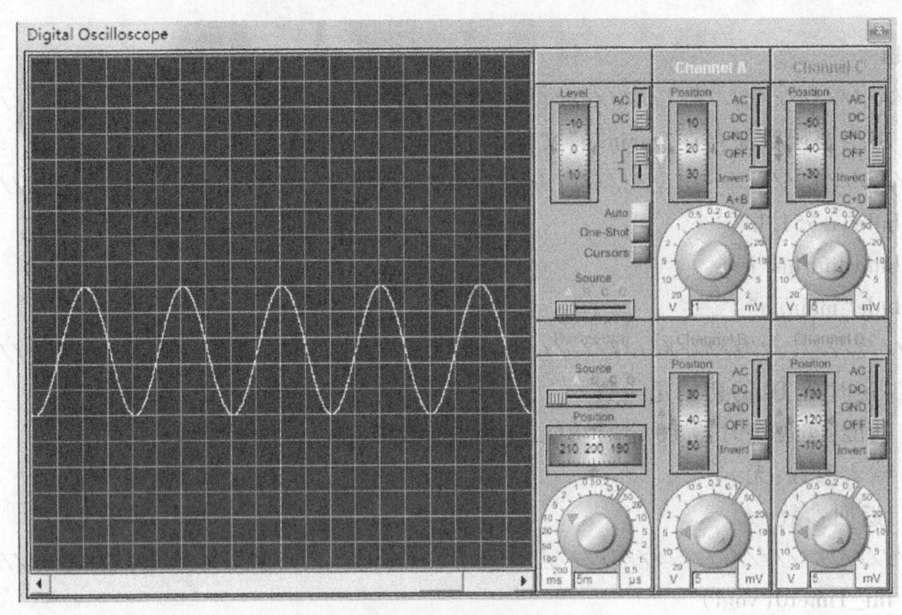

图 9-10　仿真调试输出正弦波

9.6　习题

1. D-AC0832 与 89C52 单片机连接时有哪些控制信号？其作用是什么？

2. 以 D-AC0832 为例，说明 D-A 的单缓冲与双缓冲有何不同？

3. 参考图 9-4 所示的电路，以 AT89C51 为控制核心，采用 D-AC0832 输出周期为 1kHz 的正弦波，最大电压为 5V，最低电压为 0V，参考电压为 5V。

4. 参考图 9-4 所示的电路，以 AT89C51 为控制核心，如何通过 D-AC0832 输出周期 100ms，占空比为 20%的方波脉冲？

5. 16 位的 D-A 转换器的分辨率是多少？

第10章　单片机常用人机接口设计

教学导航

教	知识重点	1. 键盘电路结构，矩阵键盘的结构 2. 矩阵键盘扫描的方法及程序设计 3. LCD1602的结构与功能 4. LCD1602显示字符的程序设计
	知识难点	1. 矩阵键盘扫描程序设计 2. LCD1602显示字符程序设计
	推荐教学方式	提出设计任务，分析设计方案，边讲解、边操作，现场编程调试
	建议学时	12学时
学	推荐学习方法	根据单片机常用接口引入按键、矩阵键盘结构，并实现矩阵键盘的程序设计；通过人机接口导入显示电路LCD1602结构，通过LCD1206显示字符
	必须掌握的理论知识	矩阵键盘的结构，LCD1602的结构
	必须掌握的技术能力	矩阵键盘的扫描方法，LCD1602的显示程序设计

10.1　键盘设计

10.1.1　键盘的分类

键盘是单片机系统中最常用的人机接口的输入设备。单片机接口键盘有两种基本类型：编码键盘和非编码键盘。

编码键盘本身除了按键以外，还包括产生键码的硬件电路。这种键盘使用十分方便，但价格较高，一般的单片机应用系统中较少应用。单片机系统中常用非编码式键盘包括独立式键盘和矩阵键盘。

单片机系统中普遍使用非编码式键盘。这类键盘应主要解决以下几个问题：

1）键的识别；

2）如何消除键的抖动；

3）键的保护。

在以上几个问题中，最主要的是键的识别。非编码式键盘包括独立式键盘和矩阵键盘。

1. 独立式键盘

每一个按键的电路是独立的，占用一条数据线。这种键盘占用硬件资源多，适合少量按键的情况。如图 10-1 所示的 I/O 接口键盘与单片机连接，8 个按键占用单片机 8 个 I/O 端口。

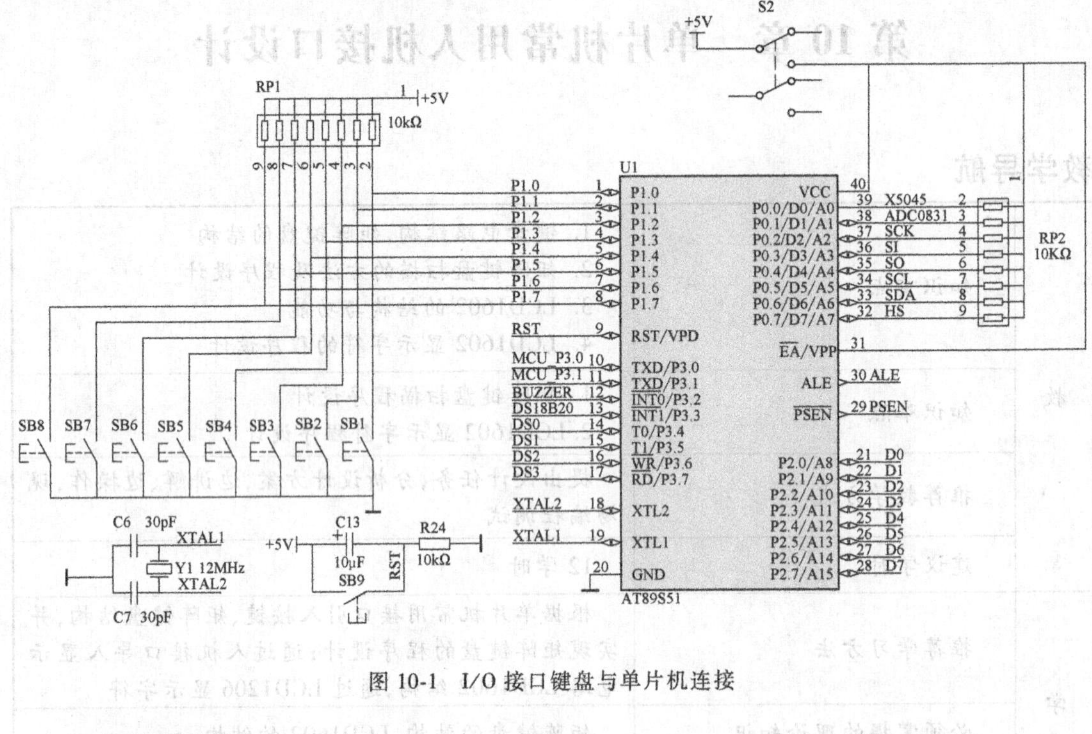

图 10-1 I/O 接口键盘与单片机连接

2. 矩阵式键盘

简单的键输入电路每一个键都要占一位输入端口，当按键数较多时，采用此种方式将会占用较多 I/O 端口。在这种情况下，可采用矩阵式键盘结构。

10.1.2 矩阵键盘的工作原理

1. 矩阵键盘的工作原理

矩阵式键盘采用行列结构，如采用 8 个 I/O 端口设计独立式按键只能设计 8 个按键，而采用矩阵结构设计键盘则可以设计出 16 个按键功能。提高了单片机 I/O 端口的利用率。矩阵键盘的检测方法相对独立式键盘的检测要复杂，矩阵键盘识别闭合键通常有两种方法：一种称为行扫描法，另一种称为线反转法。

1）行扫描法。

当矩阵键盘的行端口仅能作为输出端口，列端口只能作为输入端口的情况下，矩阵键盘电路只能使用行扫描法实现。具体过程如下：

首先，为了提高效率，一般先快速检查整个键盘中是否有键按下；然后，再确定按下的是哪一个键。如图 10-2a 所示，行输出为 0000，无按键按下则列输入为 1111，如图 10-2b 所示，当第 0 行，第 1 列的按键按下，则输入为 1101，此时可以确定有按键按下。再用逐行扫描的方法来确定闭合键的具体位置。方法是：先扫描第 0 行，即输出 1110（第 0 行为“0”，其余 3 行为“1”），然后读入列信号，如图 10-2c 所示，列输入为 1111，按键不在第 0 行；第 1 行输出为 0，即输出 1101，列输入为 1111，如图 10-2d 所示，则按键不在第 1 行；第 2 行输出为 0，即输出 1011，列输入为 1111，如图 10-2e 所示，则按键不在第 2 行；第 3

行输出为0，即输出0111，列输入为1101，如图10-2f所示则按键在第3行，第1列，逐行扫描需要从第0行到最后一行进行逐行扫描，通过逐行扫描的方法可以找到按键所在的

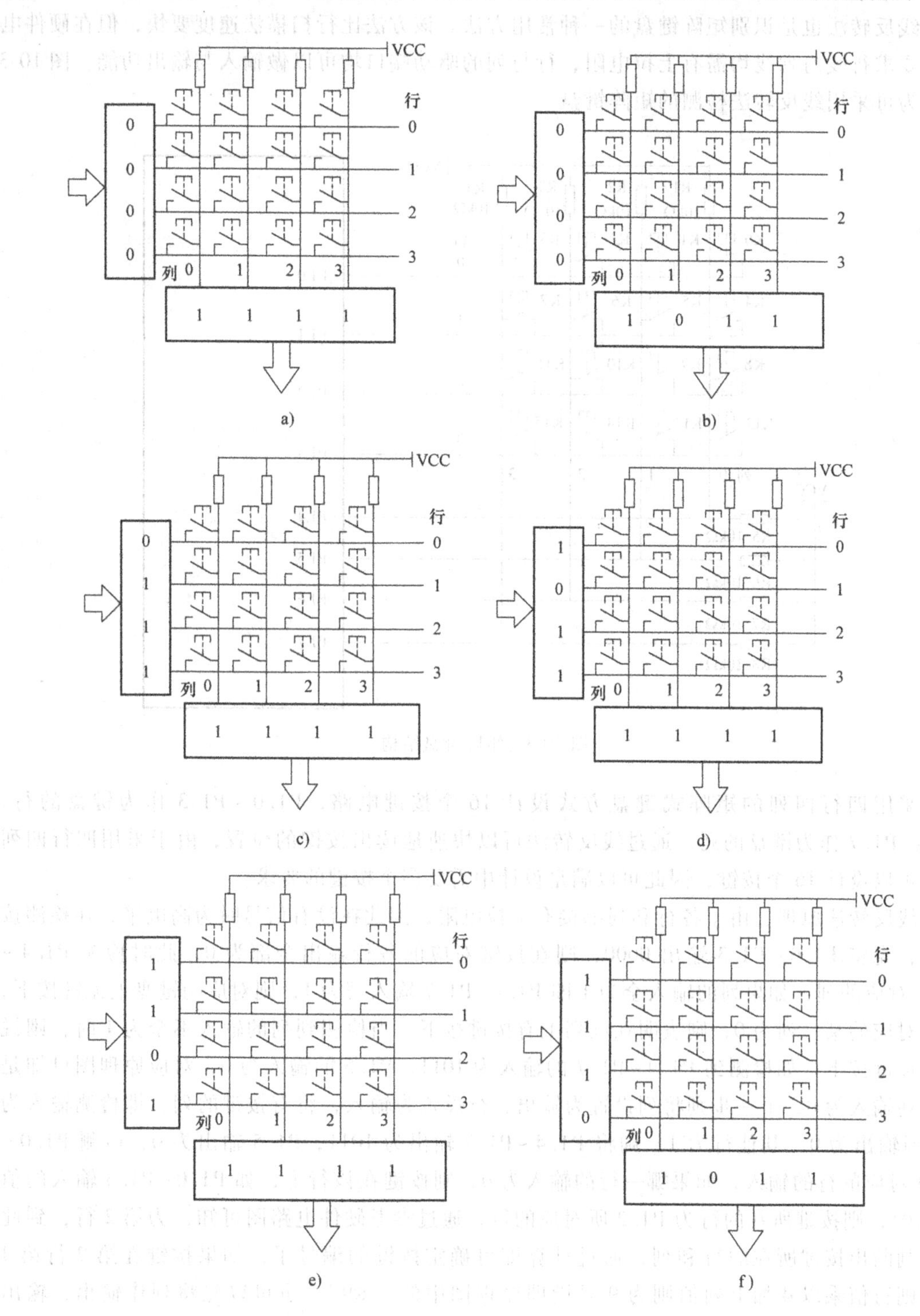

图10-2 非编码式键盘行扫描法的工作原理

a）无键按下 b）有键按下 c）扫描第0行 d）扫描第1行 e）扫描第2行 f）扫描第3行

位置。

2）线反转法。

线反转法也是识别矩阵键盘的一种常用方法。该方法比行扫描法速度要快，但在硬件电路上要求行线与列线均需有上拉电阻，行与列的驱动端口均可以做输入与输出功能。图10-3所示为可采用线反转法检测的矩阵键盘。

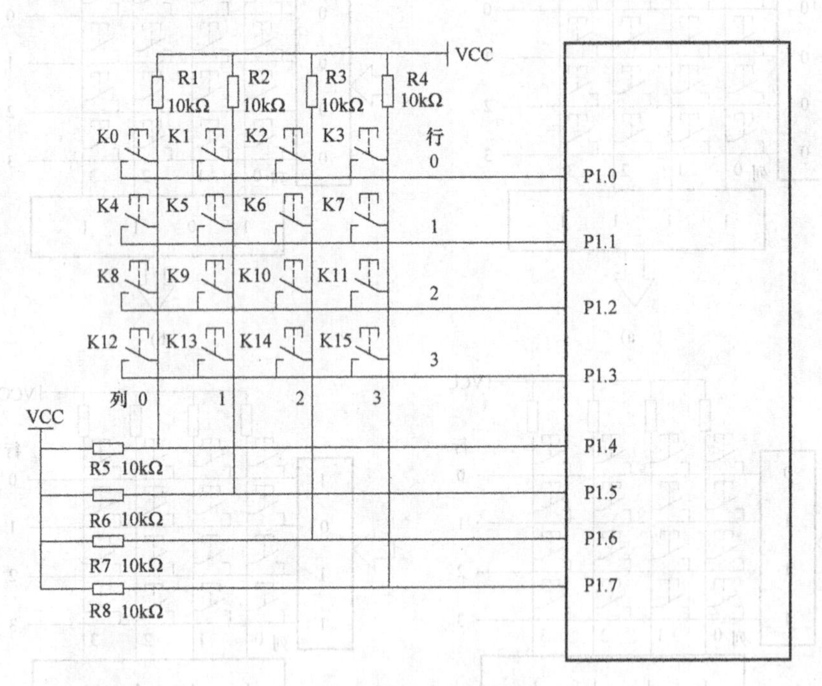

图 10-3　矩阵键盘结构

采用四行四列的矩阵式键盘方式设计16个按键电路，P1.0~P1.3作为键盘的行，P1.4~P1.7作为键盘的列，通过线反转法可以快速地读出按键的位置，由于采用四行四列最多可以设计16个按键，因此可以满足设计中需要多个按键的要求。

线反转法原理，由于各行和列都接有上拉电阻，因此在没有信号时为高电平，在检测按键时，先将P1.0~P1.3输出0000，则在按键对应的各行输出全部为0，此时检测P1.4~P1.7对应的列，如果列的输入全为1即P1.4~P1.7输入都为1，则对应的键盘上无键按下，如果对应的某一列为0，则表明在该列上有按键按下，当检测到列的输入不全为1时，则说明有按键按下，如检测到P1.4~P1.7的输入为1011，P1.5的输入为0，对应原理图可知是第1列输入为0，下一步则将列设置为输出，行设置为输入，将有按键的列，即检测输入为0的列输出为0，其他行为1，则将P1.4~P1.7输出为1011，P1.5输出为0，检测P1.0~P1.3对应的行的输入，如果哪一行的输入为0，则按键在该行上，如P1.0~P1.3输入的值为1101，则按键所在的行为P1.2所对应的行，通过参考硬件电路图可知，为第2行，到此已经判断出按键所在的行和列，通过计算即可确定按键的编号了，如果按键在第2行第1列，则行值乘以4加上列值则为9号键即原理图中的“K9”。也可以先将列作输出，输出0000，检测行按键所在的行，检测到行输入非1111的情况，行做输出，列作输入检测按键所在的列，从而确定按键位置。

2. 键盘的消抖

按键弹簧的跳动及电路的瞬变将使键在闭合和断开时有持续约数毫秒的抖动。这可能被处理器误认为按下了几次键。为避免这种误解，需采用键盘消抖措施，图 10-4 所示按键抖动过程。

键的抖动时间为 5~10ms，因此采用消除抖动的方法有：

1）双稳态消抖，采用双稳态触发器消抖电路消抖。

2）滤波消抖，采用大电容滤波消抖。

3）软件延时消抖。

图 10-5 所示为双稳态消抖电路，图 10-6 为大电容滤波消抖电路，图 10-7 为软件延时的消抖方法。

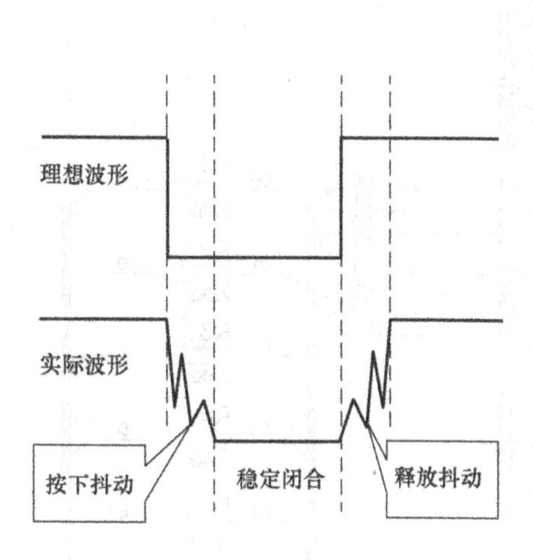

图 10-4　按键抖动过程

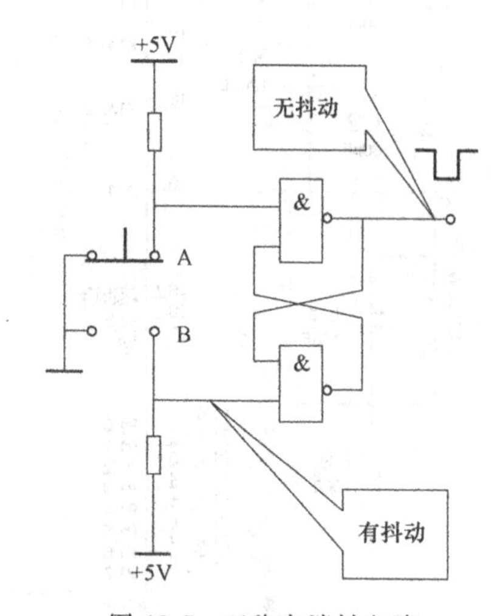

图 10-5　双稳态消抖电路

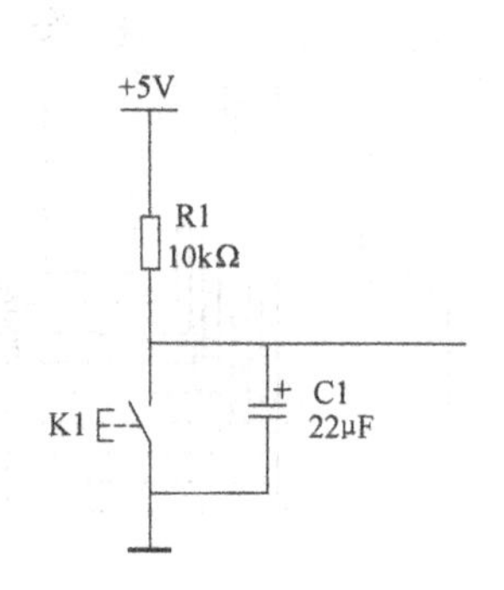

图 10-6　大电容滤波消抖电路

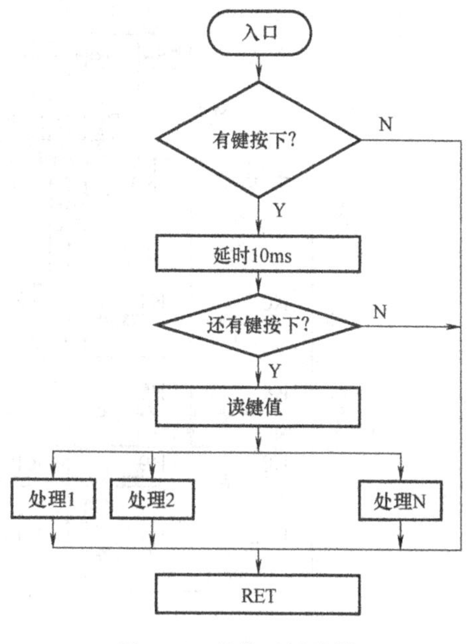

图 10-7　软件延时消抖

10.1.3 矩阵键盘的仿真设计

采用 Proteus7.7 进行矩阵键盘的仿真操作，实现矩阵键盘的识别与显示，调试程序更加方便快捷。

绘制 4 行×4 列的矩阵键盘电路，列占用单片机的 P1.0~P1.3 端口，行占用 P1.4~P1.7 端口，并通过 1 位数码管显示输入的按键值。绘制矩阵键盘仿真电路图如图 10-8 所示。元器件属性表如图 10-9 所示。

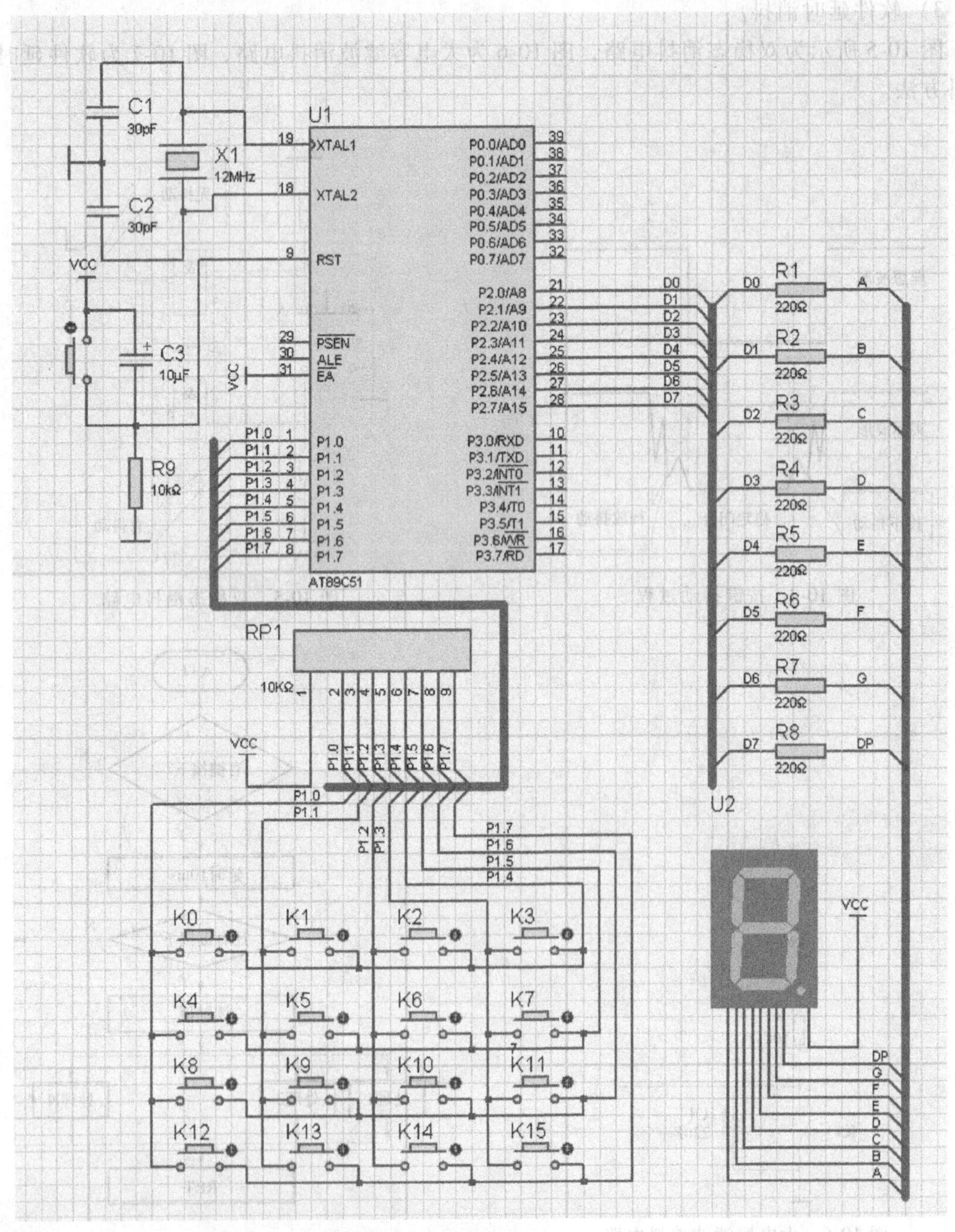

图 10-8 绘制矩阵键盘仿真电路图

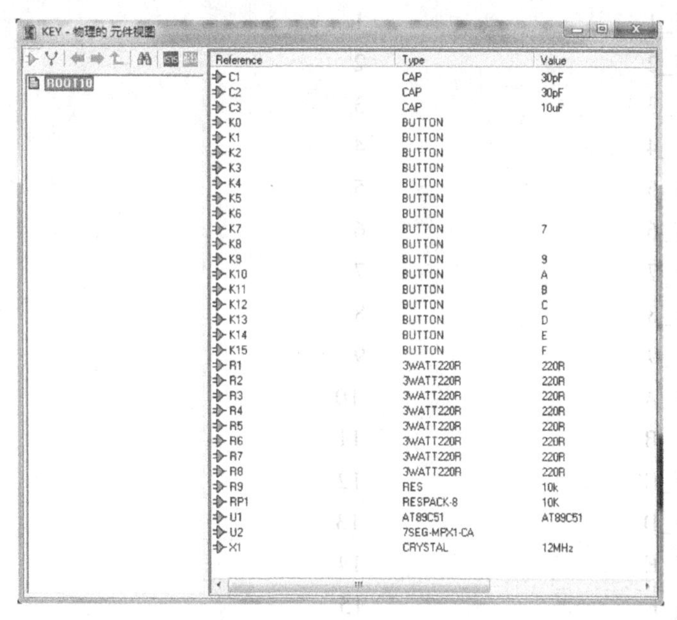

图 10-9　元器件的属性表

10.1.4　矩阵键盘的仿真程序设计

键盘的结构采用矩阵式，显示采用数码管。

键盘扫描方式可以用逐行扫描也可以用线反转法，根据键盘结构采用线反转法更为方便。

键盘扫描包括键的扫描和按键确定两部分。

键盘扫描确定按键所在的行与列，键确定则处理与查找键所在的行与列确定按键的键值。

编写自定义的头文件“main. h”，保存用户定义的变量，声明，宏定义等内容。

```
////////////////////////////////////////////////////////////////////////////
    #ifndef MAIN_H
    #define MAIN_H        1
//////////////////////////////////////////////////////////////////////////////
    typedef unsigned char uchar;
    typedef unsigned int uint;
/////////////////////////////////////硬件端口的宏定义/////////////////////////////////
    #define KEY_PORT             P1          //按键检测端口
    #define DISPLAY_PORT         P2          //按键显示端口
/////////////////////////////////数值及操作的宏定义/////////////////////////////////
    #define   PULSE_HEIGH              1
    #define   PULSE_LOW                0
    #define   TRUE                     1
    #define   FALSE                    0
    #define   NO_KEY                   0xff
    #define   KEY_0                    0
```

```
#define    KEY_1                    1
#define    KEY_2                    2
#define    KEY_3                    3
#define    KEY_4                    4
#define    KEY_5                    5
#define    KEY_6                    6
#define    KEY_7                    7
#define    KEY_8                    8
#define    KEY_9                    9
#define    KEY_A                    10
#define    KEY_B                    11
#define    KEY_C                    12
#define    KEY_D                    13
#define    KEY_E                    14
#define    KEY_F                    15
////////////////////////////////内部函数声明////////////////////////////////
void                    Display(void);
unsigned char       Key_Detect1(void);
unsigned char       Key_Detect2(void);
////////////////////////////////全局变量定义////////////////////////////////
unsigned char           key;
unsigned   char code distab[16] = {0xc0,0xf9,0xa4,0xb0,0x99,0x92,0x82,0xf8,
0x80,0x90,0x88,0x83,0xc6,0xa1,0x86,0x8e};
    //按键对应的显示码
unsigned char codekeytab[16] = {0xee,0xed,0xeb,0xe7,
                                0xde,0xdd,0xdb,0xd7,
                                0xbe,0xbd,0xbb,0xb7,
                                0x7e,0x7d,0x7b,0x77};
//线反转法查表用键盘
#endif
////////////////////////////////////////////////////////////////////////////
```

在"main.c"文件中编写主函数,键盘扫描函数及显示函数。键盘扫描函数"Key_Detect1()"采用逐行扫描方式检测键盘,"Key_Detect2()"采用线反转法检测键盘,并结合查表方式获得按键值。通过"Display()"函数将按键值在LED数码管上显示。

```
#include"reg51.h"
#include"main.h"
////////////////////////////////////////////////////////////////////////////
/*  主函数
*   功能:实现键盘的检测,并显示对应的按键值
```

```
*   输入参数:无
*   返回参数:无
*///////////////////////////////////////////////////////////////////////////
void main( )
{
        while(TRUE)
        {
          key=Key_Detect2( );
          Display( );
        }
}
////////////////////////////////////////////////////////////////////////////
/*  矩阵键盘检测函数
*   功能:实现逐行扫描检测键盘
*   输入参数:无
*   返回参数:按键值,有效按键值0~15,无效按键或无键为0xFF
*///////////////////////////////////////////////////////////////////////////
unsigned char Key_Detect1(void)
{
volatile unsigned char temp,nkey,row_temp,column_temp,row,column,i;
KEY_PORT=0x0f;                              //行输出全为0
temp=(KEY_PORT&0x0f);                       //读取列的输入
if(temp==0x0f) return(NO_KEY);              //列全为1则无按键按下
else {
            column_temp=temp;               //读取列输入情况
            KEY_PORT=temp|0xf0;             //列输出全部为0
            row_temp=KEY_PORT&0xf0;         //读取行的输入情况
////////////////////////////////////////////////////////////////////////////
            for(i=0;i<4;i++)                //查询按键所在的列
            if((column_temp&0x01)==0)
            {
             column=i;                      //获得列值
             break;
            }
            else column_temp>>=1;
            if(i==4) return(NO_KEY);        //查询过程中出错,则返回无键按下
            row_temp>>=4;
            for(i=0;i<4;i++)
            if((row_temp&0x01)==0)
```

```
        {
          row=i;                          //获得行值
          break;
        }
        else row_temp>>=1;
        if(i==4) return(NO_KEY);       //查询过程中出错,则返回无键按下
        elsenkey=row * 4+column;       //计算按键值
        return(nkey);
    }
}
////////////////////////////////////////////////////////////////////////////////
/*   矩阵键盘检测函数
 *   功能:实现线反转法扫描检测键盘
 *   输入参数:无
 *   返回参数:按键值,有效按键值0~15,无效按键或无键为0xFF
 *///////////////////////////////////////////////////////////////////////////////
unsigned char Key_Detect2(void)
{
volatile unsigned charnkey,row,column,i;
KEY_PORT=0x0f;
column=(KEY_PORT&0x0f);                 //读取列输入值
if(column==0x0f) return(NO_KEY);       //无按键按下
else
      {
        KEY_PORT=column|0xf0;          //行做输入,列做输出,列的输入作为列的输出
        row=KEY_PORT&0xf0;             //读取行的输入
        for(i=0;i<16;i++)
        if(keytab[i]==(row|column))   //查表方式进行比较,对应的i值代表按键号
        {
          nkey=i;
          break;
        }
        if(i==16) return(NO_KEY);
        else return(nkey);
      }
}
////////////////////////////////////////////////////////////////////////////////
/*   显示函数
 *   功能:实现检测按键值的显示
 *   输入参数:无
 *   返回参数:无
```

```
*///////////////////////////////////////////////////////////////////////////
void Display(void)
{
static unsigned char data lkey=NO_KEY;
if(key= =NO_KEY)lkey=NO_KEY;
else if(key= =lkey);
        else {
                lkey=key;
                if((key>=0)&&(key<=0x0f))
                DISPLAY_PORT=distab[key];
                }
}
////////////////////////////////////////////////////////////////////////////
```

10.1.5 矩阵键盘的仿真调试

编译程序，通过 Proteus 进行仿真操作可以观察到按下对应按键后可以显示对应的按键值，按下 K6 的仿真结果和按下 K14 的仿真结果如图 10-10 和图 10-11 所示。

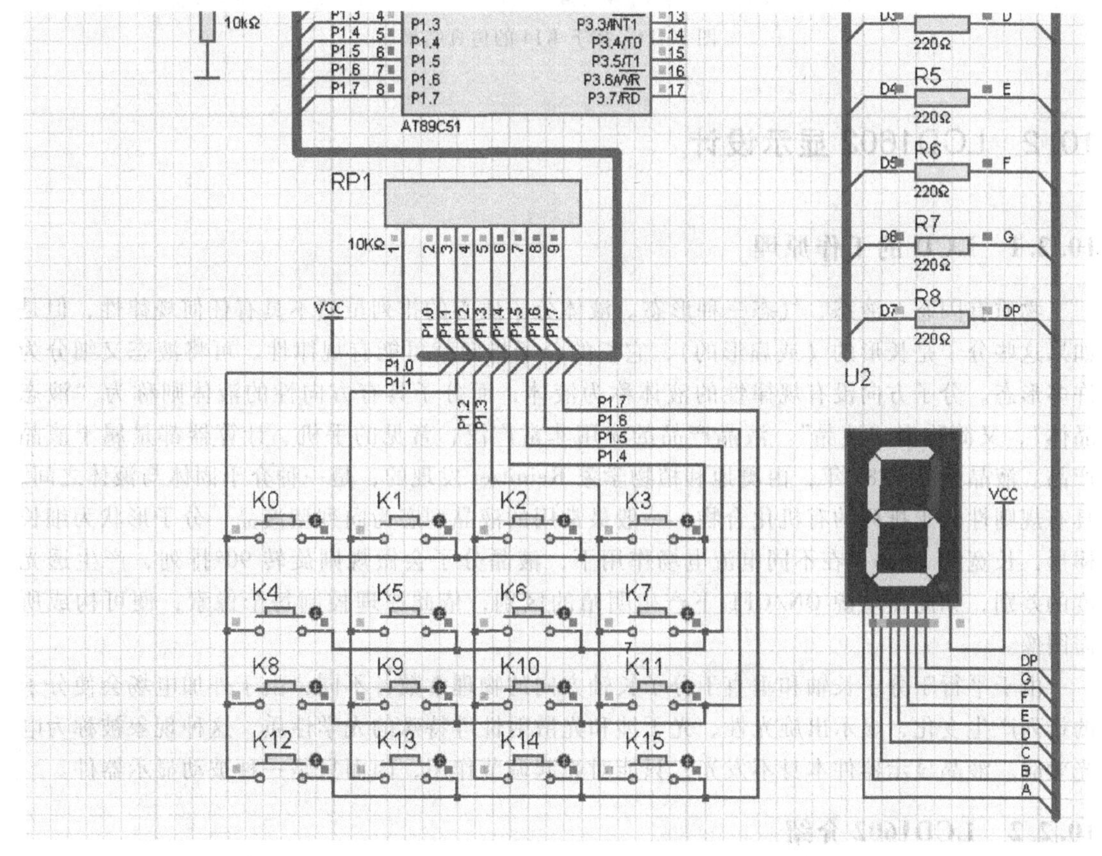

图 10-10　按下 K6 的仿真结果

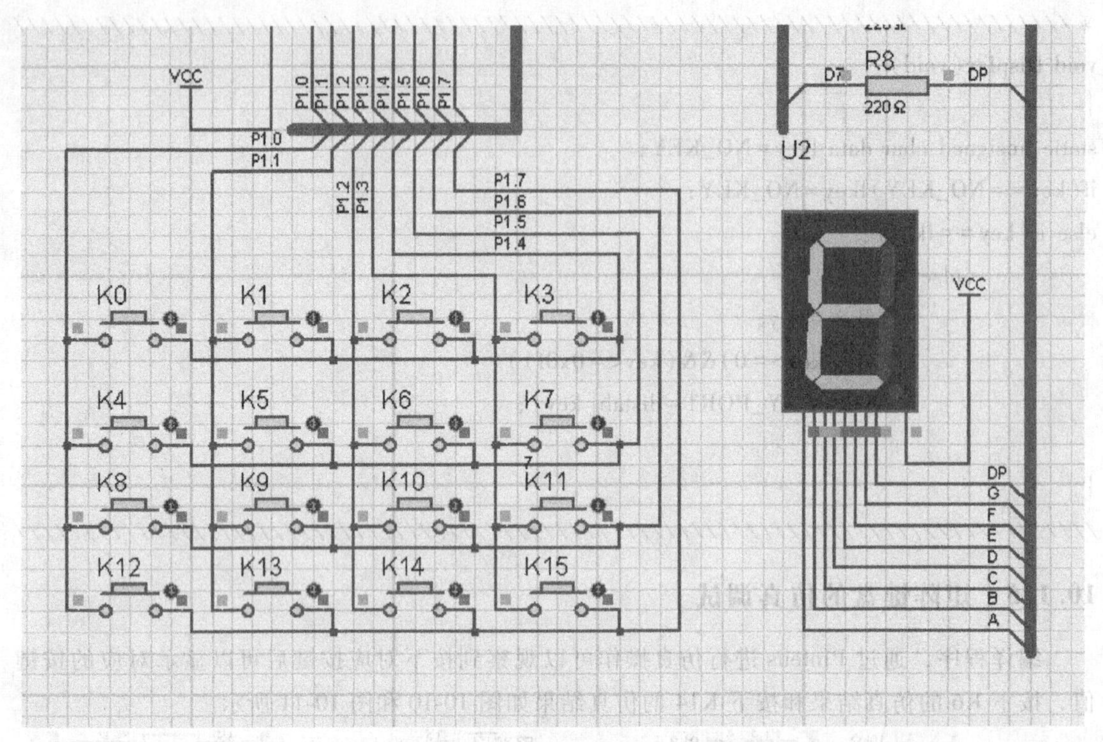

图 10-11　按下 K14 的仿真结果

10.2　LCD1602 显示设计

10.2.1　LCD 的工作原理

物质有固态、液态、气态三种形态。液体分子质心的排列虽然不具有任何规律性，但是如果这些分子是长形的（或扁形的），它们的分子指向就可能有规律性。可将液态又细分为许多形态。分子方向没有规律性的液体称为液体，而分子具有方向性的液体则称为“液态晶体”，又简称为“液晶”。液晶产品的应用非常广泛，常见的手机、计算器都是属于液晶产品。液晶是在 1888 年，由奥地利植物学家 Reinitzer 发现的，是一种介于固体与液体之间，具有规则性分子排列的有机化合物。一般最常用的液晶型态为向列型液晶，分子形状为细长棒形，长宽约 10nm，在不同电流电场作用下，液晶分子会做规则旋转 90°排列，产生透光度的差别，如此在电源 ON/OFF 下产生明暗的区别，依此原理控制每个像素，便可构成所需图像。

由于平行于分子长轴和垂直于分子长轴方向的物理常数各不同，由于外加电场会使分子的排列产生变化，显示出旋光性、光干涉和光散射性等特殊的光学性质，这种现象被称为电光效应。液晶显示器件本身不发光，只能对光起调节作用，因而只是一种被动显示器件。

10.2.2　LCD1602 介绍

LCD1602 字符型液晶模块是一种用 5x7 点阵图形来显示字符的液晶显示器，根据显示的容量可以分为 1 行 16 个字、两行 16 个字、两行 20 个字等，本节内容以常用的 2 行 16 个字的 1602 液晶模块来介绍它的编程方法。LCD1602 尺寸如图 10-12 所示。

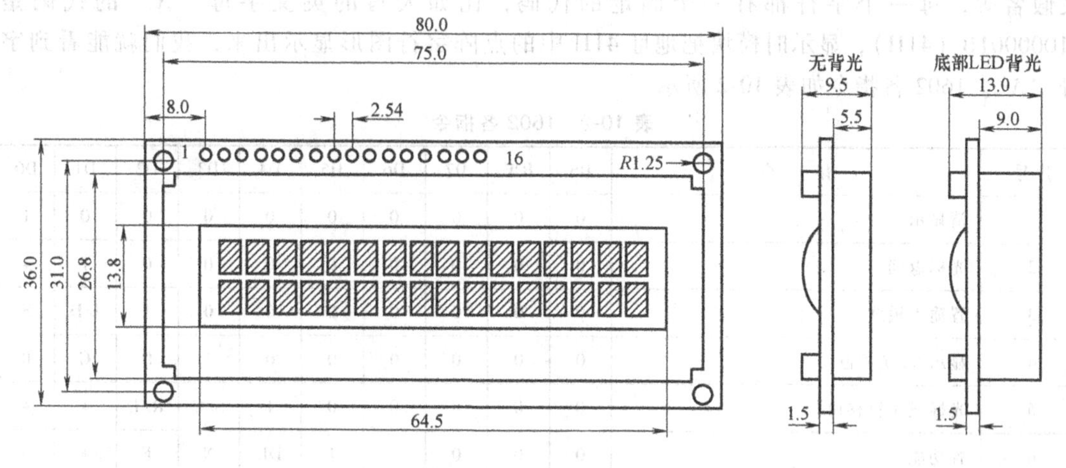

图 10-12　LCD1602 尺寸

1602 采用标准的 16 脚接口，其中：

第 1 脚：VSS 为地电源。

第 2 脚：VDD 接 5V 正电源，电压范围 4.5~5.5V。

第 3 脚：V0 为液晶显示器对比度调整端，接正电源时对比度最弱，接地电源时对比度最高，对比度过高时会产生“鬼影”，使用时可以通过一个 10K 的电位器调整对比度。

第 4 脚：RS 为寄存器选择，高电平时选择数据寄存器、低电平时选择指令寄存器。

第 5 脚：RW 为读写信号线，高电平时进行读操作，低电平时进行写操作。当 RS 和 RW 共同为低电平时可以写入指令或者显示地址，当 RS 为低电平 RW 为高电平时可以读忙信号，当 RS 为高电平 RW 为低电平时可以写入数据。

第 6 脚：E 端为使能端，当 E 端由高电平跳变成低电平时，液晶模块执行命令。

第 7~14 脚：D0~D7 为 8 位双向数据线。

第 15~16 脚：空脚 。1602 引脚编号及功能如表 10-1 所示。

表 10-1　1602 引脚编号及功能

编号	符号	引脚说明
1	VSS	电源接地引脚
2	VDD	电源正极
3	VL	液晶显示偏压端口
4	RS	数据/命令选择端口
5	R/W	读/写选择端口
6	E	使能信号端口
7~14	D0~D7	数据线
15	BLA	背光源电源正极
16	BLK	背光源电源负极

LCD1602 液晶模块内部的字符发生存储器（CGROM）已经存储了160个不同的点阵字符图形，如表10-2所示，这些字符有：阿拉伯数字、英文字母的大小写、常用的符号和日文假名等，每一个字符都有一个固定的代码，比如大写的英文字母“A”的代码是01000001B（41H），显示时模块把地址41H中的点阵字符图形显示出来，我们就能看到字母“A”。1602各指令如表10-2所示。

表10-2　1602各指令

序号	指　　令	RS	RW	D7	D6	D5	D4	D3	D2	D1	D0
1	清显示	0	0	0	0	0	0	0	0	0	1
2	光标返回	0	0	0	0	0	0	0	0	1	*
3	置输入模式	0	0	0	0	0	0	0	1	I/D	S
4	显示开/关控制	0	0	0	0	0	0	1	D	C	B
5	光标或字符移位	0	0	0	0	0	1	S/C	R/L	*	*
6	置功能	0	0	0		1	DL	N	F	*	*
7	置字符发生器存储地址	0	0	0	1	A5	A4	A3	A2	A1	A0
8	置数据存储器地址	0	0	1	A6	A5	A4	A3	A2	A1	A0
9	读标志或地址	0	1	BF	A6	A5	A4	A3	A2	A1	A0
10	写数据到 DDRAM 或 CGRAM	1	0	D7	D6	D5	D4	D3	D2	D1	D0
11	从 DDRAM 或 CGRAM 中读数据	1	1	D7	D6	D5	D4	D3	D2	D1	D0

LCD1602 的读写操作、屏幕和光标的操作都是通过指令编程来实现。（1为高电平、0为低电平）。

指令1：清显示，指令码01H，光标复位到地址00H位置。

指令2：光标复位，光标返回到地址00H。

指令3：光标和显示模式设置 I/D：光标移动方向，高电平右移，低电平左移 S：屏幕上所有文字是否左移或者右移。高电平表示有效，低电平则无效。

指令4：显示开关控制。D：控制整体显示的开与关，高电平表示开显示，低电平表示关显示 C：控制光标的开与关，高电平表示有光标，低电平表示无光标 B：控制光标是否闪烁，高电平闪烁，低电平不闪烁。

指令5：光标或显示移位 S/C：高电平时移动显示的文字，低电平时移动光标。

指令6：功能设置命令，DL：高电平时为8位总线，低电平时为4位总线，N：低电平时为单行显示，高电平时双行显示，F：低电平时显示5x7的点阵字符，高电平时显示5x10的点阵字符（有些模块是 DL：高电平时为4位总线，低电平时为8位总线）。

指令7：字符发生器 RAM 地址设置。

指令8：DDRAM 地址设置。

指令9：读忙信号和光标地址 BF：为忙标志位，高电平表示忙，此时模块不能接收命令或者数据，如果为低电平表示不忙。

指令10：写数据。

指令11：读数据。读写数据时序如表10-3所示。

表 10-3 读写数据时序

操作	1602 状态	控制	D0-D7 内容
读状态寄存器	输出	RS=L,R/W=H,E=H	D0-D7=状态字
写命令	输入	RS=L,R/W=L,E=0 至 1 跳变	D0-D7=命令
写数据	输入	RS=H,R/W=L,E=0 至 1 跳变	D0-D7=数据
读数据	输出	RS=1,R/W=H,E=H	D0-D7=数据

读操作时序如图 10-13 所示，写操作时序如图 10-14 所示。

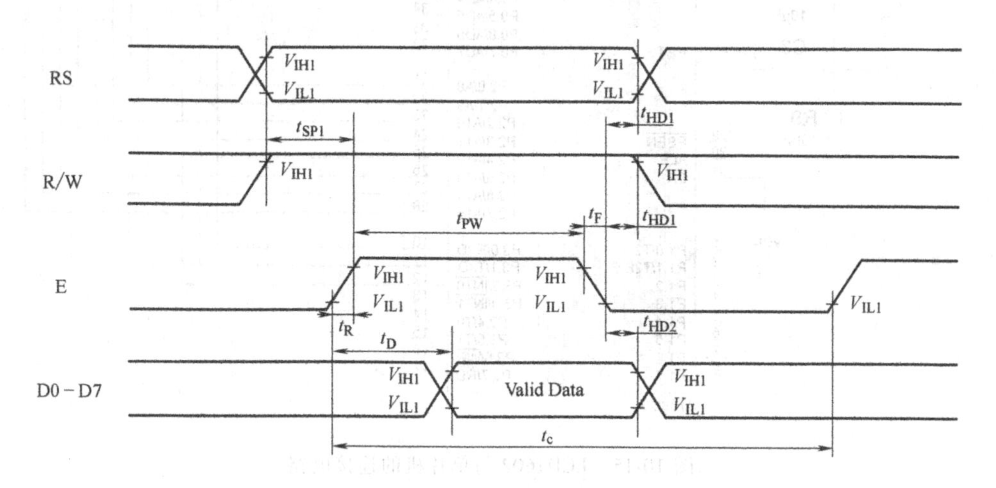

图 10-13 读操作时序

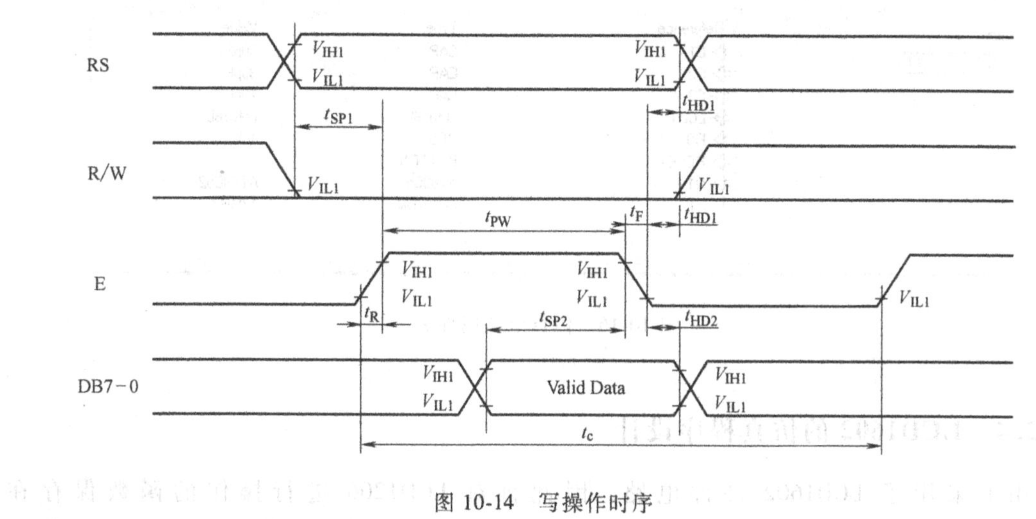

图 10-14 写操作时序

10.2.3 LCD1602 的仿真电路设计

采用 Proteus 仿真 LCD1602 显示字符操作，绘制原理图，LCD1602 与单片机的连接电路如图 10-15 所示。仿真电路属性表如图 10-16 所示。

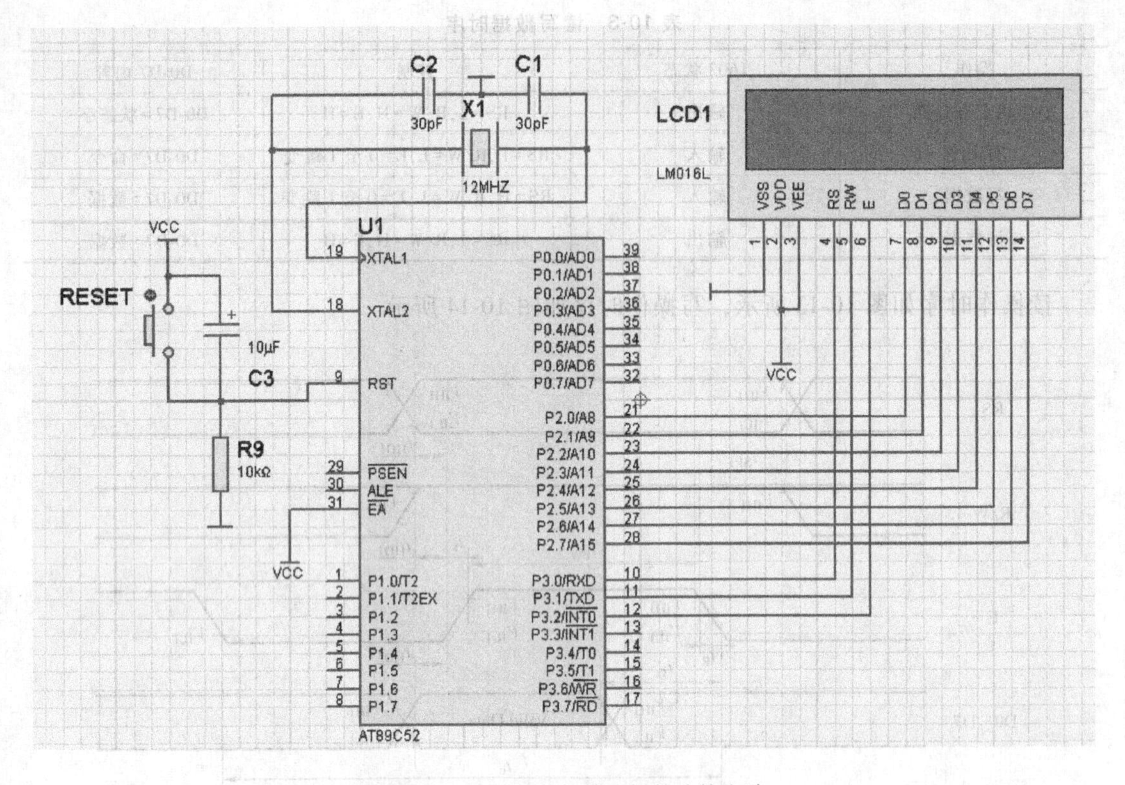

图 10-15　LCD1602 与单片机的连接电路

1602 - 物理的 元件视图

ROOT10

Reference	Type	Value
C1	CAP	30pF
C2	CAP	30pF
C3	CAP	10uF
LCD1	LM016L	LM016L
R9	RES	10k
RESET	BUTTON	
U1	AT89C52	AT89C52
X1	CRYSTAL	12MHZ

图 10-16　仿真电路属性表

10.2.4　LCD1602 的仿真程序设计

由于采用了 LCD1602 硬件电路，因此将对 LCD1206 进行操作的函数保存在“LCD1602.C”的源文件中，并在自定义的“main.h”头文件中对调用的“LCD1602.C”文件中的函数进行声明。

```
/////////////////////////////////////////////////////////////////////////

#include"reg51.h"
#include<intrins.h>
```

```
/////////////////////////////////////////硬件定义/////////////////////////////////
    sbit      LCD_RS=P3^0;                        // "1"为数据,"0"命令
    sbit      LCD_RW=P3^1;                        // "0"写入,"1"读出
    sbit      LCD_EN=P3^2;                        // 读使能为"1",写使能时"1"-"0"
    #define   LCD_DATAP2                          // 数据的输入,输出端口
/////////////////////////////////////////宏定义/////////////////////////////////////
    #define   PULSE_HEIGH                         1
    #define   PULSE_LOW                           0
    #define   TRUE                                1
    #define   FALSE                               0
    #define   CMD_DUL_LINE_DATA8_5MUL7            0x38
    #define   CMD_RIGHT_MOV_ADR_ADD               0x06
    #define   CMD_DISPLAY_OFF                     0x08
    #define   CMD_DISPLAY_ON                      0x0c
    #define   CMD_CLR_SCR                         0x01
    #define   FIRST_ADDR                          0x80
    #define   SECOND_ADDR                         0xc0
/////////////////////////////////////////函数声明///////////////////////////////////
    void Check_Busy(void);
    void Lcd_Cmd(unsigned char cmddata1);
    void Lcd_Cmd_Nc(unsigned char cmddata2);
    void Lcd_Write_Data(unsigned  char  wdata);
    void Lcd_Initial(void);
    void Delayms(unsigned int k);
/////////////////////////////////////////////////////////////////////////////////////
    /*   LCD1602 写命令函数
     * 功能:向 LCD1602 写入命令
     * 输入参数:无符号字符型变量 cmddata1
     * 返回参数:无
*//////////////////////////////////////////////////////////////////////////////////
void Lcd_Cmd(unsigned char cmddata1)
    {
        Check_Busy();                             //检测内部是否忙碌,忙碌则等待
        Lcd_Cmd_Nc(cmddata1);                     // 写命令操作
    }
/////////////////////////////////////////////////////////////////////////////////////
    /*   LCD1602 写命令函数,不检测是否内部忙碌
```

```
 * 功能:向 LCD1602 写入命令
 * 输入参数:无符号字符型变量 cmddata2
 * 返回参数:无
*/////////////////////////////////////////////////////////////////////////////
  void Lcd_Cmd_Nc(unsigned char cmddata2)    //先执行操作,后检测忙碌
  {
        LCD_DATA = cmddata2;
        LCD_RS = PULSE_LOW;                  // RS = 0,写命令
        LCD_RW = PULSE_LOW;                  //  RW = 0,写操作
   LCD_EN = PULSE_HEIGH;                     //使能信号从 1 变到 0
        _nop_();
        _nop_();
        _nop_();
        LCD_EN = PULSE_LOW;
        Check_Busy();
  }
//////////////////////////////////////////////////////////////////////////////
 /* LCD1602 写数据函数
  * 功能:向 LCD1602 写入数据
  * 输入参数:无符号字符型变量 wdata
  * 返回参数:无
*/////////////////////////////////////////////////////////////////////////////
  void Lcd_Write_Data(unsigned  char  wdata)  //写数据操作
  {
        LCD_DATA = wdata;
        LCD_RS = PULSE_HEIGH;                 //写数据 RS = 1
        LCD_RW = PULSE_LOW;                   //RW = 0,写操作
        LCD_EN = PULSE_HEIGH;                 //使能信号从 1 变到 0
        _nop_();
        _nop_();
        _nop_();
        LCD_EN = PULSE_LOW;
  }
//////////////////////////////////////////////////////////////////////////////
  /* 检测 LCD1602 是否忙碌
  * 功能:检测 LCD1602 内部是否忙碌,忙碌则等待到不忙碌返回
  * 输入参数:无
```

```
  * 返回参数:无
*//////////////////////////////////////////////////////////////////////
  void Check_Busy(void)                        //检测内部是否忙碌
  {
  char flag=0xff;
  do{
      LCD_DATA=0xff;
      Delayms(1);
      LCD_RS=PULSE_LOW;                        //读状态寄存器
      LCD_RW=PULSE_HEIGH;                      //读操作
      LCD_EN=PULSE_HEIGH;
      _nop_();
      _nop_();
      _nop_();
      flag=LCD_DATA;                           //读取状态寄存器
      LCD_EN=PULSE_LOW;
      flag&=0x80;                              //保留最高位
        }
  while(flag);                                 //最高位为1,内部忙碌
  }
///////////////////////////////////////////////////////////////////////
  /*  LCD1602 初始化函数
  * 功能:实现 LCD1602 的初始化,设置为两行显示,静态显示方式,5×7 点阵字符
  *  打开显示功能,并清除屏幕显示内容
  * 输入参数:无
  * 返回参数:无
*//////////////////////////////////////////////////////////////////////
  void Lcd_Initial(void)
  {
    Delayms(5);                                //延时 5ms,等电源稳定
    Lcd_Cmd_Nc(CMD_DUL_LINE_DATA8_5MUL7);
                                               //8 位数据宽度,两行显示 5×7 点阵
    Lcd_Cmd_Nc(CMD_RIGHT_MOV_ADR_ADD);
                                               //写入数据向右移动显示,地址自动加 1
    Lcd_Cmd(CMD_DISPLAY_ON);                   //显示开,关光标
    Lcd_Cmd(CMD_CLR_SCR);                      //清 LCD 屏幕
}
```

```
////////////////////////////////////////////////////////////////////////
/*ms 级的延时函数
 *功能:实现延时 ms,默认是在 12T 单片机的情况下
 *输入参数:无
 *返回参数:无
*///////////////////////////////////////////////////////////////////////
void Delayms(unsigned int k)
{
    volatile unsigned char i,j;
    for(;k>0;k--)
      for(i=2;i>0;i--)
       for(j=248;j>0;j--);
}
////////////////////////////////////////////////////////////////////////
```

在自定义的头文件"main.h"中对完成对变量的定义及声明。

```
////////////////////////////////////////////////////////////////////////
#ifndef MAIN_H
#define MAIN_H      1
////////////////////////////////////////////////////////////////////////
typedef unsigned char uchar;
typedef unsigned int uint;
//////////////////////////////////数值及操作的宏定义//////////////////////////
#define   PULSE_HEIGH                    1
#define   PULSE_LOW                      0
#define   TRUE                           1
#define   FALSE                          0
#define   FIRST_ADDR                     0x80
#define   SECOND_ADDR                    0xc0
/////////////////////////////////////////函数声明/////////////////////////////
extern    void Lcd_Cmd(unsigned char cmddata1);
extern    void Lcd_Cmd_Nc(unsigned char cmddata2);
extern  void Lcd_Write_Data( unsigned char   wdata);
extern    void Lcd_Initial(void);
extern    void Delayms(unsigned int k);
//////////////////////////////全局变量定义////////////////////////////////////
unsigned char   code   display_data1[]="jiang su xin xi";
unsigned char   code   display_data2[]="www.jsit.edu.cn";
```

```
#endif
//////////////////////////////////////////////////////////////////////////////////
```

在“main. c”文件中编写主函数，调用 LCD1602 的初始化函数，及显示函数，实现显示功能。

```
//////////////////////////////////////////////////////////////////////////////////
    #include"reg51.h"
    #include"main.h"
//////////////////////////////////////////////////////////////////////////////////
    /* 主函数
     * 功能:实现 LCD1602 的初始化,并显示字符
     * 输入参数:无
     * 返回参数:无
*//////////////////////////////////////////////////////////////////////////////////
    void main()
    {
        unsigned char i;
        Lcd_Initial();
        while(TRUE)
        {
        Lcd_Cmd(FIRST_ADDR);            //在第一行的起始位置开始显示
          for(i=0;i<16;i++)             //最多显示 16 个字符
          {
          Lcd_Write_Data(display_data1[i]);
          Delayms(100);                 //每显示一个字符,延时 100ms
          }
          Lcd_Cmd(SECOND_ADDR);  //在第二行的起始位置开始显示
          for(i=0;i<16;i++)             //最多显示 16 个字符
          {
                Lcd_Write_Data(display_data2[i]);
                Delayms(100);           //每显示一个字符,延时 100ms
          }
        }
    }
//////////////////////////////////////////////////////////////////////////////////
```

10.2.5 LCD1602 的仿真调试

仿真调试显示结果如图 10-17 所示。

为了灵活使用 LCD1602 实现显示功能，用户可以查询 LCD12602 的数据手册内容，根据具体命令的内容完成编程操作。

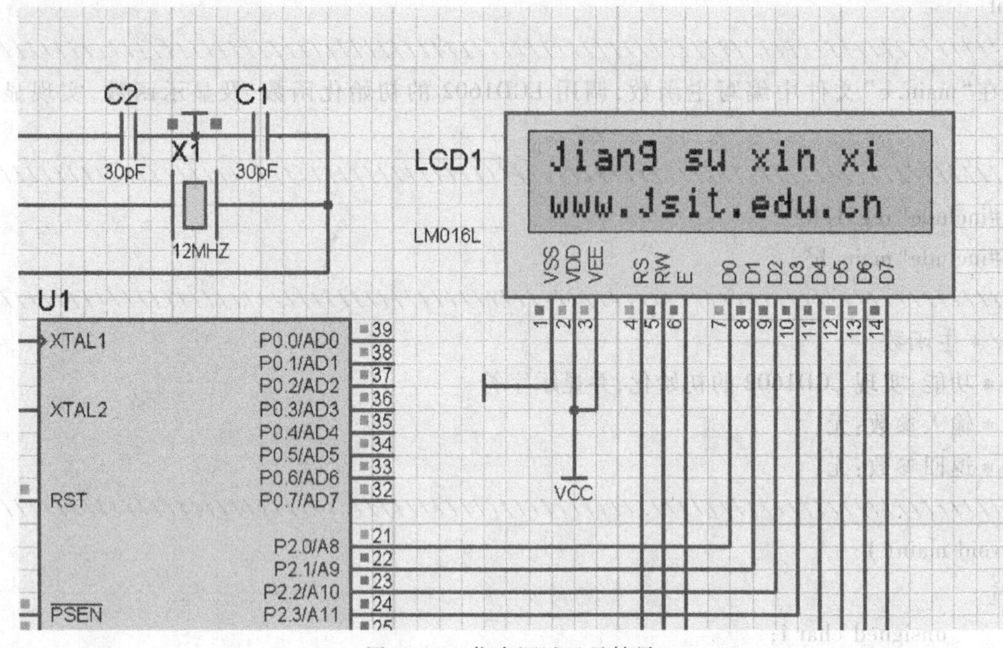

图 10-17　仿真调试显示结果

10.3　习题

1. 为什么要消除键盘的机械抖动？有哪些方法？
2. 设计具有 8 个独立键盘的键盘，如何判断按键释放？
3. 设计一个 3×3 的行列式键盘（同在 P1 口）电路。
4. LCD1602 与数码管动态显示结构相比有何不同？

参 考 文 献

[1]　郭天祥. 新概念 51 单片机 C 语言教程——入门、提高、开发、拓展 [M]. 北京：电子工业出版社，2009.

[2]　王静霞. 单片机应用技术（C 语言版）[M]. 北京：电子工业出版社，2009.

[3]　束慧. 单片机应用与实践教程 [M]. 北京：人民邮电出版社，2014.

[4]　谭浩强. C 语言程序设计 [M]. 4 版. 北京：清华大学出版社，2010.

[5]　何宏，王红君，刘瑞安，张志宏. 单片机原理及应用——基于 Proteus 单片机系统设计及应用 [M]. 北京：清华大学出版社，2012.

[6]　张迎新. 单片机原理及应用（第 2 版）[M]. 北京：电子工业出版社，2009.

[7]　杨文龙. 单片机原理及应用 [M]. 西安：西安电子科技大学出版社，1993.

[8]　翁桂荣. 邹丽新. 单片微型计算机接口技术 [M]. 苏州：苏州大学出版社，2002.